FiNALEonline.de

FiNALEonline ist die digitale Ergänzung zu deinem Abiturband. Hier findest du eine Vielzahl an Angeboten, die dich bei deiner Prüfungsvorbereitung zusätzlich unterstützen.

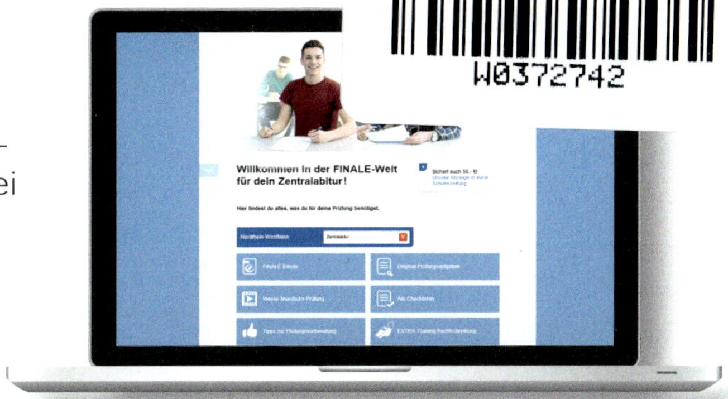

Das Plus für deine Vorbereitung:

- Original-Prüfungsaufgaben mit Lösungen (bitte Code von Seite 2 eingeben!)
- EXTRA-Training Rechtschreibung
  So kannst du einem möglichen Punktabzug bei deinen Abi-Klausuren vorbeugen.
- Videos zur mündlichen Prüfung
- Tipps zur stressfreien Prüfungsvorbereitung
- Abi-Checklisten mit allen prüfungsrelevanten Themen

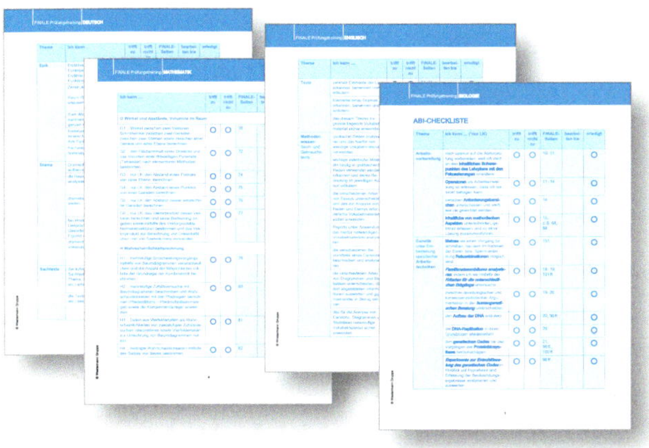

Abi-Checklisten

Sie helfen dir, den Überblick über den Prüfungsstoff zu behalten.

FiNALEonline.de

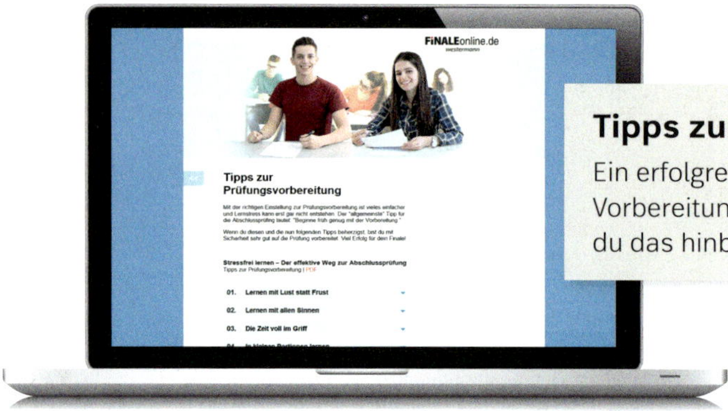

Tipps zur Prüfungsvorbereitung

Ein erfolgreiches Abitur erfordert eine gezielte Vorbereitung ohne unnötigen Lernstress. Wie du das hinbekommst, erfährst du hier!

Videos zur mündlichen Prüfung

Nur wenige Abiturienten wissen genau, wie sie abläuft, die „Mündliche". Die Videos geben dir Einblick in den Ablauf der Prüfung und Tipps für die richtige Vorbereitung.

Die Kombination aus FiNALE-Buch und FiNALEonline bietet dir die optimale Vorbereitung für deine Prüfung und begleitet dich sicher zu einem erfolgreichen Abitur 2021!

www.finaleonline.de

westermann

FiNALE Prüfungstraining

Baden-Württemberg

Abitur 2021

Biologie

Gotthard Jost

sowie
Dieter Feldermann
Philipp Klein
Dr. Rüdiger Lutz Klein
Karl Pollmann

FiNALEonline.de

Liebe Abiturientin, lieber Abiturient,

FiNALEonline.de ist die optimale Ergänzung zu diesem Abiturtrainer. Hier finden Sie:

- die Original-Prüfungsaufgaben 2020 nach Eingabe des Codes: **BI8M8V6**
- eine Abi-Checkliste für die effektive Zeitplanung
- allgemeine Tipps zur Prüfungsvorbereitung

Einfach mal reinschauen: www.finaleonline.de

Autoren:
Gotthard Jost sowie Dieter Feldermann, Philipp Klein, Dr. Rüdiger Lutz Klein, Karl Pollmann

Bildquellenverzeichnis:
|fotolia.com, New York: Lambertini 123.2; shupian 123.1. |OKAPIA KG - Michael Grzimek & Co., Frankfurt/M.: NAS/Bjornberg, Chris 110.1; Scharf/Arnold 81.1.

westermann GRUPPE

Druck A[1] / Jahr 2020
Alle Drucke der Serie A sind im Unterricht parallel verwendbar.

Redaktion: Sabine Klonk
Kontakt: finale@westermanngruppe.de
Layout: Druckreif! Sandra Grünberg, Braunschweig
Umschlaggestaltung: Gingco.Net, Braunschweig
Umschlagfoto: Peter Wirtz, Dormagen
Illustrationen: Karin Mall, Brigitte Karnath, newVISION! GmbH, Bernrahd A. Peter
Druck und Bindung: westermann druck GmbH, Braunschweig

ISBN 978-3-7426-**2179-5**

Inhaltsverzeichnis

1 Arbeiten mit *Finale*

Liebe Abiturientin, lieber Abiturient 5
Tipps zum Umgang mit *Finale* 6
Die Kompetenzbereiche nach EPA 7
Umgang mit dem Selbstdiagnosebogen 9

2 Operatoren und Anforderungsbereiche

Die Operatoren laut EPA 12
Die Anforderungsbereiche 14

3 Inhaltliche Vorgaben zu den Unterrichtsvoraussetzungen

Warum sollten Sie sich mit den „Inhaltlichen Vorgaben“ beschäftigen? 16
Von der Zelle zum Organ 16
Angewandte Biologie 17
Aufnahme, Weitergabe und Verarbeitung von Informationen 17
Evolution und Ökosysteme 17

4 Überprüfung der Methoden- und Kommunikationskompetenz

Umgang mit Texten 18
Umgang mit Diagrammen 19
Umgang mit Bildern 23
Umgang mit schematischen Abbildungen 24
Umgang mit Experimenten 25
Umgang mit Hypothesen 28
Umgang mit Modellen 29
Umgang mit Stammbäumen in der Evolution 31
Umgang mit der Codesonne 32

5 Grundwissen

Einleitung 34

Von der Zelle zum Organ

Vorbemerkung 34
Die Zelle als Grundbaustein des Lebens 35
Moleküle des Lebens und Grundlagen der Vererbung 40

Angewandte Biologie

Vorbemerkung 48
Werkzeuge und Verfahrensschritte der Gentechnik 48
Anwendungen der Gentechnik 53

Aufnahme, Weitergabe und Verarbeitung von Information

Vorbemerkung ... 55
Neurobiologie ... 55
Immunbiologie ... 62

Evolution und Ökosysteme

Vorbemerkung ... 68
Grundlagen evolutiver Veränderung ... 68
Evolutionshinweise und Evolutionstheorie ... 71
Transspezifische Evolution der Primaten ... 77

6 Übungsaufgaben

Aufgabe 1: Genetische und epigenetische Regulation der Genaktivität ... 80
Aufgabe 2: Glutarazidurie Typ I bei den Amish ... 90
Aufgabe 3: CODIS, das genetische Fingerabdrucksystem des FBI ... 97
Aufgabe 4: Schmerzen ... 102
Aufgabe 5: Signaltransduktion beim Riechen und bei der Cholera – ein Vergleich auf molekularer Ebene ... 109
Aufgabe 6: Die Erdnuss – ein lebensgefährlicher Snack ... 115
Aufgabe 7: Großbär oder Kleinbär? Einordnung des Großen Pandas und des kleinen Pandas in den Stammbaum der Bären ... 122

7 Original-Prüfungsaufgaben

Einführung ... 131

Original-Prüfungsaufgaben 2018

Aufgabe 1: Das Ebola-Virus ... 133
Aufgabe 2: Das Jakobskreuzkraut kann Honig vergiften ... 140
Aufgabe 3: Mitochondriopathien beruhen auf Fehlfunktionen der Mitochondrien ... 146
Aufgabe 4: Morphin lindert starke Schmerzen ... 151

Original-Prüfungsaufgaben 2019

Aufgabe 1: Der Grüne Knollenblättterpilz ist tödlich ... 157
Aufgabe 2: Pflanzen können gegen Glyphosat unempfindlich werden ... 163
Aufgabe 3: Myasthenia gravis ... 169
Aufgabe 4: Die Koevolution von Rauhautmolch und Strumpfbandnatter ... 177

8 Hinweise zum mündlichen Abitur

Einführung ... 183
Inhalte der mündlichen Prüfung ... 183
Ablauf der mündlichen Prüfung ... 184
Womit Sie in einer mündlichen Prüfung punkten ... 184
Beispiele für mündliche Prüfungen ... 185

Stichwortverzeichnis ... 190

1 Arbeiten mit *Finale*

Liebe Abiturientin, lieber Abiturient,

Sie haben sich für Biologie als Leistungs- oder Basisfach entschieden? In beiden Fällen bietet Ihnen Finale die ideale Unterstützung in der Prüfungsvorbereitung und beim Lernen auf Klausuren. Vor dem Hintergrund der Erfahrungen aus den vorausgegangenen Jahren sowie unter exakter Beachtung der offiziellen Vorgaben für das Abitur 2021 im Fach Biologie wurde *Finale* passgenau für die Vorbereitung auf diese schriftliche bzw. mündliche Prüfung entwickelt.

Zur gezielten Vorbereitung auf das Abitur bietet Ihnen *Finale*:

- präzise und übersichtlich angeordnete Informationen zu den Vorgaben für das Abitur 2021 im Fach Biologie sowie zum Aufbau, zur Gestaltung und zu den Bewertungskriterien der schriftlichen Abiturprüfungsaufgaben;
- nach Basis- und Leistungsfach differenzierte Übungsaufgaben mit vielfältigen, unterschiedlich gestalteten Materialien und Aufgabenformulierungen, die nur die Operatoren enthalten, die in den einheitlichen Prüfungsanforderungen für das Abitur definiert und vorgeschrieben sind, sowie die dazugehörigen ausformulierten Musterlösungen;
- Selbstdiagnosebögen am Ende jeder Übungsaufgabe, die Ihre individuellen Stärken und Schwächen aufdecken, sodass Sie eine direkte Hilfe zum passgenauen Lernen der biologischen Inhalte und Methoden erhalten und diese wiederholen und vertiefen können;
- Hinweise zum strukturierten Umgang mit den Abituraufgaben, vor allem den Materialien, sodass Sie zusätzliche Handlungssicherheit in Ihrem Vorgehen beim Lösen der Aufgaben erwerben;
- Zusammenfassungen des Grundwissens, das für die Abiturprüfung besonders relevant ist (mit **blauem Randbalken** nach Basis- und Leistungsfach differenziert)
- Original-Prüfungsaufgaben aus den Jahren 2018 und 2019 sowie als Download auf der Seite **www.finaleonline.de** (siehe S. 2) mit ausformulierten Lösungen und zusätzlichen Lösungstipps;
- eine Checkliste auf **www.finaleonline.de** zur eigenen Bearbeitung und Absicherung ihres Kenntnisstandes.
- Beispiele für die mögliche mündliche Prüfung im Basisfach und als freiwillige Zusatzprüfung im Leistungsfach.

Finale ermöglicht eine individuelle Vorbereitung. Je nach persönlichen Stärken und Schwächen in den verschiedenen Lern- und Kompetenzbereichen, z. B. Neurophysiologie, Planen und Auswerten von Experimenten, Umgang mit Grafiken oder Tabellen, können einzelne Kapitel und Teilkapitel nachgeschlagen und gezielt durchgearbeitet werden. Inhalts- und Stichwortverzeichnis sowie zahlreiche Querverweise erleichtern dabei die Orientierung. Der systematische Aufbau und die komprimierte Form fördern eine und effektive Abiturvorbereitung, auch in Ergänzung des Fachunterrichts.

Tipps zum Umgang mit *Finale*

Sowohl Kapitel 5 (Grundwissen) als auch Kapitel 6 (Übungsaufgaben) sind nach den inhaltlichen Schwerpunkten der offiziellen Vorgaben für das Basis- und das Leistungsfach strukturiert. Daher wäre es nützlich, sich zunächst einen Überblick über die inhaltlichen Schwerpunkte in Kapitel 3 zu verschaffen und diese parallel dazu mit dem ausgewählten Grundwissen in Kapitel 5 zu vergleichen. Bei diesem Vorgehen können Sie leicht feststellen, in welchen Lernbereichen Sie noch Defizite aufweisen.
Sodann suchen Sie sich passend zu diesem Lernbereich eine Übungsaufgabe heraus und bearbeiten diese.
Gemäß dem ausführlichen Lösungsschlüssel notieren Sie sich dann im Selbstdiagnosebogen, den Sie am Ende einer jeden Übungsaufgabe finden, die entsprechende Punktzahl zu den Teilaufgaben. Anmerkung: Der Umgang mit dem Selbstdiagnosebogen wird Ihnen ausführlich im nächsten Abschnitt vorgestellt.
Beim Vergleich Ihrer erreichten Punktzahl mit der Höchstpunktzahl ergeben sich möglicherweise größere Abweichungen. Dies kann verschiedene Ursachen haben. Danach richtet sich Ihr weiteres Vorgehen:

- Haben Sie die Teilaufgabe aufgrund des Operators (im Aufgabentext fett hervorgehoben) nicht verstanden, so schlagen Sie im Kapitel 2 „Die Operatoren laut EPA" die Definition für den entsprechenden Operator nach und prägen sie sich ein.
- Liegen Ihre Schwierigkeiten im methodischen oder inhaltlichen Bereich, so finden Sie in der Spalte Förderung im Selbstdiagnosebogen Stichworte und Verweise zu Kapitel 4 Methoden oder Kapitel 5 Grundwissen. Dort arbeiten Sie dann die entsprechenden Abschnitte durch, um so Ihre Lücken zu schließen.

Nachdem Sie auf diese Weise möglichst ökonomisch gelernt haben, beschäftigen Sie sich mit den Originalarbeiten und den dazugehörenden Tipps. Vor allem das Kapitel 4 „Überprüfung der Methoden- und Kommunikationskompetenz" sollten Sie am Ende ganz durchgearbeitet haben, weil Sie hier wertvolle Punktesammeltipps erhalten.

Beschreibung der verschiedenen Kapitel

1. **Arbeiten mit Finale:** Hier erhalten Sie Tipps, wie Sie aufgrund Ihrer persönlichen Stärken und Schwächen möglichst ökonomisch mit dem Buch arbeiten können.
   In diesem Kapitel wird Ihnen auch der Selbstdiagnosebogen vorgestellt, der bei der Bearbeitung der Übungsaufgaben nicht nur Ihre Stärken und Schwächen diagnostiziert, sondern Ihnen auch gleichzeitig zielgenaue Hilfen für die Auswahl weiterer Teilkapitel und Abschnitte zur Verfügung stellt.
2. **Operatoren und Anforderungsbereiche:** Die Bedeutung der Operatoren wird Ihnen in Erinnerung gerufen, damit Ihnen keine Fehldeutungen der Aufgabenstellung unterlaufen.
3. **Inhaltliche Vorgaben zu den Unterrichtsvoraussetzungen**: An der strukturierten Übersicht der Schwerpunkte können Sie sich beim Wiederholen des Grundwissens orientieren.

4 **Überprüfung der Methoden- und Kommunikationskompetenz:** Klausur- und Prüfungsaufgaben enthalten unterschiedliche Materialien. Neben den Texten sind auch Bilder, Diagramme, Schemata, Stammbäume und Experimente enthalten. In diesem Kapitel erhalten Sie Tipps, wie Sie möglichst schnell die Aussagen der Materialien erfassen und zu einer Lösung führen. Verweise auf Übungsaufgaben und Abituraufgaben (2019/1 Teil 3 bedeutet Jahr 2019, Aufgabe 1, Teilaufgabe 3) in diesem Buch ermöglichen, die Kompetenzen direkt an eine konkreten Aufgabestellung zu üben.

5 **Grundwissen:** Hier finden Sie in einer Kurzfassung die im Biologieunterricht der Kursstufe vermittelten Inhalte, z. T. mit Definition wichtiger Fachbegriffe. Die Inhalte werden miteinander vernetzt und sind durch dieses Ordnungsprinzip leichter zu lernen.

6 **Übungsaufgaben:** Die Übungsaufgaben mit ihren Musterlösungen ermöglichen Ihnen aufgrund der beigefügten Selbstdiagnosebögen die Einschätzung Ihrer Stärken und Schwächen und leiten Sie dazu an, mit den für Sie relevanten Aufgaben und Kapitelabschnitten weiterzuarbeiten. So lernen Sie individuell und zielgenau.

7 **Original-Prüfungsaufgaben:** Hier erhalten Sie Tipps, wie Sie eine Abiturprüfung in Biologie angehen: Was nehmen Sie mit, was erwartet Sie? Wie treffen Sie die richtige Aufgabenauswahl in der Prüfung? Ausführlichen Lösungen helfen Ihnen, Ihren Wissensstand und Ihre Methodenkompetenz abzusichern.

Die Kompetenzbereiche nach EPA

Die „einheitlichen Prüfungsanforderungen in der Abiturprüfung“ (kurz: EPA) der Kultusministerkonferenz der Länder legen fest, welche Kompetenzen Schülerinnen und Schüler bis zum Abitur erlernt haben sollten. Die EPA sind die rechtliche Grundlage aller Abiturprüfungen und sollten auch Grundlage aller durch Lehrkräfte gestellten Aufgaben in der Qualifikationsphase sein. Daher ist es sinnvoll, sich mit dem Anforderungskatalog der EPA auseinanderzusetzen, um sich bestmöglich auf die Abiturprüfung im Fach Biologie vorbereiten zu können.
Die EPA formuliert dazu Kompetenzen in verschiedenen Bereichen. Unter Kompetenz wird die Fähigkeit verstanden, Probleme selbstständig zu lösen unter Verwendung allgemeiner naturwissenschaftlicher und fachspezifisch biologischer Methoden und Arbeitstechniken. Das biologische Fachwissen ist dabei „nur“ die Grundlage für eine erfolgreiche Abiturprüfung. Ihr Fachwissen müssen Sie verknüpfen und in anderen Zusammenhängen als den gelernten einordnen. So werden Sie vermutlich nicht die Proteinbiosynthese in allen Einzelheiten beschreiben müssen, sondern eine Aufgabe lösen, in denen Ihr Fachwissen Ihnen hilft, z. B. zu erklären, warum Antibiotika eine bestimmte Wirkung auf einen prokaryotischen Organismus haben. Ohne Fachwissen ist diese Aufgabe nicht zu lösen, ohne Vernetzung ihrer Grundlagen, genaue Analyse der Materialien und gute Hypothesenbildung ebenfalls nicht. *Finale* bereitet Sie genau darauf vor: Komprimiertes Fachwissen wird verzahnt mit einem durchdachten Methodentraining im Hinblick auf die geforderten Kompetenzen.

Die EPA beschreibt vier große Kompetenzbereiche: Fachkenntnisse, Methodenkompetenz, Kommunikationskompetenz und Reflexionskompetenz.

Im Kompetenzbereich **Fachkenntnisse** wird von Ihnen erwartet, dass Sie
- Ihre Fachkenntnisse über biologische Phänomene, Zusammenhänge, Theorien etc. anwenden, indem Sie z. B. erklären, welche Folgen ein Ausstrom von Chloridionen aus Darmepithelzellen in das Darmlumen hat,
- Ihre Fachkenntnisse unter Verwendung allgemeiner biologischer Konzepte strukturieren und so z. B. den Zusammenhang zwischen Struktur und Funktion von Biomembranen erklären,
- Ihre Kenntnisse systematisieren und miteinander verknüpfen können.

Der Kompetenzbereich **Methoden** verlangt von Ihnen, dass Sie
- biologische Phänomene und Sachverhalte beobachten, vergleichen, beschreiben und unter Verwendung der Fachsprache differenziert erklären können,
- für eine bestimmte Fragestellung die geeignete Untersuchungsmethode finden und anwenden können,
- grundlegende biologische Prinzipien (Basiskonzepte) anwenden können und so z. B. erklären, dass hinter einer bestimmten Artbildung das Prinzip der Variabilität und Angepasstheit von Lebewesen an ihre Umwelt steht,
- zwischen Ursache und Wirkung unterscheiden: Ein Muskel kontrahiert aufgrund der Ausbildung und Weiterleitung eines Aktionspotenzials und nicht umgekehrt.
- Erkenntnisse und Konzepte anderer Naturwissenschaften nutzen und auch Denkweisen der Gesellschafts- und Geisteswissenschaften einbeziehen.

Neben diesen fachspezifischen Kompetenzen beinhaltet der Kompetenzbereich Methoden wichtige **naturwissenschaftliche Methodenkompetenzen**: So sind Prüflinge im Abitur in der Lage:
- Experimente selbstständig zu planen und durchzuführen
- Fehlerbetrachtungen vorzunehmen
- Prognosen und Hypothesen zu entwickeln und diese sinnvoll und fachwissenschaftlich korrekt zu begründen
- Modelle kritisch zu beurteilen
- eigene Modellvorstellungen zu entwickeln und diese zu reflektieren
- Regeln und Gesetzmäßigkeiten zu formulieren und diese zu überprüfen.

Auch die **allgemeinen Kompetenzen** wie z. B.
- Informationsquellen erschließen und nutzen zu können
- Texte analysieren und interpretieren zu können
- sowie moderne Informations- und Kommunikationstechnologien zielgerichtet einsetzen und reflektieren zu können

werden im Abitur indirekt überprüft.

Ein weiterer Kompetenzbereich ist die **Kommunikationskompetenz**: Für eine gute Abiturprüfung können Sie

- Ihre Ausführungen strukturieren und Zusammenhänge verständlich unter Verwendung der Fachsprache darstellen,
- Ihre Darstellungen auf das Wesentliche reduzieren
- und Materialien zielgerichtet und kritisch auswählen.

Als letzter Baustein der Anforderungskompetenzen sei der Bereich der **Reflexionskompetenz** genannt. Von Ihnen wird erwartet, dass Sie

- Aussagen zu biologischen Sachverhalten aus verschiedenen Perspektiven betrachten können und so z. B. zu einem eigenen Urteil kommen,
- die Stellung des Menschen im biologischen System und seine Beziehung zur Umwelt auf der Grundlage biologischer Sachzusammenhänge kritisch reflektieren,
- die Bedeutung biologischer Erkenntnisse für das eigene Leben darstellen,
- technische Anwendungen z. B. im Bereich der gentechnisch veränderten Organismen und deren wirtschaftlichen Nutzen unter dem Gesichtspunkt der nachhaltigen Entwicklung beurteilen können
- und Einflüsse biologischer Forschung und Erkenntnisse – z. B. im Bereich der Genetik – auf das Weltbild des Menschen reflektieren.

Neben dem Fachwissen als solider Grundlage ist das Einüben der verschiedenen fachwissenschaftlichen, methodischen und allgemeinen Kompetenzen ein wichtiger Baustein in Ihrer Abiturvorbereitung. Kapitel 4 stellt Ihnen vor allem für die zentralen Bereiche der Methoden- und Kommunikationskompetenz Übungen zur Verfügung und beinhaltet zahlreiche Tipps, wie Sie möglichst viele Punkte im Abitur sammeln können. Die Übungsaufgaben in Kapitel 6 erfordern verschiedene Kompetenzen, die im Selbstdiagnosebogen aufgegriffen werden.

Umgang mit dem Selbstdiagnosebogen

Am Ende jeder Übungsaufgabe finden Sie einen Selbstdiagnosebogen. Dieser Bogen hilft Ihnen, Ihre ganz persönlichen Stärken und Schwächen zu identifizieren, um sich so zielgerichtet und effizient auf das Abitur im Fach Biologie vorbereiten zu können. Neben dem Wissen, in welchen Bereichen Sie besonders stark sind, ist es wichtig herauszufinden, ob und warum Sie einzelne Aufgaben nur teilweise gelöst haben. Liegt es eher daran, dass Ihnen das Fachwissen fehlt, dann lesen Sie die entsprechenden Abschnitte in Kapitel 5 (Grundwissen) oder Ihrem Biologie-Buch nach. Vielleicht erkennen Sie aber auch, dass Sie bei der Lösung einer Aufgabe Schwierigkeiten im methodischen Bereich hatten. In diesem Fall hilft Ihnen das Kapitel 4 (Überprüfung der Methodenkompetenz), Ihre Fähigkeiten auszubauen. Wo auch immer Ihr Förderbedarf liegt, mit dem Selbstdiagnosebogen finden Sie es heraus. Die folgende Abbildung zeigt den Selbstdiagnosebogen einer Aufgabe zu Schmerzen:

Selbstdiagnosebogen

Aufgabe Nr.	Kernkompetenzen	AFB	Punkte	erreicht	Förderung
1(a) 1(b)	Beschreibung, wie ein Reiz in Erregung umgewandelt wird Ableitung einer Hypothese aus den vorgelegten Materialien	I III	4 5		Generator-, Rezeptorpotenzial, Umcodierung Reiz in Erregung Analogisieren üben, z. B. Schmerzsubstanz-Reiz; Neuromodulatoren (S. 57 ff.)
2(a) 2(b)	Beschreibung der kontinuierlichen und saltatorischen Erregungsleitung am Axon Analyse von M1 und M2 sowie begründete Erklärung der unterschiedlichen Funktionen der beiden Schmerzfasern	I II	4 2		Aktionspotenzial, kontinuierliche und saltatorische Erregungsleitung (S. 58) Texterfassung und Umgang mit Diagrammen und Abbildungen (S. 18), Verknüpfung bekannten Wissens mit neuen Sachverhalten
3	Beschreibung der synaptischen Vorgänge und Erklären der Übertragung von Schmerzerregungen im Hinterhorn des Rückenmarks	II	4		anhand der Abbildung einer Synapse die einzelnen Schritte der Erregungsübertragung erklären (S. 24, 58)
4	Beschreibung von synaptischen Veränderungen aufgrund M4 Erläuterung der direkten Folgen und der weitreichenden Folgen dieser Veränderung als Schmerzgedächtnis	II	4		Umgang mit Abbildungen, Vergleich von Abbildungen (S. 24) Verknüpfung bekannten Wissens mit neuen Sachverhalten: Aufgaben zur Synapse
5(a) 5(b)	Erklärung der komplexen Wirkungsweise von Aspirin durch Ableitung aus verschiedenen Sachtexten Erfassen einer Nebenwirkung von Aspirin	II III	4 3		Bedeutung und Wirkungsweise von Enzymen, Enzymhemmung und ihre Folgen

Nachdem Sie die Übungsaufgaben in Kapitel 6 gelöst haben, vergleichen Sie Ihre Ausführungen mit der Musterlösung. Sie können direkt in die fünfte Spalte im Diagnosebogen Ihre erreichte Punktzahl eintragen. In der zweiten Spalte finden Sie die Kernkompetenz der entsprechenden Aufgabe. Die Aufgaben sind noch einmal in kleinere Bausteine zerlegt, sodass für Sie erkennbar ist, welche Kernkompetenzen zur Lösung der gesamten Aufgabe nachgewiesen werden müssen. Anhand der Kernkompetenzen können Sie auch nachvollziehen, ob die Aufgabe eher einen fachwissenschaftlichen oder methodischen Schwerpunkt hat. In der dritten Spalte des Diagnosebogens sehen Sie, welchem Anforderungsbereich die Lösung der Teilaufgaben zugeordnet werden kann; in der vierten Spalte finden Sie die Punkte, die für die korrekte Lösung einer Teilaufgabe erreicht werden können. Nachdem Sie die Punkte, die Sie in den verschiedenen Teilaufgaben gesammelt haben, in die fünfte Spalte des Diagnosebogens eingetragen haben, können Sie Ihre Stärken und Schwächen analysieren und damit beginnen, ausgehend von Ihren Stärken, die Lücken systematisch aufzuarbeiten.

Haben Sie zum Beispiel in der ersten Aufgabe 4 Punkte für die Beschreibung der Reizumwandlung und die Weiterleitung der Erregung, aber nur 1 Punkt für das Aufstellen der Hypothese bekommen, so können Sie daraus Folgendes in Bezug auf Fördermöglichkeiten ableiten: Sie sollten auf methodischer Ebene das Aufstellen von Hypothesen üben.

Falls Sie Schwierigkeiten mit der vierten Aufgabe hatten, sollten Sie zunächst für sich klären, ob Sie die Aufgabe mit dem nötigen Fachwissen hätten lösen können oder ob es noch methodische Schwierigkeiten in der Analyse von schematischen Zeichnungen gibt. Um methodische Defizite gezielt aufzuarbeiten, empfiehlt es sich, das vierte Kapitel (Methodenkapitel) dieses Buches durchzuarbeiten. Sind die Lücken eher auf der fachwissenschaftlichen Ebene zu finden, arbeiten Sie die entsprechenden Abschnitte in Kapitel 5 (Grundwissen) dieses Abi-Trainers oder Ihres Biologie-Buchs durch. Anschließend suchen Sie sich mit Hilfe der Aufgabenstellungen oder Selbstdiagnosebögen Aufgaben heraus, mit deren Hilfe Sie Ihre neu erworbenen Kompetenzen unter Beweis stellen können. Durch die Analyse Ihrer ganz persönlichen Stärken und Schwächen können Sie sich viel effizienter auf die Abiturprüfungen vorbereiten.

2 Operatoren und Anforderungsbereiche

Die Operatoren laut EPA

In den Klausuren der Kursstufe werden nach den einheitlichen Prüfungsvorschriften für das Abitur definierte Arbeitsvorschriften, sogenannte **Operatoren**, verwendet. Dadurch werden Sie schon in der Qualifikationsphase mit diesen Operatoren vertraut und somit auf das Abitur vorbereitet. Da diese schon im Unterricht in ihrer Bedeutung an verschiedenen Beispielen geübt werden, können Fehldeutungen von Aufgabenstellungen im Abitur vermieden werden. So erfolgen Bewertung und Beurteilung objektiv, gerecht und landesweit vergleichbar.
Bei der Formulierung der Arbeitsanweisungen von Prüfungsaufgaben werden in der Regel nur die folgenden festgelegten Operatoren benutzt, die Ihnen in dieser Übersicht in Erinnerung gerufen werden. Hinweise auf die Verwendung in Übungsaufgaben finden Sie in der Tabelle. Diese Operatoren schließen nicht unbedingt den Anforderungsbereich mit ein. Je nach Schwierigkeitsgrad der Aufgabe kann ein Operator verschiedenen Anforderungsbereichen zugeordnet sein. Dennoch wurden hier die Anforderungsbereiche (AFB I – III) grob zugeordnet und unter der Tabelle definiert.

Operatoren	AFB	Definition	Beispiele	Verweise (S.)
ableiten	II–III	auf der Grundlage wesentlicher Merkmale sachgerechte Schlüsse ziehen	Leiten Sie eine Hypothese aus dem Arbeitsmaterial ab.	97
analysieren / untersuchen	II–III	wichtige Bestandteile oder Eigenschaften auf eine bestimmte Fragestellung hin herausarbeiten, untersuchen	Analysieren Sie die Abbildung zur Cytoplasma-Hypothese.	97
angeben / nennen	I	Elemente, Sachverhalte, Daten ohne Erläuterung aufzählen	Benennen Sie die mit Pfeilen gekennzeichneten Bauteile des Neurons.	97, 140, 169
auswerten	II	Daten, Einzelergebnisse oder andere Elemente in einen Zusammenhang stellen und ggf. zu einer Gesamtaussage zusammenführen	Werten Sie die Versuchsergebnisse aus.	80
begründen	II–III	Sachverhalte auf Regeln und Gesetzmäßigkeiten bzw. kausale Beziehungen von Ursachen und Wirkung zurückführen	Begründen Sie, welches der angegebenen Restriktionsenzyme für die gestellte Aufgabe geeignet ist.	102, 122, 153
beschreiben	I	Strukturen, Sachverhalte oder Zusammenhänge strukturiert und fachspezifisch richtig mit eigenen Worten wiedergeben	Beschreiben Sie die Versuchsdurchführung.	90, 122, 151, 171

Operatoren	AFB	Definition	Beispiele	Verweise (S.)
beurteilen	III	zu einem Sachverhalt ein selbstständiges Urteil unter Verwendung von Fachwissen und Fachmethoden formulieren und begründen	Beurteilen Sie die Folgen dieser beiden Mutationen für die Wirksamkeit des Impfstoffes.	115
bewerten	III	einen Gegenstand an erkennbaren Wertkategorien oder an bekannten Beurteilungskriterien messen	Bewerten Sie die Vor- und Nachteile der angewandten Methode der Gentechnologie.	98
darstellen	I	Sachverhalte, Zusammenhänge, Methoden etc. strukturiert und ggf. fachsprachlich wiedergeben	Stellen Sie die angegebenen Messergebnisse grafisch dar.	102, 134
deuten / interpretieren	II–III	fachspezifische Zusammenhänge in Hinblick auf eine gegebene Fragestellung begründet darstellen	Deuten Sie die Versuchsbeobachtung.	122
diskutieren / erörtern	II	Argumente und Beispiele zu einer Aussage oder These einander gegenüberstellen und abwägen	Diskutieren Sie den Einsatz des Hemmstoffes als Krebsmedikament.	188
erklären	II	einen Sachverhalt mithilfe eigener Kenntnisse in einen Zusammenhang einordnen sowie ihn nachvollziehbar und verständlich machen	Erklären Sie auf neuronaler Ebene, wie aus einem leichten Räuspern im Hals ein Husten entsteht.	102, 115, 152, 158
erläutern	I–II	einen Sachverhalt veranschaulichend darstellen und durch zusätzliche Informationen verständlich machen	Erläutern Sie auf molekularer Basis, wie durch Behandlung mit salpetriger Säure aus einer Kultur eines Wildtypstammes von *E. coli* Mangelmutanten entstehen können.	80, 98, 102, 141, 146, 152
ermitteln	II	einen Zusammenhang oder eine Lösung finden und das Ergebnis formulieren	Ermitteln Sie mithilfe der Codesonne eine mögliche Basenabfolge der DNA.	90, 164, 178
Hypothesen entwickeln / aufstellen / herausarbeiten	III	begründete Vermutung auf der Grundlage von Beobachtungen, Untersuchungen, Experimenten oder Aussagen formulieren	Arbeiten Sie anhand der Federlinge eine Hypothese aus, die die Entwicklung des Parasitenbefalls der Ibisse erklärt.	90, 102, 122, 176
skizzieren	I	Sachverhalte, Strukturen oder Ergebnisse auf das Wesentliche reduziert übersichtlich grafisch darstellen	Skizzieren Sie einen Versuchsaufbau.	80, 163
Stellung nehmen	II	zu einem Gegenstand, der an sich nicht eindeutig ist, nach kritischer Prüfung und sorgfältiger Abwägung ein begründetes Urteil abgeben	Nehmen Sie Stellung zu der Frage, ob aus den beschriebenen Variationen eine neue Art entstehen könnte.	

Operatoren	AFB	Definition	Beispiele	Verweise (S.)
überprüfen /prüfen	III	Sachverhalte oder Aussagen an Fakten oder innerer Logik messen und eventuelle Widersprüche aufdecken	Prüfen Sie, inwiefern die In-vitro-Versuche auf den lebenden Organismus übertragbar sind.	115
vergleichen	I–II	Gemeinsamkeiten, Ähnlichkeiten und Unterschiede ermitteln	Vergleichen Sie die Abbildungen 1 und 2 miteinander und stellen Sie Gemeinsamkeiten und Unterschiede heraus.	80, 109, 115
zeichnen	I–II	eine möglichst exakte grafische Darstellung beobachtbarer oder gegebener Strukturen anfertigen	Zeichnen Sie anhand der Messwerttabelle eine Grafik.	80, 115, 141, 177
zusammenfassen	I	das Wesentliche in konzentrierter Form herausstellen	Fassen Sie die Aussagen der Abbildung in einem kurzen Text zusammen.	109

Tipp

Sprechen Sie die Bedeutung und Umsetzung der Operatoren unbedingt mit Ihrer Lehrerin/Ihrem Lehrer ab, damit Sie sicher sein können, alle Arbeitsanweisungen richtig zu verstehen – am besten anhand konkreter Aufgaben aus den Prüfungsaufgaben in Kapitel 7 oder Klausuren die Sie geschrieben haben.

Die Anforderungsbereiche

Die Anforderungsbereiche werden in der schriftlichen Abiturprüfung ungefähr in folgender Weise gewichtet: AFB I 30 %, AFB II 50 %, AFB III 20 %.

Der **Anforderungsbereich I** umfasst:

- die Verfügbarkeit von Daten, Fakten, Regeln, Formeln, mathematischen Sätzen usw. aus einem begrenzten Gebiet im gelernten Zusammenhang
- die Beschreibung und Verwendung erlernter Arbeitstechniken und Verfahrensweisen in einem begrenzten Gebiet und in einem wiederholenden Zusammenhang.

Im Fach Biologie gehören z. B. dazu:

- die Reproduktion von Grundwissen (Fakten, Zusammenhänge und Methoden)
- die Nutzung bekannter Methoden und Modelle in vergleichbaren Beispielen
- die Entnahme von Informationen aus Fachtexten und das Umsetzen der Informationen in einfache Schemata (z. B. Stammbäume, Flussdiagramme)
- die schriftliche Darstellung von Daten, Tabellen, Diagrammen u. Ä. mit Fachsprache
- die Beschreibung makroskopischer und mikroskopischer Beobachtungen
- die Beschreibung von bekannten Experimenten

Der **Anforderungsbereich II** umfasst:

- selbstständiges Auswählen, Verarbeiten und Darstellen bekannter Sachverhalte unter vorgegebenen Gesichtspunkten in einem bekannten Zusammenhang
- selbstständiges Übertragen des Gelernten auf vergleichbare neuartige Fragestellungen, veränderte Sachzusammenhänge oder abgewandelte Verfahrensweisen.

Im Fach Biologie gehören z. B. dazu (häufig in einem neuen Kontext):

- die Anwendung der Basiskonzepte
- die Übertragung und Anpassung von Modellvorstellungen
- die Darstellung komplexer biologischer Abläufe
- die sachgerechte Nutzung bekannter Daten, Fakten und Methoden
- die gezielte Entnahme von Informationen aus Materialien
- die abstrahierende Darstellung biologischer Phänomene wie die zeichnerische Darstellung und Interpretation eines nicht bekannten mikroskopischen Präparats
- die Anwendung bekannter Experimente und Untersuchungsmethoden
- die Auswertung von unbekannten Untersuchungsergebnissen unter bekannten Aspekten
- die Beurteilung und Bewertung eines bekannten biologischen Sachverhalts
- die Unterscheidung von Alltagsvorstellungen und wissenschaftlichen Erkenntnissen.

Der **Anforderungsbereich III** umfasst:

- planmäßiges und kreatives Bearbeiten von Problemstellungen mit dem Ziel, selbstständig zu Lösungen, Deutungen, Wertungen und Folgerungen zu gelangen
- bewusstes und selbstständiges Auswählen und Anpassen geeigneter erlernter Methoden und Verfahren in neuartigen Situationen.

Im Fach Biologie gehören z. B. dazu:

- die Entwicklung eines eigenständigen Zugangs zu einem biologischen Phänomen, z. B. die Planung eines geeigneten Experimentes oder Gedankenexperimentes
- die Entwicklung materialbezogener Fragestellungen
- die Entwicklung eines komplexen gedanklichen Modells bzw. eigenständige Modifizierung einer bestehenden Modellvorstellung
- die Entwicklung fundierter Hypothesen auf der Basis vorgelegter Materialien
- die Reflexion biologischer Sachverhalte in Bezug auf das Menschenbild
- die Argumentation auf der Basis nicht eindeutiger Rohdaten: Aufbereitung der Daten, Fehleranalyse und Herstellung von Zusammenhängen
- die kritische Reflexion biologischer Fachbegriffe vor dem Hintergrund komplexer und widersprüchlicher Informationen und Beobachtungen.

Tipp

Für Leistungen im Anforderungsbereich III erhalten Sie nur etwa 20 % der vorgesehenen Gesamtpunktzahl. Daher sollten Sie sich auch bei einfachen Aufgaben bzw. bei den Anforderungsbereichen I und II Mühe geben. Häufig erhält man schon für einfache Beschreibungen und Textzusammenfassungen relativ viele Punkte.

3 Inhaltliche Vorgaben zu den Unterrichtsvoraussetzungen

Warum sollten Sie sich mit den „Inhaltlichen Vorgaben" beschäftigen?

Grundlage für die Abiturprüfung sind die vom Kultusministerium festgelegten verbindlichen Schwerpunktthemen für den fünf- bzw. dreistündigen Kurs der gymnasialen Kursstufe. Durch diese Schwerpunktsetzungen soll gesichert werden, dass alle Schülerinnen und Schüler, die im Jahr 2021 das Abitur ablegen, gleichermaßen über die notwendigen inhaltlichen Voraussetzungen für eine angemessene Bearbeitung der zentral gestellten Aufgaben verfügen.
Die vorgegebenen inhaltlichen Schwerpunkte sind eine gute Orientierungsgrundlage für die Wiederholung der fachlichen Inhalte vor der Prüfung oder vor Klausuren. Sie sind in diesem Buch gleichzeitig Grundlage für die Anordnung und Abfolge des Grundwissens (s. Kap. 5, S. 34) sowie der Übungsaufgaben. Übungsaufgaben. Inhalte, die nur für das Leistungsfach relevant sind, sind in blauer Schrift festgehalten. Die Abfolge in diesem Buch weicht etwas von der Reihenfolge in den Bildungsstandards des Kultusministeriums und eventuell auch von der in Ihrer Schule praktizierten ab, was inhaltlich aber keine Rolle spielt. Die vier festgelegten „Lehrplaneinheiten" sind:

Von der Zelle zum Organ

Die Zelle als Grundbaustein des Lebens

- Feinbau und Funktion von Zellorganellen; Bedeutung der Kompartimentierung
- Deutung elektronenmikroskopischer Bilder
- Die Zelle als offenes System – Stoffaustausch; Osmose; Diffusion; Aufbau der Biomembran
- Die Bedeutung von ATP und energetische Kopplung

Moleküle des Lebens und Grundlagen der Vererbung

- Die DNA – Struktur; Speicherung von Erbinformation in Nukleinsäuren
- Experiment zur Isolierung von DNA
- Die Bedeutung der Proteine als Funktions- und Strukturmoleküle
- Funktionsprinzip von Enzymen und Rezeptoren – „Schlüssel-Schloss-Mechanismus"
- Enzyme als Biokatalysatoren
- Enzymaktivität – Mechanismen zur Regulation der Enzymaktivität; Experimente zur Abhängigkeit der Enzymaktivität von verschiedenen Faktoren
- Vom Gen zum Protein – Proteinbiosynthese
- Vom Protein zum Merkmal – Biosyntheseketten; Genwirkketten
- Regulation der Genaktivität

Angewandte Biologie

Werkzeuge und Verfahrensschritte der Gentechnik

- Isolierung, Vervielfältigung und Transfer eines Gens; Selektion von transgenen Zellen
- Molekularbiologische Experimente
- Prinzip der Gendiagnostik
- Reproduktionsbiologie – geschlechtliche vs. ungeschlechtliche Fortpflanzung; Klonen; In-vitro-Fertilisation; Gentherapie
- Bedeutung und Verwendung von adulten und embryonalen Stammzellen

Anwendung der Gentechnik

- Forschung; Medizin; Landwirtschaft
- Ethische Fragen der Gentechnik

Aufnahme, Weitergabe und Verarbeitung von Informationen

Neurobiologie

- Bau einer Nervenzelle
- Mechanismen der Informationsübertragung an Nervenzellen – Ruhepotenzial; Aktionspotenzial; Synapse
- Elektrochemische und molekularbiologische Vorgänge bei der Reizaufnahme und Umwandlung in elektrische Impulse
- Verrechnung von Signalen – erregende und hemmende Synapsen
- Die Leistung des Zentralnervensystems am Beispiel des Sehens

Immunbiologie

- Die Funktion des Immunsystems – humorale und zelluläre Immunantwort; immunologisches Gedächtnis
- Störungen der Immunantwort am Beispiel HIV
- Regulation des Zusammenspiels der Zellen und Organe am Beispiel des Nerven- und Immunsystems

Evolution und Ökosysteme

- Nicht prüfungsrelevant: Erkundung eines Ökosystems während einer Exkursion – systematische Ordnung der erlebten Vielfalt; Anwendung systematischer Ordnungskriterien und der Nomenklatur an ausgewählten Tier- und Pflanzengruppen

Grundlagen evolutiver Veränderung

- Art und Artbildung – Entstehung der Vielfalt und Variabilität

Evolutionshinweise und Evolutionstheorie

- Morphologisch-anatomische Betrachtung der Baupläne rezenter und fossiler Organismen
- Molekularbiologische Verfahren zur Bestimmung von Verwandtschaftsbeziehungen
- Historische Evolutionstheorien vergleichen und aus heutiger Sicht bewerten – LAMARCK und DARWIN; synthetische Evolutionstheorie

Transspezifische Evolution der Primaten

- Stellung des Menschen im natürlichen System – biologische und kulturelle Evolution

4 Überprüfung der Methoden- und Kommunikationskompetenz

In den Abitur- und Klausuraufgaben ist nicht nur Ihr Fachwissen wie die Kenntnis biologischer Fachbegriffe und deren Definitionen oder biologischer Phänomene und deren Abläufe gefragt. Auch Ihre Methoden- und Kommunikationskompetenz wird überprüft. Abitur- und Klausuraufgaben sind daher materialgebunden. Operatoren in der Aufgabenstellung fordern Sie dazu auf, die in dem Aufgabenmaterial enthaltenen Texte, Diagramme, Schemata, Bilder etc. richtig zu „lesen", d. h. genau zu erfassen, zu deuten und zur Lösung der gestellten Aufgaben zu verwenden. Sie werden z. B. aufgefordert, Daten einer Tabelle in eine Grafik umzuformen oder ein geschildertes Experiment so zu verstehen, dass Sie seine Fragestellung angeben oder Hypothesen entwickeln können. In begrenztem Umfang gilt das auch für die mündliche Prüfung im Basisfach. Es wird also festgestellt, wie gut Sie mit den angegebenen Materialien umgehen können. In den folgenden Abschnitten erhalten Sie dazu gezielte Tipps. Zudem werden Musterlösungen vorgestellt.

Umgang mit Texten (vgl. Übungsaufg. 1, 2, 4, 5, 7)

Viele Aufgabenformate enthalten Sachtexte, die zusammengefasst, erläutert, verglichen, interpretiert oder in Diagramme, schematische Darstellungen oder Modelle übersetzt werden sollen. Geben Sie sich Mühe, die einzelnen Aussagen zu erfassen und entsprechend der Aufgabenstellung in eigenen Worten wiederzugeben. Und denken Sie nicht, das stehe doch alles schon da. Meist sind die Texte so komprimiert, dass jedes Detail wichtig ist.

Erfassen der Inhalte

- Welche Aussagen enthält der Text?
- Welche Aussagen sind wichtig in Bezug auf die Aufgabenstellung?
- Werden Fragen durch den Text aufgeworfen, die zunächst nicht beantwortet werden können?

Tipp

Überlesen Sie nicht die kurzen Texthinweise im Zusammenhang mit Abbildungen oder Diagrammen.

Eigenes Formulieren von Texten

Sie werden bei der Bearbeitung von Klausuraufgaben dazu aufgefordert, eigenständig Texte zu formulieren. Strukturieren Sie ihren Text durch Absätze. Jeder Absatz greift einen neuen Gedanken auf. Formulieren Sie kurze und klare Sätze. Bauen Sie Ihre Darstellung logisch schlussfolgernd Satz für Satz auf. Benutzen Sie die Fachsprache.

Beispiel für die Erfassung eines Textes zur E. coli Mutante

Vom Bakterium *E. coli* gibt es eine speziell entwickelte Mutante *E. coli* K12, die weder den menschlichen Darm besiedeln kann noch außerhalb des Labors lebensfähig ist. Ihr fehlen bestimmte Eigenschaften des Wildtyps. Mit dem „Sicherheitsstamm“ *E. coli* K12 sind Klonierungsexperimente in der Schule erlaubt. So kann man z. B. das *lacZ*-Gen, das K12 im Gegensatz zum Wildtyp nicht besitzt, übertragen. Dieses Gen codiert für das Enzym LacZ, das das Disaccharid Lactose zu Glucose und Galactose spaltet. Bietet man statt Lactose das synthetisch hergestellte Substrat X-Gal an, so entsteht neben Galactose ein blauer Farbstoff, der den erfolgreichen Einbau des *lacZ*-Gens nachweist.

Das Erfassen des Textes sollte zu folgenden Aussagen führen:
1. K12 ist eine ungefährliche *E. coli*-Variante, mit der man in der Schule experimentieren kann.
2. K12 besitzt normalerweise kein *lacZ*-Gen.
3. Das Enzym LacZ, codiert vom *lacZ*-Gen, spaltet Lactose in Galactose und Glucose.
4. Statt Lactose kann X-Gal als Substrat genommen werden. LacZ spaltet dies in Galactose und blauen Farbstoff.
5. Das Auftreten des blauen Farbstoffs weist den Einbau des *lacZ*-Gens in *E. coli* K12 nach.

Umgang mit Diagrammen (vgl. Übungsaufg. 2, 4, 5)

In vielen Aufgabenstellungen wird eine Beschreibung und Interpretation von Diagrammen gefordert. Diese halten in komprimierter und übersichtlicher Form Daten aus Untersuchungen, Experimenten, Naturbeobachtungen usw. fest.

Tipp

Hilfreich ist es zunächst, den Bezug des Diagramms zur Aufgabe zu erfassen. Ist die Legende nicht aussagekräftig genug, findet man häufig im Aufgabentext einen Abbildungshinweis, der Aufschluss gibt über den Zusammenhang zwischen Grafik und Aufgabe.

Erfassen der Inhalte

- Mit welchen Größen sind die x-Achse und die y-Achse bezeichnet?
- Was sagt ein Punkt, ein Linienabschnitt oder ein Balken in dem Diagramm aus?
- Welche Besonderheiten, die eventuell zunächst nicht erklärbar sind, fallen auf?

- Sind zusätzliche Interpretationshilfen wie z. B. Pfeile, Hervorhebungen, Beschriftungen enthalten?
- Werden Angaben zur Streuung der Messwerte gemacht?

Beispielhafte Erfassung der Abbildung M1

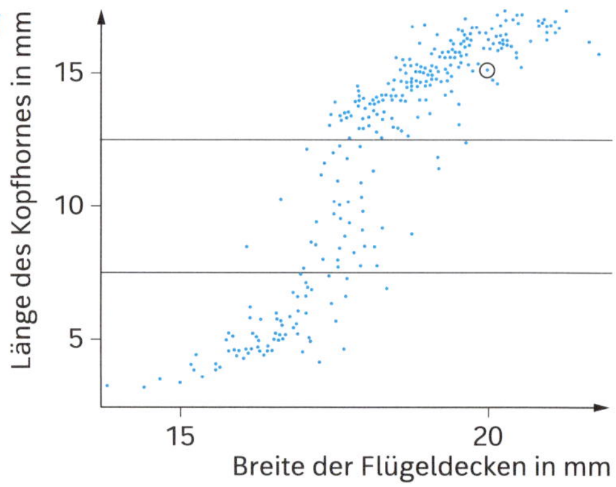

M1 Hornlängen des kolumbianischen Zuckerrohrkäfers

Für den kolumbianischen Zuckerrohrkäfer ist die Länge des Kopfhorns in mm auf der senkrechten (y) Achse gegen die Breite der Flügeldecken auf der waagerechten (x) Achse in mm aufgetragen.
Die Punkte in M1 stehen für jeweils einen vermessenen Käfer. Der hervorgehobene Punkt in der Abbildung bedeutet, dass bei einem Käfer mit einer Flügeldeckenlänge von 20 mm eine Kopfhornlänge von 15 mm festgestellt wurde.
Auffällig ist, dass es viele Käfer mit einem kleinen Kopfhorn von etwa 5 mm gibt, deren Flügeldeckengröße zwischen etwa 13 und 17 mm liegt, und gleichzeitig sehr viele Käfer mit einem großen Kopfhorn von ca. 15 mm, die Flügeldecken zwischen 17 und 22 mm Länge besitzen.
Die beiden grauen waagerechten Linien in der Abbildung teilen die Population in drei Käfergruppen, in die bereits erwähnten kleinen Käfer mit kleinem Kopfhorn und die großen Käfer mit großem Kopfhorn, die den größten Anteil an der Population haben. Daneben gibt es mittelgroße Käfer mit einer Flügeldeckenlänge um die 17,5 mm, deren Kopfhornlänge zwischen 7,5 und 12,5 mm schwankt. Diese Gruppe von Käfern ist die kleinste innerhalb der Population.
Insgesamt ist sowohl in der Gruppe der kleinen als auch in der der großen Käfer eine deutliche Korrelation zwischen der Breite der Flügeldecken und der Länge des Kopfhorns erkennbar.

Beschreiben eines Diagramms

In der Regel wird in der Aufgabenstellung die Beschreibung (s. Kap. 2, Operator **beschreiben**) gefordert. Aber auch wenn eine Erklärung, Erläuterung oder Interpretation gefordert wird, empfiehlt es sich, zunächst das Diagramm in der Reihenfolge zu beschreiben, wie man es erfasst hat.

- In einem einleitenden Satz geben Sie Auskunft über die Grundaussage der grafischen Darstellung und, falls angegeben, auch über Quelle und Entstehungsdatum und -zeitraum.
- Nennen Sie den Diagrammtyp (z. B. Säulendiagramm, Balkendiagramm, Streifendiagramm, Kreisdiagramm, Liniendiagramm, Streudiagramm).
- Geben Sie die Größenbezeichnungen auf den Achsen mit Skalierung (evtl. logarithmisch?) an.
- Geben Sie die Inhalte des Diagramms wieder, auch dann, wenn diese Informationen an anderer Stelle (z. B. in der Aufgabenstellung) schon erwähnt sind.

- Beschreiben Sie bei einem Liniendiagramm den Verlauf der Kurve mit Angaben zu Beginn, Ende, Steigung, Extremwerten (Maxima, Minima, Nullstellen) sowie Regelmäßigkeiten (periodische Schwankungen).
- Wenn Sie sich auf spezielle Punkte oder Bereiche einer Kurve beziehen, geben Sie bei Ihrer Beschreibung die Koordinaten an.

Tipp

Schreiben Sie **nicht** „Von 2004 bis 2008 steigt die Kurve von 1000 auf 1500 und hat 2009 ein Maximum von 1700“ **sondern** „In den Jahren 2004 bis 2008 nimmt die Population der Mäuse um 500 Individuen zu. Ihre maximale Größe hat sie im Jahre 2009 mit 1700 Individuen erreicht.“

- Wenn möglich, geben Sie Kurven oder Kurvenabschnitten einen Namen (z. B. Wachstumskurve, Häufigkeitsverteilungskurve, Sättigungskurve, Optimumskurve, linearer Bereich, exponentieller Anstieg, Maximum). Einige Kurven kann man in spezielle Phasen einteilen, wie beispielsweise Wachstumskurven: Anlaufphase, exponentielle Wachstumsphase, Verzögerungsphase, stationäre Phase, evtl. Absterbephase (s. M2).

Beispiel für die Beschreibung der Abbildung M2

In M2 ist in einem Kurvendiagramm das Wachstum einer Hefekultur in einer Nährsalzlösung bei einer Temperatur von 22 °C über eine Dauer von elf Tagen dargestellt. Auf der Abszisse (x-Achse) sind die Tage abgetragen, auf der Ordinate (y-Achse) die Anzahl der Hefezellen pro ml Kulturmedium in einem logarithmischen Maßstab. Die Punkte auf der Kurve grenzen die Phasen des Wachstums voneinander ab. Am 1. Tag befinden sich in der Anlaufphase etwas über 10 000 Hefezellen in einem Milliliter des Kulturmediums. Diese vermehren sich in den nächsten drei Tagen exponentiell auf über 100 000 Zellen pro ml. Das geschieht in der exponentiellen Phase. Vom 4. Tag an verzögert sich das Wachstum der Kultur in der sogenannten Verzögerungsphase. Die Anzahl der Zellen bleibt vom 9. Tag an konstant bei über 10^6 Zellen pro ml Kulturmedium. Somit ist die stationäre Phase erreicht.

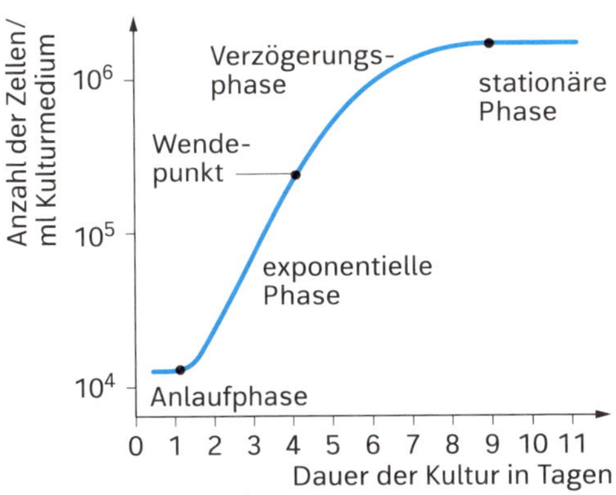

M2 Wachstum einer Hefekultur in einer Nährlösung (Temperatur 22 °C)

Interpretation eines Diagramms

Nachdem Sie in der Beschreibung gezeigt haben, dass Sie Aussagen des Diagramms erfasst haben, stellen Sie nun eine Beziehung zum Kontext der Aufgabe her.
Erklären Sie die von Ihnen beschriebenen Teilaspekte/Kurvenabschnitte möglichst vollständig.

- Lassen sich die Aussagen des Diagramms in Beziehung setzen zur Aufgabenstellung? Lassen sie sich für die Beantwortung von Teilaufgaben heranziehen?
- Lassen sich die Aussagen des Diagramms zur Bestätigung eines beschriebenen Phänomens oder einer aufgestellten Hypothese heranziehen oder widerlegen sie diese?
- Werden neue Fragen durch die Informationen des Diagramms aufgeworfen?
- Was sind mögliche Ursachen für die aus dem Verlauf der Kurve abgeleiteten Sachverhalte?

Tipp

Können Sie bestimmte Auffälligkeiten im Diagramm nicht erklären, erwähnen Sie diese trotzdem und stellen Sie dazu Vermutungen an, die Sie vielleicht sogar (mit weiteren Materialien oder Ihrem Vorwissen) begründen können. Oder stellen Sie sich dazu Fragen, z. B.: „Diesen Sachverhalt kann ich mir (z. B. mit dem Konkurrenzausschlussprinzip) nicht erklären. Dafür muss es eine andere Erklärung geben.“
Nutzen Sie für die Erklärung des Diagramms und dessen Bedeutung für die Aufgabenstellung unbedingt Fachbegriffe, Modellvorstellungen etc. Wenden Sie dabei die Fachausdrücke an, indem Sie diese im Kontext definieren.

Beispiel für die Interpretation der Abbildung M2

Mögliche Aufgabenstellung: **Beschreiben** und **erklären** Sie die Art des Wachstums der Hefekultur in M2.
Hefezellen vermehren sich durch Teilung exponentiell. Aus einer Zelle werden so 2, daraus 4, dann 8, 16, 32 und so fort. Dies geschieht, solange die Umweltfaktoren nahezu optimal sind, also im Vorzugsbereich (Präferendum) der Art liegen. Das ist hier gegeben. Die Temperatur als abiotischer Umweltfaktor liegt konstant bei 22 °C und das Kulturmedium enthält genügend Nährstoffe, von denen sich die Hefezellen ernähren können. Allerdings verzögert sich das Wachstum nach dem 4. Tag. Das bedeutet, dass in der Kultur nicht mehr nur neue Zellen entstehen, es sterben möglichwerweise auch einige ab. Die Kapazität des Lebensraums ist offensichtlich begrenzt, d. h. für die Gesamtheit aller Zellen steht nun nicht mehr unbegrenzt Raum, Nahrung oder Sauerstoff zur Verfügung. Stoffwechselendprodukte grenzen das Wachstum ein. Das Wachstum stagniert in der stationären Phase: Es sterben ebenso viele Hefezellen wie neue entstehen. Hier endet die in der Grafik festgehaltene Beobachtung. Es handelt sich also um ein begrenztes Wachstum einer Hefekultur in einem Nährmedium. Allerdings ist zu vermuten, dass nach weiteren Tagen mehr Zellen absterben als neue gebildet werden, wenn der Hefekultur keine weiteren Nährstoffe zugefügt werden. Damit folgt auf die stationäre Phase die Absterbephase.

Vergleich von Diagrammen

Häufig müssen Sie mehrere Diagramme bzw. Kurvenverläufe in einem Diagramm miteinander in Beziehung setzen, also z. B. vergleichen oder zuordnen. Suchen Sie bei dem Vergleich von Diagrammen sowohl nach Gemeinsamkeiten als auch nach Unterschieden im Kurvenverlauf (Anfang, Ende, Steigung, Maxima, Minima, Nullstellen, Symmetrieverhältnisse, periodische Schwankungen).
Achten Sie darauf, ob die zu vergleichenden Diagramme/Kurven evtl. unterschiedliche Skalen oder Achsen haben. Berücksichtigen Sie diese Unterschiede bei Ihren Aussagen.

Erstellen eines Diagramms

Gelegentlich wird Ihre Methodenkompetenz dadurch überprüft, dass Sie die Ergebnisse eines Experiments oder die Daten aus einer Tabelle in einem Diagramm darstellen sollen. Dabei wird nicht nur die inhaltliche Korrektheit, sondern auch die Darstellungsweise bewertet. Stellen Sie dazu folgende Überlegungen an:
Welcher Diagrammtyp ist am besten geeignet?
Welche Messgrößen sollen miteinander in Beziehung gesetzt werden, wie beschrifte ich die waagerechte und die senkrechte Achse? Auf der x-Achse wird die unabhängige Größe/Variable, auf der y-Achse die davon abhängige Größe/Variable dargestellt.
Wie skaliere ich Ordinate (y-Achse) und Abszisse (x-Achse)?
Wie formuliere ich die Legende?

Umgang mit Bildern (vgl. Übungsaufg. 1)

Zu den typischen Materialien in biologischen Aufgabenstellungen gehören Bilder. Sie bieten die Möglichkeit, Einzelmerkmale zu benennen, zu beschreiben oder zu analysieren.
Sieht der Arbeitsauftrag vor, Bilder zur Lösung einer Aufgabe hinzuzuziehen, erwähnen Sie zunächst **formale Aspekte**, die Sie der Quellenangabe oder der Legende entnehmen können:
Wie ist das Bild entstanden? Handelt es sich z. B. um eine Zeichnung oder ein Foto, um ein licht- oder elektronenmikroskopisches Bild?

Machen Sie dann **allgemeine Aussagen zu den Inhalten des Bildes**:
- Handelt es sich zum Beispiel um eine mikroskopische Struktur in einer Zelle, um eine Vergrößerung eines Insektenorgans oder ein Satellitenbild bei Nacht?
- Benennen Sie den Ausschnitt und die Größenverhältnisse der Ihnen vorliegenden fotografischen Abbildung.

Jetzt erst ermitteln Sie die **zentrale(n) Aussage(n)** des Bildes. Interpretieren Sie diese in Beziehung zur Aufgabenstellung und vor dem Hintergrund Ihrer Fachkenntnisse und Fachbegriffe. Ordnen Sie die Aussage der fotografischen Abbildung in den Kontext aller weiteren Materialien ein und bewerten Sie die Aussagekraft des Bildes hinsichtlich seines Lösungsbeitrags.

Beispiel für die Interpretation der Abbildung M3

M3 Schaflausfliege

Vorgegebener Text zur Abbildung: „Schaflausfliegen leben im Fell von Schafen. Diesen saugen sie Blut durch die Haut ab. Sie ähneln eher Läusen als Fliegen. Zur Ausbreitung der Tiere gibt der enge Kontakt der Schafe in der Herde reichlich Gelegenheit."

Mögliche Aufgabenstellung: **Beschreiben** Sie die Eigenschaften einer Schaflausfliege, die diese als Parasiten kennzeichnet.
Lösung: Schaflausfliegen besitzen lange, mit Haken versehene Beine, mit denen sie sich gut im Fell der Wirte festhalten können. Vorne am Kopf besitzen sie ein Saugorgan. Ihre Flügel sind verkümmert und ihr Körper ist abgeflacht, sodass sie sich gut im Haarkleid der Schafe vorwärts bewegen können.

Umgang mit schematischen Abbildungen (vgl. Übungsaufg. 2, 4 – 6)

Viele Aufgabenstellungen enthalten schematische Zeichnungen, die vereinfachte Strukturen (z. B. Bau einer Zelle) oder Abläufe (z. B. Stoffwechselwege, Verlauf eines Experiments) veranschaulichen.

Beschreibung schematischer Darstellungen

Ordnen Sie in einem ersten Schritt diese Abbildungen in einen größeren thematischen Rahmen bzw. Sachzusammenhang ein, erfassen Sie allgemeine Aspekte und beschreiben Sie:

- Welchem Themengebiet kann die Abbildung zugeordnet werden?
- Welche Informationen geben Ihnen Beschriftungen und Legende einer Abbildung?
- Werden Strukturen, Abläufe oder Funktionszusammenhänge dargestellt?
- Beschreiben Sie die gezeigten Strukturen, Abläufe oder Bezüge. Gehen Sie dabei möglichst systematisch vor, z. B. von links nach rechts, von unten nach oben oder von außen nach innen. Ausgangspunkt können auch auffällige Elemente im Schema sein. Halten Sie ihr gewähltes Beschreibungssystem konsequent ein.

Interpretation schematischer Darstellungen

- Nennen Sie die Funktion der Abbildung im Kontext der Aufgabenstellung. Dient sie z. B. als Veranschaulichung, Begründung, Erläuterung, Versuchsbeschreibung?
- Gliedern Sie die in der Abbildung enthaltenen Informationen, indem Sie die meist vorgegebenen Gliederungsmuster spiegeln.
- Beziehen Sie sich in Ihrer Auswertung auf diese Gliederung und stellen Sie Bezüge zu den Arbeitsanweisungen bzw. Operatoren der Aufgabe und zu den übrigen Materialien her.
- Wirft die Abbildung evtl. neue Fragen auf? Nennen Sie diese.

Anfertigung einer Skizze

Oft werden Sie in einer Aufgabenstellung aufgefordert, eine Skizze zu einem bekannten Sachverhalt anzufertigen. Gefordert ist eine markante, nicht detailliert ausgearbeitete Übersichtsdarstellung, die metrisch nicht korrekt sein muss, die Größenverhältnisse sollten aber stimmen. Eine gute Skizze ist dadurch gekennzeichnet, dass
- sie alle wesentlichen Strukturen oder Aspekte enthält
- sie klar und übersichtlich gezeichnet wird: klare Linien und abgrenzbare Strukturen, sinnvolle Größe der Skizze (in der Regel mindestens 1/2 Seite)
- die Strukturen deutlich erkennbar und unterscheidbar sind
- alle Elemente beschriftet sind

Umgang mit Experimenten (vgl. Übungsaufg. 3)

Der biologische Erkenntnisprozess geht von einer wissenschaftlichen Naturbeobachtung aus, die meist planmäßig durchgeführt wird und objektive Daten liefert. Sie lässt sich zunächst nicht erklären, ihr kann also keine Ursache zugeordnet werden. Der Forscher formuliert verschiedene **Fragestellungen**, die sich aus der Beobachtung ergeben. Die Fragen werden präzisiert und so formuliert, dass sie beantwortet werden können (Operationalisierung). Als vorläufige Antwort auf eine Frage werden dann Vermutungen über mögliche Ursachen geäußert, die begründet und als **Hypothesen** formuliert werden. Hypothesen müssen überprüfbar sein und schließen die Vorhersage eines Ergebnisses unter einer bestimmten Voraussetzung ein: wenn ..., dann ... Zur Überprüfung einer Hypothese wird unter der spezifischen Fragestellung ein **Experiment entwickelt**. Im Protokoll des Experiments sind neben der Frage und der Hypothese die verwendeten Materialien anzugeben und der Versuchsaufbau, die **Versuchsdurchführung** sowie die gewählten Auswertungsmethoden zu beschreiben. Die **Beobachtungsergebnisse** (die registrierten Daten) werden zur Auswertung zusammengestellt und in Tabellen oder Diagrammen übersichtlich dargestellt. Die wichtigsten Ergebnisse werden nun beschrieben und gedeutet. In der **Schlussfolgerung** wird der Bezug zu Fragestellung und Hypothese hergestellt: Wird die Ausgangsfrage beantwortet? Lässt sich die formulierte Hypothese bestätigen (verifizieren) oder muss sie modifiziert oder sogar vollständig verworfen werden (falsifizieren)?
Dann erfolgt die **Diskussion** der Ergebnisse, d. h. sie werden in Beziehung gesetzt zu anderen Untersuchungsergebnissen, die im sachlichen Zusammenhang in der Literatur beschrieben sind. Die eigenen Daten werden einer kritischen Reflexion bezüglich

der Messgenauigkeit und der statistischen Aussagekraft unterzogen, gefolgt von Überlegungen zu weiterführenden Fragestellungen oder alternativen Versuchsansätzen. Eine bestätigte Hypothese gilt erst dann als bewiesen oder als gesichertes Wissen, wenn sie immer wieder unabhängig voneinander bestätigt werden kann.

Gängige Formen des zu bearbeitenden Aufgabenmaterials aufgrund eines Experiments:

1) Es wird die Durchführung eines Experiments geschildert. Sie haben die Aufgabe, die zugrunde liegende Fragestellung, die Hypothese und/oder das Ergebnis vorherzusagen.

> **Tipp**
>
> Lassen Sie sich nicht dadurch entmutigen, dass Ihnen das Experiment unbekannt ist. Häufig ist Ihnen die eingesetzte Methode bekannt: Dann beschreiben Sie diese in einem ersten Schritt. Erst dann versuchen Sie, Bezüge zur Aufgabenstellung herzustellen. Formulieren Sie in jedem Fall eine Frage und eine Hypothese. Stimmen Sie das Beobachtungsergebnis mit Ihrer aufgestellten Hypothese ab.

Es wird folgendes Experiment geschildert: Man hält eine Banane so über ein Teelicht, dass die Flammenspitze gerade einen Punkt auf der Bananenschale berührt. Nach einer halben Minute bis Minute hat sich die Schale dunkel verfärbt, auch außerhalb der verkohlten Stelle. Stellen Sie eine Vermutung über die Form der Verfärbung auf. Gehen Sie folgendermaßen vor:

- **Beschreiben** Sie zunächst kurz das, was Ihnen bekannt ist: die Schale einer Banane verfärbt sich bei längerer Lagerungszeit über braun zu schwarz. Sie weist zunächst einige dunkle Stellen auf die sich ausdehnen, irgendwann ist die ganze Schale schwarz. An solchen Prozessen sind stets Enzyme beteiligt.
- Nun erst **stellen** Sie das Bekannte dem Unbekannten **gegenüber**. Es ist anzunehmen, dass die Aktivität der Enzyme in der Bananenschale wie alle anderen Enzyme auch, durch die Temperatur beeinflusst wird. Ist die Temperatur zu hoch, denaturieren sie, bis zu einer gewissen Grenze steigt die Reaktionsgeschwindigkeit aber mit zunehmender Temperatur (RGT-Regel).
- Leiten Sie aus der Gegenüberstellung und dem Vergleich zunächst ein mögliches **Beobachtungsergebnis** ab: An der Stelle, wo die Flammenspitze die Schale berührt hat, wird die Schale verkohlt sein. In einem kreisförmigen Bereich um dieses Zentrum herum wird die Schale kaum verändert sein, da die Hitze der nahen Flamme die Enzyme denaturieren ließ. In einem weiteren, ebenfalls kreisförmigen Bereich wird sich die Schale braun färben, da die Enzyme durch die höhere Temperatur wesentlich schneller arbeiten als bei Raumtemperatur. Die Hypothese lautet also: Wenn die Verfärbung der Bananenschale durch Enzyme hervorgerufen wird, dann lässt sich die Reaktionsgeschwindigkeit dieser Enzyme durch Temperatur beeinflussen. Die dazugehörigen **Ausgangsfragen** lauten: Wie lässt sich das Verfärbungsmuster erklären, das entsteht, wenn man eine Bananenschale punktuell über einer Kerzenflamme erhitzt?

Tipp

Gehen Sie, auch wenn das nicht ausdrücklich in der Aufgabe gefordert wird, darauf ein, ob dieses Experiment Ihrer Meinung nach wirklich die von Ihnen formulierte Hypothese und auch die Ausgangsfrage bestätigt. Schließen Sie also eine Diskussion an.

In diesem Fall wird die Hypothese zwar bestätigt, es ist aber noch nicht ganz sicher, ob das Verfärbungsmuster wirklich auf die Wirkung von Enzymen zurückzuführen ist. Es müssten sich weitere Versuche anschließen, die die Hypothese verifizieren oder falsifizieren, z. B. indem man Bananen an unterschiedlich temperierten Orten lagert, andere Wärmequellen nutzt etc.

2) Aufgrund einer Fragestellung oder Hypothese sollen Sie ein geeignetes Experiment schildern.
- Machen Sie sich klar, dass das geeignete Experiment eine Hypothese nicht nur bestätigen (verifizieren), sondern auch widerlegen (falsifizieren) kann.
- Erwägen Sie den Einsatz verschiedener fachspezifischer Methoden, z. B. Mikroskopieren, Anfärben, radioaktive Markierung, Einsatz von Enzymen, genetischer Fingerabdruck, DNA-Hybridisierung, Einsatz von Gen-Sonden.
- Ist eine bestimmte Methode geeignet, stellen Sie diese mit den erforderlichen Fachbegriffen oder auch Geräten vor.
- Ordnen Sie Ihr Experiment wie ein Protokoll in Materialien, Versuchsaufbau, Durchführung, voraussichtliches Beobachtungsergebnis.
- Illustrieren Sie die Durchführung des Experiments mit einer Skizze, z. B. mit einem Versuchsaufbau oder einem Verlaufsschema.

3) Aufgrund eines skizzierten Versuchsaufbaus sollen Sie Fragestellung, Beobachtungsergebnis und Deutung der Ergebnisse ableiten.
- In einem ersten Schritt beschreiben Sie den dargestellten Versuchsaufbau, auch wenn dies nicht ausdrücklich gefordert wird. Während dieser Beschreibung wird Ihnen i. d. R. klar, wie das zugrunde liegende Experiment durchzuführen ist.
- Gehen Sie dann vor wie in 1): Vom Bekannten zum noch nicht Bekannten.
- Erst im letzten Schritt leiten Sie Beobachtungsergebnis, Hypothese und Fragestellung ab und überprüfen, ob diese widerspruchsfrei zueinander formuliert sind.

4) Im Zusammenhang mit Beobachtungsergebnissen, deren Daten häufig in unübersichtlicher Form dargestellt sind, werden Sie gelegentlich aufgefordert, diese in eine übersichtlichere Form zu überführen.
- Beachten Sie dazu den Abschnitt „Umgang mit Diagrammen“ (S. 19 ff.).

Umgang mit Hypothesen (vgl. Übungsaufg. 2, 7)

Materialgebundene Aufgaben sehen manchmal vor, dass Sie nicht nur im Rahmen von Experimenten Hypothesen aufstellen, sondern erst über das Aufstellen von Hypothesen und deren Diskussion zu einer Lösung kommen.

Aufstellen von Hypothesen

Eine Hypothese ist eine begründete Vermutung, dass bestimmten Beobachtungen eine Gesetzmäßigkeit zugrunde liegt. Eine Hypothese muss mit den objektiven Daten in Einklang stehen und darf in sich keine Widersprüche aufwerfen.

- Sichten Sie zunächst das gesamte Material und stellen Sie für sich eine Beziehung zur Thematik der Aufgabe her.
- Arbeiten Sie das Material gemäß den Anweisungen durch und tragen Sie auf diese Weise möglichst viele Informationen zusammen, die Grundlage für die Bildung einer Hypothese sein können.
- Ordnen Sie dann die von Ihnen ausgewählten Informationen, fassen Sie diese unter bestimmten Gesichtspunkten zusammen.
- Formulieren Sie nun auf der Basis dieser Übersicht eine möglichst klare und präzise Hypothese, evtl. auch mehrere Hypothesen.
- Belegen Sie die formulierten Hypothesen mit Daten oder Fakten aus dem Arbeitsmaterial und wägen Sie dabei die Argumente genau ab. Dabei ist es wichtig, auch die (möglichen) Gegenargumente zu prüfen.
- Es kommt bei der Aufstellung von Hypothesen nicht darauf an, druckreife Formulierungen zu erstellen. Möglich sind alle, die sich logisch aus dem Arbeitsmaterial ableiten lassen.

Tipp
Aufgestellte Hypothesen nicht ohne Prüfung stehen lassen!

Überprüfen von Hypothesen: So bestätigen (verifizieren) oder widerlegen (falsifizieren) Sie vorgegebene oder selbst aufgestellte Hypothesen

Nachdem Sie Ihre Hypothese aufgrund aller Daten mit eigenen Worten formuliert haben, blicken Sie noch einmal zurück (nach folgenden Punkten überprüfen Sie auch vorgegebene Hypothesen):

- Stehen alle Angaben und Informationen aus den Materialien mit der Hypothese im Einklang?
- Belegen Sie Ihre Hypothese umfassend mithilfe aller relevanten Materialien und stellen Sie diese in einen Begründungszusammenhang.
- Werden Widersprüche deutlich, verwerfen Sie die Hypothese und halten sich nicht weiter mit ihrer Begründung auf. Eine Hypothese ist widerlegt, wenn z. B. ein Versuchsergebnis nicht im Einklang mit der formulierten Hypothese steht.

Tipp

Beachten Sie bei den Formulierungen, dass Hypothesen stets vorläufigen Charakter haben und keine feststehenden Fakten sind.
Haben Sie den Auftrag, selbst eine Hypothese aufzustellen, und hält die erste einer Prüfung nicht stand, suchen Sie ohne viel Zeit zu verlieren nach einer neuen Hypothese. Wenn Ihnen keine weitere einfällt, begründen Sie die Widersprüche und schlagen Sie vor, wie man vorgehen könnte, um eine Lösung herbeizuführen.
Sind mehrere Hypothesen vorgegeben, stellen Sie vor einer Überprüfung zunächst die Unterschiede klar heraus.

Umgang mit Modellen (vgl. Übungsaufg. 1)

Modelle bilden die Wirklichkeit nach. Sie erfassen dabei nicht alle Merkmalseigenschaften des Naturobjekts, sondern dienen nur der Erklärung weniger, oft nur einer Eigenschaft. Sie können Strukturelemente oder Funktionszusammenhänge veranschaulichen. Dabei können sie die Wirklichkeit spiegeln oder aber nur hypothetischer Natur sein. Meist vereinfachen sie komplexe Sachverhalte und machen sie leichter vermittelbar.
Bei der Beschreibung und Erklärung von Modellen ist in den Formulierungen darauf zu achten, dass das Modell nicht mit der Wirklichkeit verwechselt wird. Das können Sie dadurch erreichen, dass Sie

- die Modellebene und die Ebene der Wirklichkeit getrennt beschreiben und nicht miteinander vermischen,
- Elemente des Modells bestimmten Eigenschaften der Wirklichkeit zuordnen oder
- bei einem Funktionsmodell zunächst nur beschreiben, wie das Modell funktioniert, und erst dann erklären, welche Vorgänge in der Natur damit veranschaulicht werden sollen.

Tipp

Die Zuordnung von Modellelement und Naturmerkmal sowie seine Erklärungsfunktion können gut in einer Tabelle veranschaulicht werden.

So könnte z. B. die Funktion des Isoleucins in dem angedeuteten Stoffwechselweg in M4 mithilfe eines Schwammmodells (M5) in Tabellenform erklärt werden:

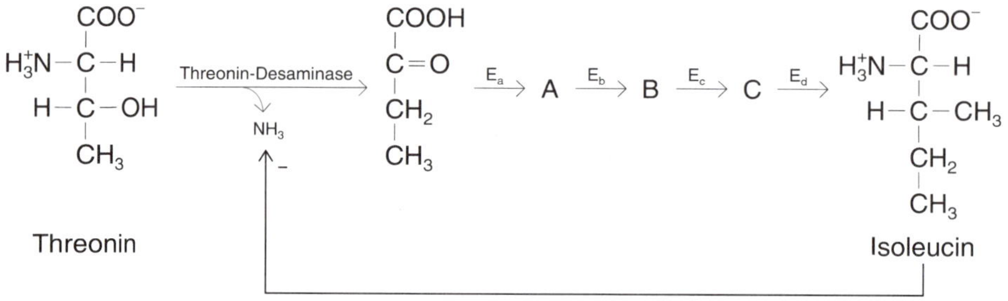

M4 Ausschnitt aus dem Threoninstoffwechsel

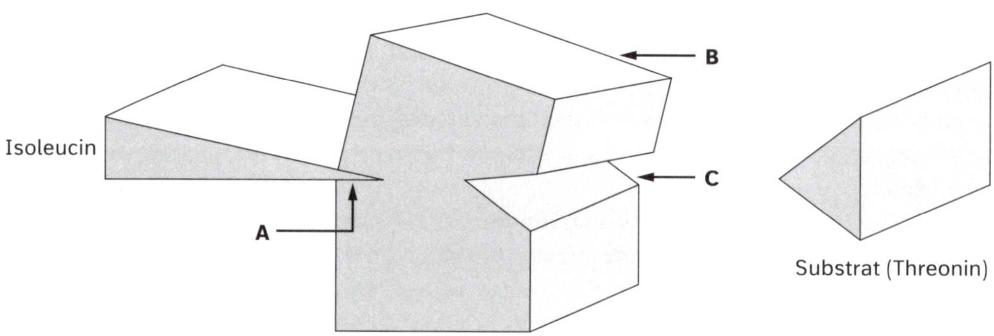

M5 Schwammmodell zur Erklärung der Funktion des Isoleucins im Threoninstoffwechsel

Modellstruktur (Funktion)	**veranschaulichtes Objekt**	**Funktion**
Schwammmodell der Abbildung M5	allosterisch gehemmte Threonin-Desaminase	allosterische Hemmung der Threonin-Desaminase durch Isoleucin
kleiner Keil aus Schwammmaterial, rechts	Threonin	Substrat
A (Wird der lange Keil in den Schlitz des Schwamms gesteckt, verändert dieser seine Gestalt.)	allosterisches Zentrum mit angelagertem Hemmstoff (Isoleucin)	bei Anwesenheit des Inhibitors Isoleucin wird Enzymstruktur verändert
B großer, veränderbarer Schwamm	Enzym Threonin-Desaminase	kann Threonin umsetzen (wenn nicht gehemmt)
C (Steckt der lange Keil nicht im Schlitz, kann die Lücke im Schwamm den kurzen Keil aufnehmen.)	aktives Zentrum	hier kann Threonin an das Enzym angelagert und dann umgesetzt werden

Umgang mit Stammbäumen in der Evolution (vgl. Übungsaufgabe 7)

In einer Stammbaumdarstellung werden Gruppierungen von Organismen dargestellt, die sowohl auf eine Ausgangsart zurückzuführen sind als auch zusammen alle bekannten Nachkommen dieser Ausgangsart umfassen. Dabei steht eine Ausgangsart jeweils an einer Verzweigung des Stammbaums.

Man nennt Gruppen, die Nachkommen einer nur ihnen gemeinsamen Ausgangsart sind, monophyletisch (auf eine Stammart zurückgehend). Eine monophyletische Gruppe enthält alle abgeleiteten Gruppen einer einzigen Ausgangsart.
Wie erkennt man einen monophyletischen Verwandtschaftskreis?

- Man benötigt möglichst viele homologe Merkmale bei unterschiedlichen Arten. Diese fasst man dann in einer Großgruppe zusammen und schätzt ab, wie groß der Grad der Ableitung von einem ursprünglichen Merkmal ist.
- Durch Ordnen von Untergruppen und Probieren erhält man dann ein Stammbaumdiagramm einer monophyletischen Gruppe, die durch abgeleitete Merkmale gekennzeichnet ist.
- Alle Vertreter eines monophyletischen Verwandtschaftskreises weisen abgeleitete Merkmale auf, die bei der Stammart dieser Gruppe erstmals aufgetreten waren. Auf die monophyletische Entstehung einer Gruppe kann man also nur mithilfe abgeleiteter Merkmale schließen, nicht mit ursprünglichen; denn solche können auch nicht monophyletischen Gruppen gemeinsam sein.

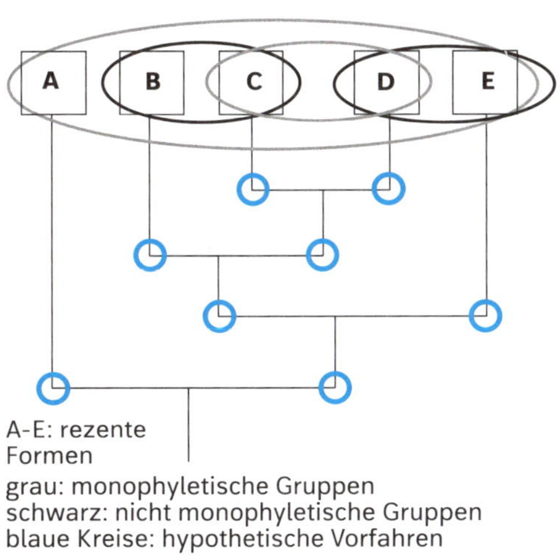

M6 Monophyletische und polyphyletische Gruppen

Umgang mit der Codesonne

Mit großer Wahrscheinlichkeit wird mindestens eine der vier Prüfungsaufgaben (siehe 2018/1 Teil 4) einen Teil enthalten, in dem Sie mithilfe der Codesonne „Übersetzungsarbeit" leisten müssen. Dabei kann es sein, dass Sie eine DNA-Sequenz in ein Peptid, also eine Aminosäurenkette übersetzen müssen oder umgekehrt. Lösen Sie solche Aufgaben folgendermaßen:

- Prüfen Sie zunächst, was Ihr Ausgangsmolekül ist und in welches Zielmolekül es übersetzt werden muss.
- Soll ein Genabschnitt, also DNA, in ein Peptid übersetzt werden, muss zunächst der entsprechende mRNA Abschnitt transkribiert werden. Achten Sie darauf, in der mRNA statt Thymin Uracil zu verwenden! Am einfachsten wird der nächste Schritt, wenn Sie die mRNA direkt in Basentripletts „portionieren", da die Gefahr Lesefehler zu machen, dadurch verringert wird.
- Anschließend kann die mRNA in die Abfolge der Aminosäuren translatiert werden. Prüfen Sie, ob Sie ein Startcodon suchen müssen, oder ob der zu übersetzende Abschnitt mitten im Gen liegt. Die Start-Codons sind bei Eucaryoten eigentlich immer AUG, bei Prokaryoten manchmal auch GUG. Lesen Sie die Codesonne von innen nach außen.
- Eine Aufgabe dieser Art ist oft mit der Frage nach der Art und Wirkung einer bestimmten Mutation verknüpft. Sie erhalten in diesem Fall eine (oder mehrere) weitere Varianten des Gens, die Sie ebenfalls übersetzen müssen. Anschließend können Sie beurteilen ob die Mutation eine Auswirkung auf das synthetisierte Protein hat oder nicht.
- Müssen Sie ein Peptid in ein Gen umschreiben, gibt es aufgrund der Degeneriertheit des genetischen Codes immer mehrere mögliche Lösungen. In diesem Fall prüfen Sie, welches Basentriplett zu der jeweils angegebenen Aminosäure passt.
- Bedenken Sie, dass der Prozess des Spleißens bei der Proteinbiosynthese eukaryotischer Zellen bei solchen Aufgaben entweder übergangen wird oder nicht rekonstruiert werden kann!

Beispiel für den Umgang mit der Codesonne

M7 zeigt die Abfolge der ersten acht Aminosäuren der β-Kette des gesunden Hämoglobins, M8 die des Sichelzellhämoglobins.

Val – His – Leu – Thr – Pro – Glu – Glu – Lys-...

M7 Die ersten acht Aminosäuren der β-Kette des gesunden Hämoglobinmoleküls.

Val – His – Leu – Thr – Pro – Val – Glu – Lys-...

M8 Die ersten acht Aminosäuren der β-Kette des Sichelzellhämoglobins.

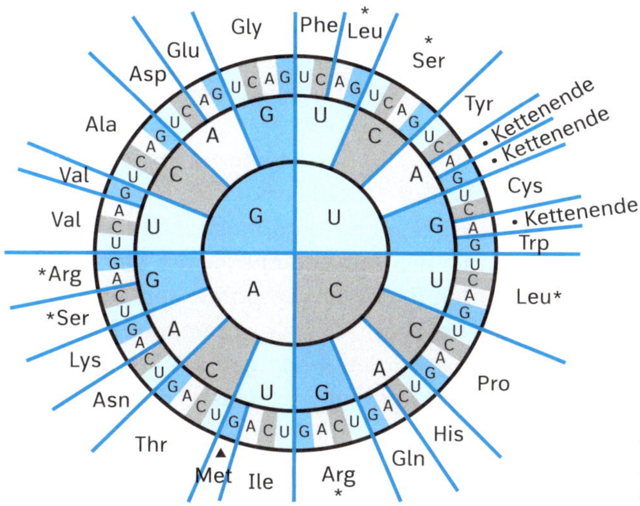

* zweimal auftretende Aminosäuren
• Stopp-Codon
▲ Start-Codon

M9 Die Codesonne

Mögliche Aufgabenstellung:

a) Ermitteln Sie unter Verwendung der Codesonne (M9) eine mögliche Nukleotidsequenz des zum gesunden Hämoglobin gehörenden codogenen DNA-Stranges.
b) Geben Sie die molekulargenetische Ursache für Sichelzellanämie an.

Lösung:

Aufgrund der Degeneriertheit des genetischen Codes sind mehrere Lösungen denkbar, z. B.:

AS-Sequnz	Val	His	Leu	Thr	Pro	Glu	Glu	Lys
mRNA	GUG	CAU	CUU	ACG	CCC	GAA	GAG	AAA
DNA	CAC	GTA	GAA	TGC	GGG	CTT	CTC	TTT

Vergleicht man die Aminosäurensequenz der beiden Moleküle miteinander, fällt auf, dass beim Sichelzellhämoglobin die sechste Aminosäure ausgetauscht ist (Val statt Glu). Mithilfe der Codesonne kommt man für Glu auf die möglichen mRNA-Basentripletts GAG und GAA; für Val auf die möglichen mRNA-Basentripletts GUG, GUA, GUC und GUU. Die DNA für Glu könnte also CTC oder CTT als Nukleotidabfolge haben, für Val CAC, CAT, CAG, CAA. Die Ursache ist also eine Punktmutation, bei der die zweite Base des entsprechenden Tripletts ausgetauscht wurde (A statt T).

5 Grundwissen

Einleitung

Eine Reduktion des biologischen Wissens auf ca. 50 Seiten kann nicht die gleiche Vollständigkeit haben wie ein 500-seitiges Schulbuch für die Oberstufe. Das Ziel einer solchen Darstellung komprimierten Wissens kann nur ein „learning for the test“ sein. Das heißt, einige Themen und Kenntnisse, die nicht unbedingt für die Bearbeitung der Abiturvorschläge notwendig wären, werden in dieser komprimierten Form nicht berücksichtigt. Diese Form eines Grundwissens ist auch weniger geeignet Lücken zu schließen, als eher Lücken aufzuspüren. Die Leser, die das folgende Kapitel Grundwissen verstehen und die hier verwendeten Abbildungen erläutern können, dürfen sicher sein, die wesentlichen Schwerpunkte des für das Abitur notwendigen Wissens zu beherrschen. Wer an einigen Stellen Schwierigkeiten hat, sei es, dass der Text nicht verstanden wird oder die Abbildungen nicht erfasst werden, sollte die dort behandelten Themen mithilfe der aktuellen Schulbücher (z. B. dem Linder Gesamtband oder dem in der Reihe Fit fürs Abi von Uhlenbrock/Walory im Westernmann-Verlag erschienenen Band Biologie-Wissen) versuchen, diese Lücken zu schließen und anschließend den Erfolg wieder mithilfe des hier vorliegenden Grundwissens zu überprüfen. Die mit einem blauen Balken gekennzeichneten Inhalte sind für für das Leistungsfach relevant. Basisfach-Schüler dürfen sie überspringen.

Und jetzt viel Spaß bei der Überprüfung Ihres Wissens.

Von der Zelle zum Organ

Vorbemerkungen

In diesem Kapitel werden die Grundlagen der Zellbiologie, des Stoffwechsels und der Molekulargenetik wiederholt. Im Bereich der Zellbiologie sollten Sie den Feinbau der Procyte und Eucyte kennen, sowie die wichtigsten Zellorganellen benennen und deren Funktion angeben können. Darüber hinaus müssen Sie in der Lage sein, den Aufbau einer Biomembran und deren wichtigster Bestandteile – Lipide, Kohlenhydrate, Proteine – skizzieren bzw. erklären können. Sie müssen die Mechanismen des Stofftransportes und -austausches ebenso verstanden haben wie die Bedeutung von ATP als Energieüberträger und der energetischen Kopplung. Zu den molekularen Grundlagen des Lebens und der Vererbung gehört das Wissen über den Aufbau der DNA, den Ablauf der Proteinbiosynthese und die Struktur und Funktion der Enzyme. Außerdem müssen Sie wissen, was man unter einer Genwirkkette versteht, wie die Genaktivität reguliert wird und welche Mutationen es gibt.

Die Zelle als Grundbaustein des Lebens

a. Procyte und Eucyte im Vergleich, Struktur und Funktion der Zellorganellen (2018/2 Teil 1, 2018/3 Teil 1)

Alle Organismen bestehen aus Zellen. Grundsätzlich unterscheidet man zwischen zwei verschiedenen Zelltypen, der **Procyte** und der **Eucyte**. Die Procyte ist im Vergleich zur Eucyte wesentlich einfacher aufgebaut. Sie besitzt beispielsweise keinen Zellkern und auch sonst kaum Zellorganellen. Organismen, die aus Procyten bestehen, nennt man **Prokaryoten.** Zu ihnen gehören die Bakterien und die Archaea. Der Aufbau der Eucyte hingegen ist wesentlich komplexer. Membraneinfaltungen bilden abgeschlossene Reaktionsräume, die Kompartimente. Außerdem gibt es zahlreiche spezialisierte Funktionseinheiten, die Zellorganellen. Die Eucyte ist der Zelltyp der **Eukaryoten,** der Einzeller, Pilze, Pflanzen und Tiere.

Die Merkmale der Procyte im Überblick:

Ringförmige DNA; kein Zellkern; manche Bakterien besitzen zusätzliche kleine DNA-Ringe, sog. Plasmide. Sie enthalten oftmals Resistenzgene und sind in der Gentechnik von großer Bedeutung

- Keine Kompartimente
- Zellwand aus Murein; Zellmembran
- 70S Ribosomen (kleiner als bei der Eucyte)
- Teilweise mit Geißel zur Fortbewegung und Pili zur Anheftung, beispielsweise an der Oberfläche tierischer Zellen oder zum Übertragen von Plasmiden

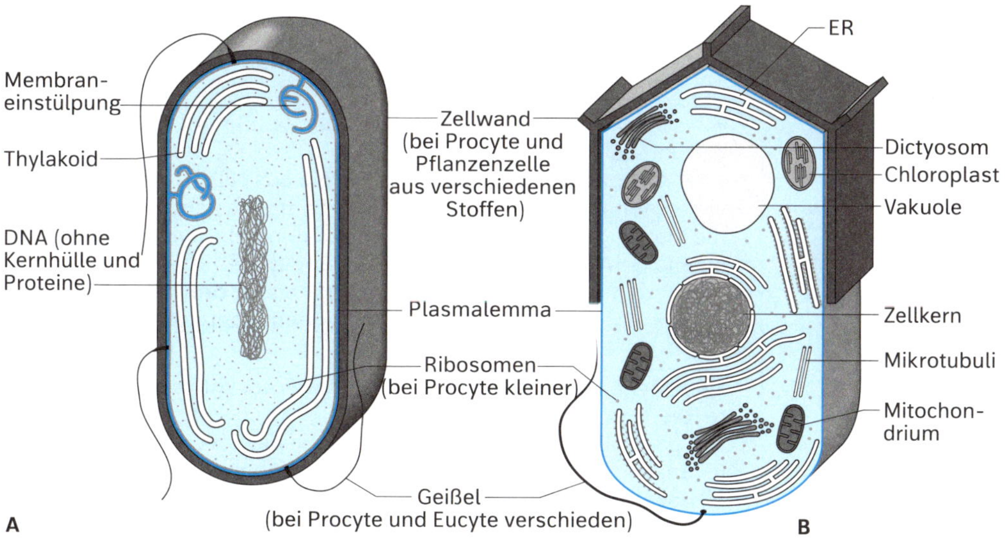

Procyte und Eucyte im Vergleich

Die Merkmale der Eucyte im Überblick:

- DNA ist linear und von einer Kernhülle umschlossen
- Zellwand (aus Zellulose; nur bei Pflanzen); Zellmembran
- Kompartimente (von Membranen umschlossene Reaktionsräume)
- Zahlreiche Organellen, die komplexe Lebensprozesse ermöglichen
- Chloroplasten (Fotosynthese; nur in Pflanzenzellen)
- 80S Ribosomen
- Einzeller teilweise mit Geißel zur Fortbewegung
- Deutlich größer als Procyte

Struktur und Funktion der Zellorganellen

Eine typische Aufgabenstellung ist, dass Sie in einer schematischen Zeichnung oder einem elektronenmikroskopischen Bild die einzelnen Zellorganellen beschriften müssen. Gerade letzteres erfordert ein solides Wissen über die Organellen, da sie nicht immer so einfach zu erkennen sind wie in einer idealisierten schematischen Zeichnung. Außerdem sollten Sie die Funktion und die Stoffwechselprodukte der wichtigsten Organellen kennen, müssen sie aber nicht im Detail erklären können (Fotosynthese, Zellatmung).

Struktur und Funktion der Zellorganellen im Überblick:

Zellorganell	Struktur	Funktion
Zellkern 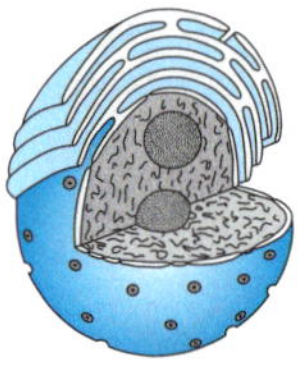	• doppelte Membran (Kernhülle) mit Kernporen • enthält DNA und Proteine • Kernkörperchen (Nukleolus)	• Speicherort der Erbinformation • steuert Lebensprozesse der Zelle • Nukleolus: Syntheseort der Ribosomen • stark spezialisierte Zelle z. T. ohne (z. B. rote Blutkörperchen)
Mitochondrium 	• von zwei Membranen umgeben, innere stark gefaltet • zwei Kompartimente: zwischen den Membranen und die Matrix • eigene DNA; 70S Ribosomen	• Ort der Zellatmung: $C_6H_{12}O_6 + 6\,O_2 \rightarrow 6\,CO_2 + 6\,H_2O$ • Energie aus Nährstoffen wird zur ATP-Synthese genutzt • Neubildung nur durch Teilung vorhandener • gehäuftes Vorkommen in Zellen mit hohem Energiebedarf
Chloroplast 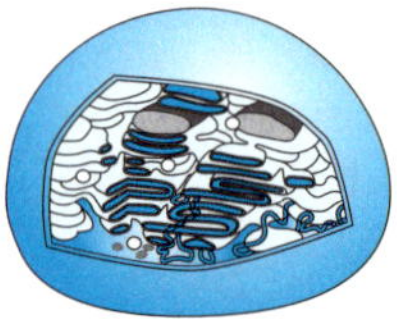	• zwei Membranen; die innere, die Thylakoidmembran z. T. geldrollenartig gefaltet (Grana) • Thylakoidmembran enthält Chlorophylle und Carotinoide • Stroma (Matrixraum) • eigene DNA und 70S Ribosomen	• Ort der Fotosynthese: $6\,CO_2 + 6\,H_2O \rightarrow C_6H_{12}O_6 + 6\,O_2$ • bilden in der Fotosynthese Zucker und als Nebenprodukt Sauerstoff • kommen nur in Pflanzen und manchen Einzellern (z. B. Euglena) vor • Neubildung nur durch Teilung vorhandener

Zellorganell	Struktur	Funktion
Endoplasmatisches Reticulum (ER) 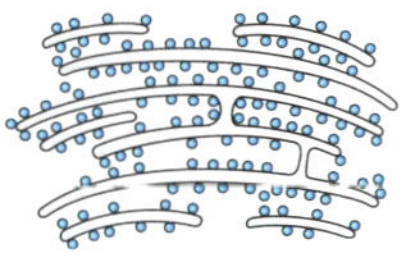	• Membransystem, durchzieht die Zelle • Membran umschließt die Zisternen • steht in Verbindung mit anderen Membranen, z. B. der Kernhülle • raues ER: mit Ribosomen besetzt; glattes ohne Ribosomen	• an der Synthese von Proteinen und dem Stofftransport innerhalb der Zelle beteiligt • zum Stofftransport schnüren sich Bläschen ab (Vesikel) • Zisternen sind auch Speicherort für verschiedene Stoffe • tritt in Drüsenzellen gehäuft auf
Ribosomen Prokaryoten: 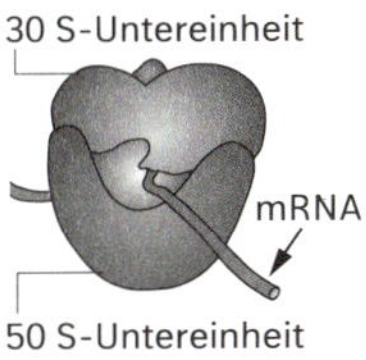	• Organellen ohne Membran • bestehen zu 40 % aus r-RNA und zu 60 % aus Proteinen • Sedimentationskoeffizienten: **Prokaryoten** 70S (aus einer kleinen (30S) und einer großen Untereinheit (50S)), **Eukaryoten** 80S (aus einer kleinen (40S) und einer großen Untereinheit (60S))	• sind an der Proteinbiosynthese beteiligt • Ort der Translation
Dictyosomen 	• Stapel membranumschlossener flacher Zisternen • Gesamtheit aller Dictyosomen wird als Golgi-Apparat bezeichnet	• beteiligt an der Synthese der Zellmembran und Zellwand (bei Pflanzen) • Verpackung, Modifizierung und Speicherung von Proteinen • Transport verschiedener Stoffe über Golgi-Vesikel

b. Die Zelle als offenes System, Stofftransport, ATP (vgl. Übungsaufg. 1, 6; 2018/1 Teil 1)

Lebende Zellen sind keine in sich abgeschlossenen, sondern **offene Systeme.** Sie nehmen ständig Stoffe und Energie auf und geben beides wieder ab. Es besteht ein permanenter Stoff- und Energiefluss zwischen einer Zelle und ihrer Umgebung. Da zum Schutz der Zelle aber nicht alle Stoffe ungehindert ein- oder ausströmen dürfen, benötig es einen selektiven Filter. Diese Aufgabe übernimmt die **Biomembran.**
Biomembranen sind aus Lipiden, Proteinen und Kohlenhydraten aufgebaut. Lipide generell haben als Grundbausteine Glycerin und drei Fettsäuren. Bei den in Biomembranen vorkommenden **Phospholipiden** ist eine der drei Fettsäuren durch eine Phosphatgruppe mit positiv geladenem Rest ersetzt. Dadurch haben sie ein polares und ein unpolares Ende, was die hydrophobe (wasserabweisende) Eigenschaft der Lipide zusätzlich verstärkt. Der polare „Kopf" der Phospholipide ist hydrophil (wasserliebend), die zwei unpolaren „Schwänze" hydrophob. In den Biomembranen bilden die Phospholipide eine Doppelschicht, indem sich die hydrophoben Schwänzchen nach innen und die hydrophilen Köpfchen nach außen richten.

Den Aufbau der Biomembranen erklärt das sog. **„Flüssig-Mosaik-Modell“.** Die Phospholipiddoppelschicht bildet dabei die Grundsubstanz. Zahlreiche Proteine sind entweder angelagert **(periphere Proteine)** oder eingelagert **(integrale Proteine)**, können sich aufgrund der Eigenschaften der Lipiddoppelschicht aber frei darin bewegen. Die Membran befindet sich daher in einem ständigen Auf- und Umbauprozess. Integrale Proteine können die ganze Membran durchdringen und als Tunnelproteine oder Pumpen fungieren. Auf der Außenseite der Membran können Kohlenhydratketten an Lipide (Glykolipide) oder Proteine (Glykoproteine) gebunden sein. Sie dienen unter anderem den Zellen des Immunsystems als Erkennungsmerkmale.

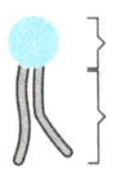

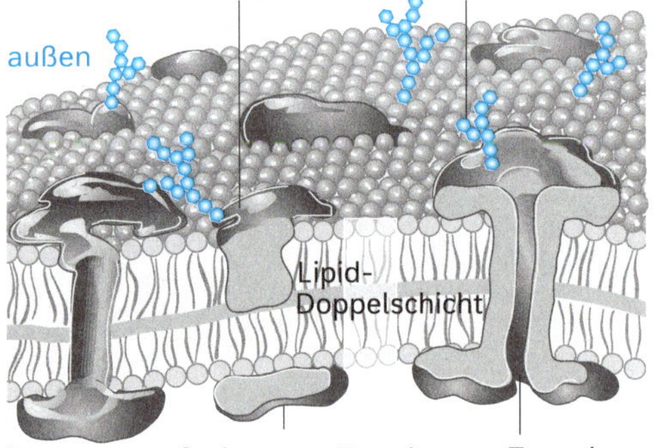

Flüssig-Mosaik-Modell der Biomellmembran

Beim **Stofftransport durch die Biomembran** wird unterschieden in passiven und aktiven Transport. Der **passive Transport** erfolgt stets in Richtung des Konzentrationsgefälles. Die Moleküle bewegen sich von der höheren zur niedrigeren Konzentration. Kleine ungeladene Moleküle und solche, deren Struktur den Phospholipiden ähnelt, können die Biomembran ungehindert passieren. Größere Moleküle und Ionen „passen“ nur durch spezielle Kanal- oder Carrierproteine. Sowohl die Kanäle als auch die Carrier sind molekülspezifisch und können bei Bedarf geöffnet oder geschlossen werden. Eine Biomembran ist also stets selektiv permeabel. Salz- und Zuckerteilchen können die Membran nicht ungehindert passieren, während Wasser durch spezielle Poren, Aquaporine, diffundieren kann. Ist z. B. in der Vakuole einer Pflanzenzelle die Konzentration an gelösten Teilchen höher als im umgebenden Medium, kommt es zu einem Wassereinstrom in die Vakuole, da die gelösten Teilchen die Membran nicht passieren können.

Osmose (nur Leistungsfach)

Durch diesen, **Osmose** genannten Vorgang, sind Pflanzen in der Lage, dem Boden Wasser zu entziehen. Trinken wir Salzwasser, wird uns die Osmose zum Verhängnis. Das höher konzentrierte Salzwasser entzieht den Körperzellen Flüssigkeit und wir verdursten.

Aktiver Transport erfolgt unter ATP-Verbrauch gegen den Konzentrationsgradienten. Man unterscheidet zwischen primär aktivem und sekundär aktivem Transport. Beim primär aktiven Transport werden die benötigten Moleküle direkt von einer „Pumpe" durch die Membran transportiert. Ein bekanntes Beispiel dafür ist die Natrium-Kalium-Pumpe (s. Seite 57). Beim sekundär aktiven Transport wird ein Gradient eines bestimmten Stoffes aufgebaut (z. B. Protonengradient). Die darin enthaltene Energie wird genutzt, um andere Stoffe entgegen deren Gradienten zu transportieren.

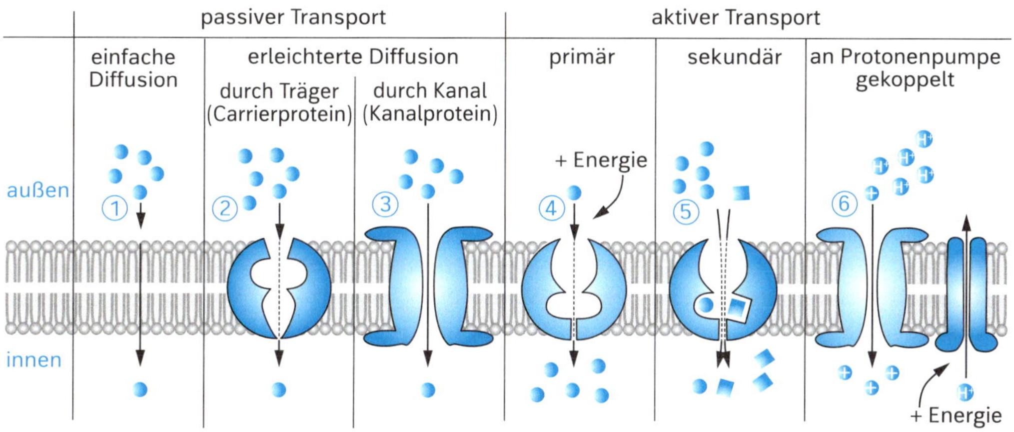

Die Anzahl der abgebildeten Moleküle stellt die Konzentration dar (viele Moleküle = höhere Konzentration).
Die eckig dargestellten Moleküle in ⑤ werden gegen den Konzentrationsgradienten mittransportiert.

Schematische Darstellung verschiedener Transportmechanismen

Die Bedeutung von ATP und energetische Kopplung (nur Leistungsfach)

Energie verbrauchende chemische Reaktionen, wie der o. g. aktive Stofftransport, sind nur durch **energetische Kopplung** möglich. Dabei wird die endergonische (Energie verbrauchende) Reaktion über Enzymkomplexe mit einer exergonischen (Energie liefernden) Reaktion gekoppelt. Die wichtigste exergonische Reaktion ist die Spaltung von **ATP** (Adenosintriphosphat) in ADP (Adenosindiphosphat) und Phosphat. ATP ist besonders als Energieüberträger geeignet, da es aufgrund seiner chemischen Struktur relativ viel Energie speichern kann und außerdem transportabel ist und daher überall im Organismus eingesetzt werden kann. Beispiele für energetische Kopplungen sind

- die ATP-Synthese durch den Abbau von Nährstoffen im Mitochondrium,
- die Natrium-Kalium-Pumpe,
- die Synthese von Kohlenhydraten in der Fotosynthese und
- die Muskelkontraktion.

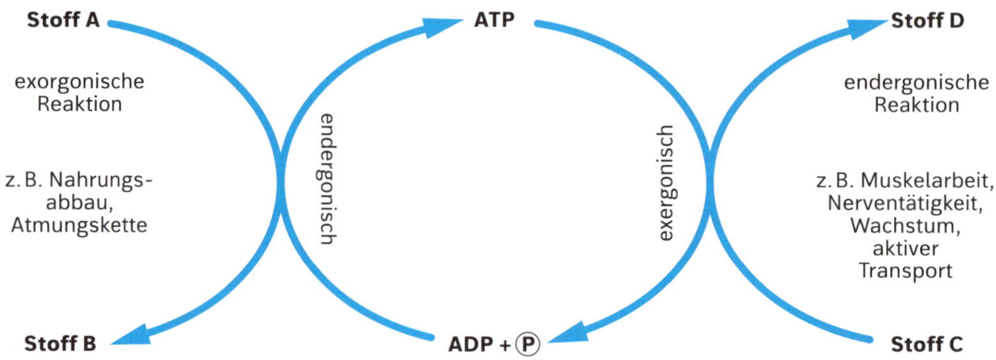

Energetische Kopplung

Moleküle des Lebens und Grundlagen der Vererbung

a. Aufbau der DNA, Proteine, Enzymatik (vgl. Übungsaufg. 2; 2018/1 Teil 4, 2019/1 Teil 1)

Grundbausteine der **DNA** sind Nukleotide. Sie bestehen jeweils aus Phosphorsäure, Desoxyribose (einem Fünffachzucker) und einer organischen Base (Adenin, Thymin, Guanin oder Cytosin). Über die Phosphorsäure am C_5-Atom der Desoxyribose wird ein Nukleotid unter Verbrauch von ATP jeweils mit dem C_3-Atom der Desoxyribose des nächsten Nukleotids zu einem Strang verbunden. Dabei ist die Reihenfolge der Basen frei kombinierbar. Eine weitere Verbindung erfolgt über Wasserstoffbrücken zwischen den Basen komplementärer Nukleotidstränge, wobei sich Adenin mit Thymin (zwei H-Brücken) sowie Guanin mit Cytosin (drei H-Brücken) komplementär paaren. Diese beiden gegenläufigen/antiparallelen (5'→3', 3'→5') Nukleotidstränge sind zur α-Doppel-Helix verdreht.
Bei Eukaryoten wird die DNA verpackt: So können sich nach der Synthese der DNA an die Basen, insbesondere an Cytosin, Methylgruppen anlagern (Methylierung). Dadurch wird die DNA nach außen hin geschützt. Außerdem wird die Doppelhelix um Histone zu einer Nukleosomenkette aufgewickelt, die sich weiter zu Chromosomen spiralisiert.

Proteine kommen in allen Lebewesen vor und übernehmen unterschiedlichste Aufgaben. Sie können an der Bildung mehr oder weniger fester Strukturen beteiligt sein, wie etwa das Keratin in Haaren und Nägeln, die Kollagene in Sehnen und Knorpeln oder die Muskeleiweiße Actin und Myosin. Neben diesen Strukturproteinen gibt es verschiedene Gruppen von funktionellen Proteinen. Dazu gehören z. B.: Enzyme, Peptidhormone, Transportproteine, Immunglobuline und Speicherproteine.
Grundbausteine der Proteine sind die 20 verschiedenen Aminosäuren, die alle die gleiche Grundstruktur besitzen und sich nur durch den sogenannten Rest unterscheiden. Dieser variiert in den chemischen Eigenschaften durch Struktur, elektrische Ladung oder Größe. Aminosäuren können unter Wasserabspaltung Peptidbindungen ausbilden und sich so zu Peptiden verknüpfen. Dabei reagiert die Carboxylgruppe der einen Aminosäure mit der Aminogruppe der folgenden Aminosäure. Werden weitere

Aminosäuren angehängt, entsteht eine Kette mit einer bestimmten Reihenfolge der Aminosäuren (Aminosäurensequenz). Man spricht hier von der **Primärstruktur** eines Peptids. Sie ist für jedes Protein typisch und spezifisch. Entsprechend der Anzahl der verbundenen Aminosäuren unterscheidet man Di-, Tri-, Oligo- oder Polypeptide. Erst ab einer Kettenlänge von mindestens hundert Aminosäuren spricht man von einem Protein. Die **Sekundärstruktur** kommt durch Spiralisierung (α-Helix) oder Faltung (ß-Faltblatt) zustande, wobei Wasserstoffbrücken zwischen den polaren Gruppen der Peptidbindungen (N-H···O=C) diese Organisationsstufe aufrechterhalten. Eine weitere höhere räumliche Struktur, die **Tertiärstruktur**, wird neben den Sekundärelementen durch verschiedene Bindungsarten zwischen den Aminosäureresten stabilisiert: VAN-DER-WAALS-Kräfte, Wasserstoffbrücken zwischen polaren Resten, Ionenbindungen oder kovalente Disulfidbrücken. Die daraus resultierende Konformation ist für jedes Protein einmalig und für seine spezifischen Eigenschaften verantwortlich. Viele Proteine in der Tertiärform sind wiederum miteinander verknüpft zu einer **Quartärstruktur**. Dazu gehört z. B. das Hämoglobin, das aus vier Proteinen in Tertiärform besteht, wobei je zwei gleich sind.

Bei der **Denaturierung** eines Proteins durch Säuren oder Hitze wird die räumliche Struktur zerstört. Dabei werden z. B. Wasserstoff- und sogar Disulfidbrücken, nicht aber Peptidbindungen gespalten, sodass zwar die Primärstruktur erhalten bleibt, die Funktion des Proteins jedoch verloren geht.

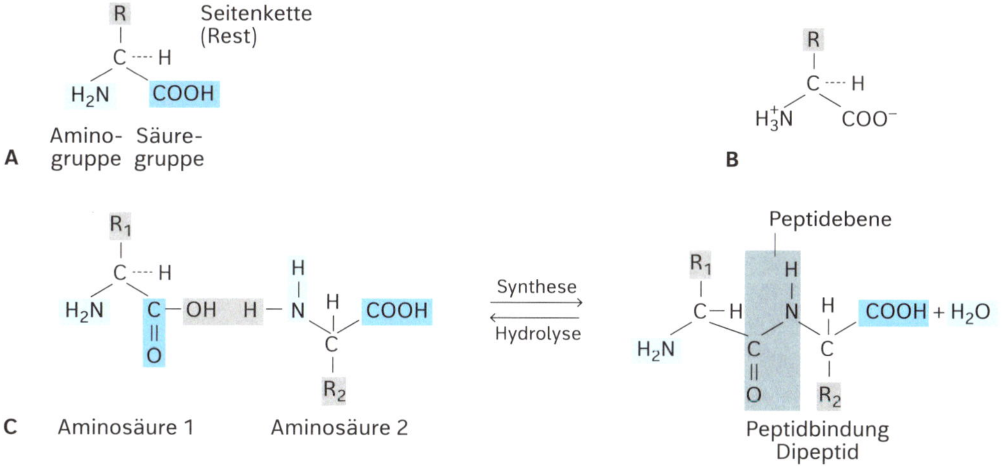

Aminosäure und Peptidbindung

Eine besondere Gruppe der Proteine stellen die **Enzyme** dar. Enzyme sind Biokatalysatoren, die durch Herabsetzen der Aktivierungsenergie biochemische Reaktionen ermöglichen oder beschleunigen, ohne sich selbst zu verändern. Enzyme zeichnen sich durch das aktive Zentrum aus, eine Region des Proteins, die gekennzeichnet ist durch eine bestimmte Form und Größe und ein besonderes Ladungsmuster der beteiligten Aminosäurereste. An dieser Stelle kann nur ein entsprechend gebautes Substrat binden (Substratspezifität), das auch nur auf eine spezifische Weise umgesetzt werden kann (Wirkungsspezifität). Daher ist das aktive Zentrum auch das katalytische Zentrum.

Enzymaktivität (nur Leistungsfach; 2019/2 Teile 1 bis 4)

Die Aktivität eines Enzyms ist abhängig von der Temperatur und dem pH-Wert. Es gilt die **Reaktionsgeschwindigkeit-Temperatur-Regel** (RGT-Regel): eine Erhöhung der Temperatur um 10 °C verdoppelt bis verdreifacht die Reaktionsgeschwindigkeit. Dies gilt aber nur bis zu der Temperaturgrenze, ab der das Enzym beginnt zu denaturieren. Bei vielen Enzymen liegt diese Grenze bei etwa 42 °C. Was den pH-Wert betrifft, haben vor allem die Verdauungsenzyme sehr unterschiedliche Optima, je nachdem ob sie im Mund, Magen oder Darm arbeiten. Die Enzymaktivität kann außerdem durch eine Veränderung der Substratkonzentration oder durch eine Hemmung reguliert werden.

Bei der **kompetitiven Hemmung** konkurrieren das Substrat und ein ähnlich gebauter Hemmstoff um das aktive Zentrum des Enzyms. Ist die Konzentration des Hemmstoffs höher als die des Substrats, besetzt der Hemmstoff das aktive Zentrum schneller. Eine Erhöhung der Substratkonzentration führt zur Verdrängung des Hemmstoffs. Bei der **nicht-kompetitiven Hemmung** lagert sich im oder außerhalb des aktiven Zentrums ein Stoff an (z. B. Schwermetallionen), der die Tertiärstruktur des Enzyms so verändert, dass es nicht mehr arbeiten kann. Die nicht-kompetitive Hemmung ist im Gegensatz zur kompetitiven irreversibel, das Enzym ist dauerhaft geschädigt. Manche Enzyme verfügen zusätzlich über ein allosterisches Zentrum, in das sich ein allosterischer Inhibitor setzen kann, der die räumliche Struktur des Enzyms verändert, sodass das Substrat nicht mehr passt und das Enzym für die Verweildauer des Inhibitors gehemmt ist.

b. Replikation, Proteinbiosynthese, Wirkungsweise von Mutagenen (vgl. Übungsaufg. 3; 2018/3 Teil 1, 2019/1 Teil 2)

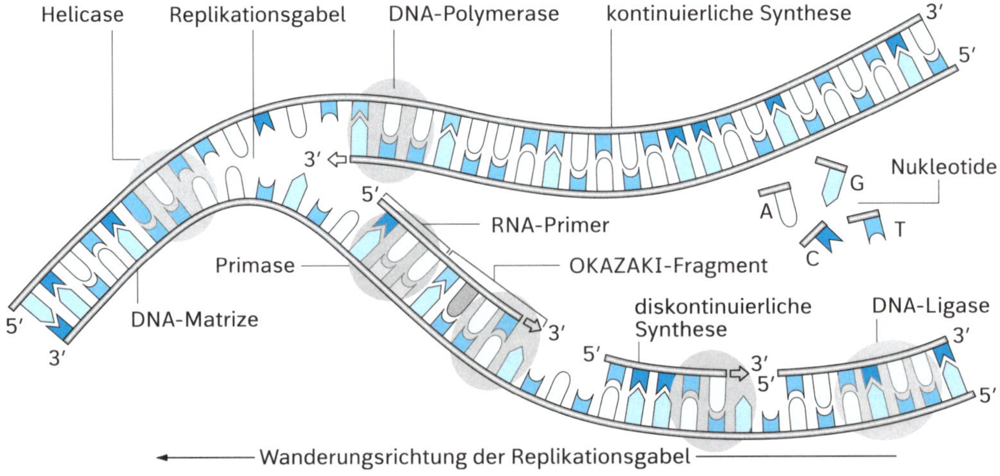

Schema der DNA-Replikation

Bei der **Replikation**/Verdopplung der DNA wird zunächst der Doppelstrang durch eine Helicase geöffnet. Dann werden durch eine Primase RNA-Primer (Starter) an den Einzelsträngen synthetisiert. Erst anschließend kann eine DNA-Polymerase DNA-Nukleotide, die aus dem Cytoplasma stammen und die sich komplementär an den Elternstrang anlagern, zu einem neuen Strang verbinden. Somit enthält jeder neue Doppelstrang einen elterlichen Strang und einen neu synthetisierten Strang (semikonservative Replikation). Da die Synthese des neuen Einzelstrangs nur in 5′→3′ Richtung möglich ist, kann nur einer der Einzelstränge kontinuierlich gebildet werden, die Synthese des anderen muss diskontinuierlich erfolgen. Die so entstehenden Teilstücke werden OKAZAKI-Fragmente genannt und durch das Enzym Ligase zusammengefügt. Bei Eukaryoten wird direkt nach der Replikation das Methylierungsmuster des Elternstrangs auf den Tochterstrang kopiert.

Die Umsetzung der Information der DNA in Lebensvorgänge steuernde Proteine (z. B. Enzyme, Carrier, Tunnelproteine, Myofibrillen u.s.w.) wird **Proteinbiosynthese** genannt. In diesem Verfahren werden entsprechend der Basensequenz der DNA spezifische Aminosäuren zu einer Kette verknüpft. Dabei entspricht ein bestimmtes Basentriplett (eine Folge dreier Basen) einer bestimmten Aminosäure in der zu bildenden Kette. Dieser Zusammenhang wird **genetischer Code** genannt (vgl. Codesonne S. 32 f.). Er gilt für fast alle Lebewesen und ist somit universell. Da bei vier verschiedenen Basen und einer Informationseinheit aus insgesamt drei Basen insgesamt $4^3 = 64$ Kombinationsmöglichkeiten bei nur 20 existierenden Aminosäuren zur Verfügung stehen, codieren teilweise mehrere Tripletts für die gleiche Aminosäure: „Der Code ist degeneriert".
Die Proteinbiosynthese läuft bei den Prokaryoten (Zellen ohne Zellkern, z. B. Bakterien) einfacher ab als bei den Eukaryoten (Zellen mit Zellkern). Bei den Prokaryoten geschieht die Umsetzung der Information der DNA in den Aufbau von Proteinen in zwei Schritten: der Transkription, also dem Überschreiben der Information von der DNA in die der mRNA und der Translation, d. h. der „Übersetzung" der mRNA-Information in die entsprechende Aminosäuresequenz, die dann z. B. als Katalysator (Enzym) oder als Baustein für Zell- und Gewebestrukturen (z. B. Aktin, Keratin) fungiert.

DNA → Transkription → m-RNA → Translation → Protein

Schematische Darstellung der Proteinbiosynthese bei Prokaryoten

Transkription

Die DNA öffnet sich nach Bindung der RNA-Polymerase an dem Promotor (Abschnitt mit einer spezifischen Nukleotidsequenz), die Doppelhelixstränge liegen jetzt getrennt vor. An einem der beiden Stränge (codogener Strang) werden die zu diesem Strang komplementären Nukleotide in 5′→3′ Richtung angelagert. Danach löst sich der neugebildete Nukleotidstrang (mRNA) von der DNA und wandert zu den Ribosomen.

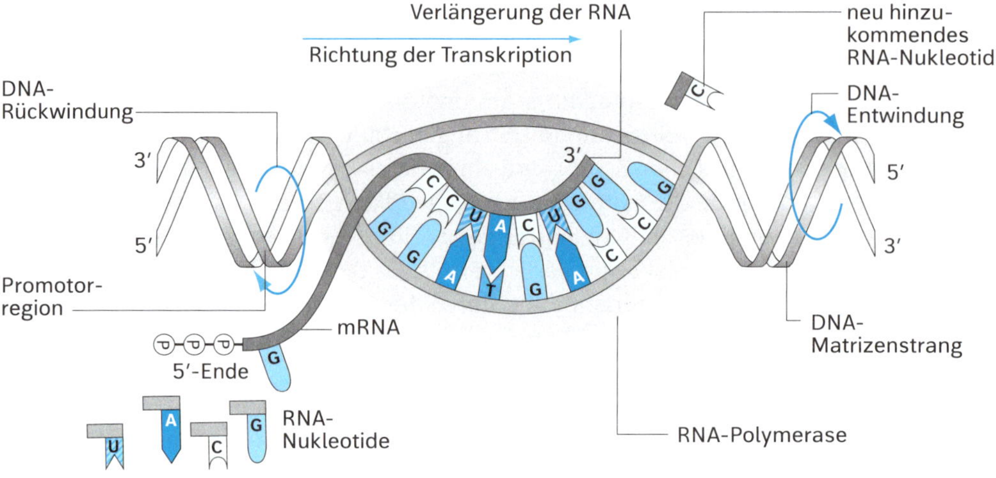

Transkription

Translation

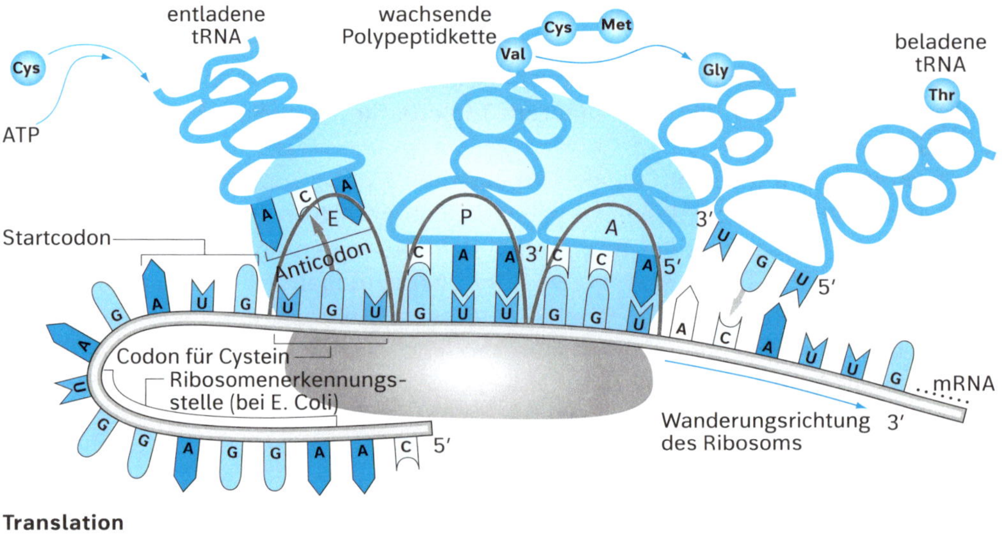

Translation

Die Translation findet an den aus einer kleineren und einer größeren Einheit bestehenden Ribosomen statt. Nachdem durch ein Erkennungstriplett die Anlagerung der mRNA gesichert wurde, wandert die kleinere Einheit des Ribosoms in Richtung 3′-Ende der mRNA. Am Startcodon (AUG) beginnt die Synthese des Proteins (stets mit der Aminosäure Methionin), hier kommt die größere Einheit des Ribosoms hinzu. Als Lieferanten der Aminosäuren und Übersetzer der Nukleotidkette in die Aminosäurekette dienen aktivierte tRNA-Moleküle. Diese besitzen an einer Stelle ein spezifisches Basentriplett (Anticodon) und auf der gegenüberliegenden Seite des Moleküls eine Bindestelle für eine spezifische Aminosäure. Spezifische Enzyme des Ribosoms bewirken die Bindung des Anticodons mit dem entsprechenden Triplett der mRNA (Codon) und die Ablösung der Aminosäure von der tRNA sowie die Verknüpfung der Aminosäure mit der vorherigen Aminosäure entsprechend der Codierung auf der mRNA.

Die Proteinbiosynthese bei Eukaryoten unterscheidet sich im Wesentlichen von der bei Prokaryoten durch einen zusätzlichen Prozess, nämlich den des Spleißens, der zwischen der Transkription (im Zellkern) und der Translation (im Cytoplasma) an der Zellkernmembran abläuft.

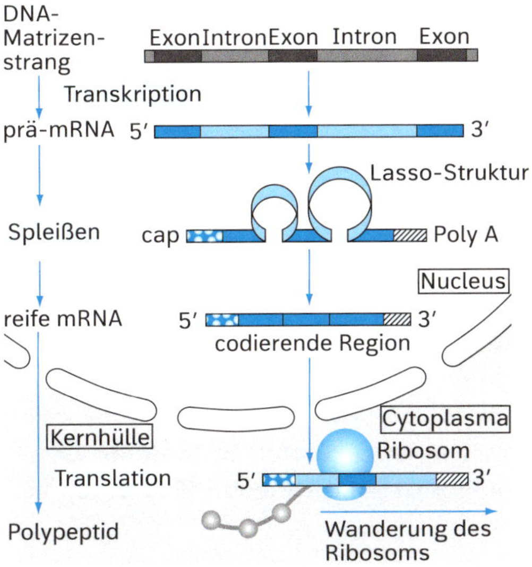

Proteinbiosynthese bei Eukaryoten

Die DNA der Eukaryoten enthält für die Codierung eines Enzyms eine wesentlich längere Nukleotidkette, als eigentlich notwendig wäre. Die prä-mRNA enthält nicht nur die Information für die Realisierung eines Proteinmoleküls, sondern zusätzlich eine Reihe von mRNA-Abschnitten, die z. B. für Regulierungsvorgänge verwendet werden. Dann folgt der Prozess des Spleißens, bei dem die für die Translation nicht benötigten Abschnitte (Introns) durch Bildung von Schleifen herausgeschnitten werden. Folglich verlassen nur die Exons als reife mRNA den Zellkern. Weil beim Spleißen nicht immer dieselben Abschnitte herausgeschnitten werden, können bei Eukaryoten unterschiedliche Proteine vom gleichen DNA-Abschnitt gebildet werden. Dies wirft natürlich wiederum Probleme mit dem bisher benutzten Genbegriff (ein Gen – ein Polypeptid) auf, daher steht dieser zur Zeit wieder in Diskussion. Daneben ergeben sich zusätzliche Möglichkeiten für die Bildung von RNA-Abschnitten, die für Regulationsprozesse verwendet werden können (vgl. epigenetische Phänomene).

Mutagene und Mutationen (vgl. Übungsaufg. 2; 2018/3 Teil 2, 2019/4 Teil 2)

Sprunghafte Veränderungen des Erbgutes werden **Mutationen** genannt. Chemische oder physikalische Faktoren, die diese Veränderungen verursachen, bezeichnet man als Mutagene. Physikalische Faktoren, die mutagen wirken, sind z. B. radioaktive oder auch UV-Strahlen, chemische Faktoren sind z. B. agressive Stoffe wie salpetrige Säure, die mit den Nukleotiden reagieren und sie verändern.
Mutationen werden unterschieden in:

- Genommutationen – Veränderungen des Genoms, also der Chromosomenzahl in einer Zelle,
- Chromosomenmutationen – Veränderungen des Chromosoms (seiner Länge, Form etc.),
- Genmutationen – Veränderungen eines Gens.

Allerdings gibt es auch Übergänge: Z. B. lassen sich Deletionen (Bruchstückverluste innerhalb eines Gens) sowohl als Genmutationen (Verkürzung eines Gens) als auch als Chromosomenmutation (Verkürzung eines Chromosoms) auffassen. Eine Fusion (Verknüpfung von Chromosomen) kann als Chromosomenmutation (Verlängerung eines Chromosoms) oder auch als Aneuploidie (Veränderung des Chromosomensatzes um ein Chromosom: 2n-1) bezeichnet werden.

Bei den Genmutationen kann man wie bei den Chromosomenmutationen Inversion (ein DNA-Abschnitt wird nach Schlaufenbildung in umgekehrter Reihenfolge wieder eingebaut), Insertion (Hinzufügen eines Nukleotids) und Deletion (Entfernen von Nukleotiden) unterscheiden.

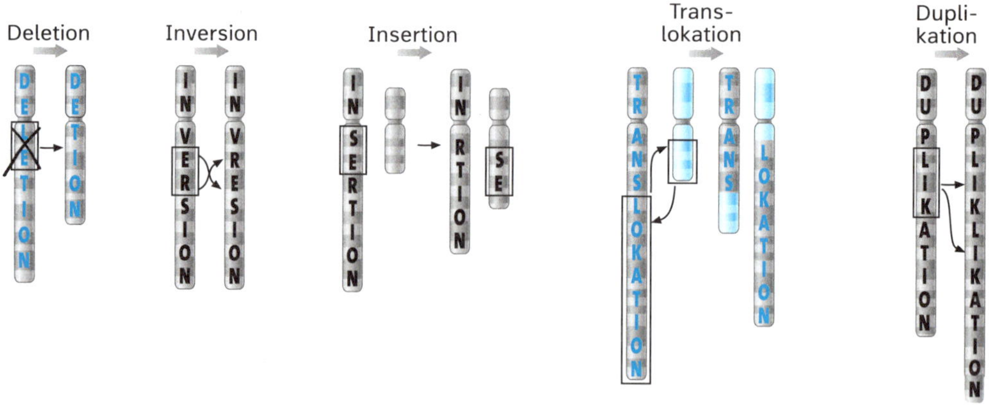

Mutationstypen

Häufigste Form der Genmutationen ist die Punktmutation, bei der in der DNA nur ein Nukleotid eines Gens verändert, entfernt oder hinzugefügt wird. Entsprechend ihrer Folgen für den Organismus können Punktmutationen als stumm bzw. neutral oder als Missense- oder als Nonsense-Mutationen bezeichnet werden.
Bei einer stummen Mutation kann aufgrund des degenerierten Codes die gleiche Aminosäure eingebaut werden oder der Einbau einer anderen Aminosäure in ein

Protein findet nicht im aktiven Zentrum statt und bleibt für die Funktion des Proteins folgenlos. Missense-Mutationen führen immer zum Einbau einer anderen Aminosäure. Diese Mutationen haben je nach Lage der Aminosäure im Protein und Unterschied der neuen Aminosäure zur vorher eingebauten leichte oder schwere Folgen für das Individuum. Nonsense-Mutationen sind solche, die z.B. zum Abbruch der Aminosäurekette führen, indem sich ein Triplett zum Stopp-Codon wandelt. Auch sie haben fast immer weitreichende Folgen für den Organismus.

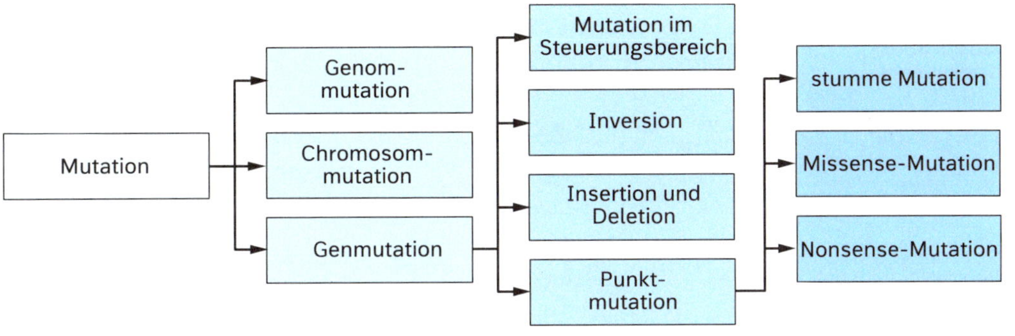

Übersicht über die Formen der Mutationen

c. Vom Protein zum Merkmal, Genwirkketten (nur Leistungsfach)

Lange Zeit glaubte man ein Gen würde für ein Merkmal codieren. Erst die Erforschung bestimmter Stoffwechselkrankheiten (Mangelmutanten), veränderte den Genbegriff. Man erkannte, dass zahlreiche Stoffwechselreaktionen aus einer Abfolge voneinander abhängiger Zwischenschritte bestehen. Jeder Zwischenschritt wird von einem Enzym katalysiert, für das wiederum ein Gen codiert (Genwirkkette). Die „Ein-Gen-ein-Enzym-Hypothese“ war geboren. Da Gene nicht nur Enzyme codieren, veränderte man sie zur „Ein-Gen-ein-Polypeptid-Hypothese“. Gene codieren aber auch RNAs, daher definiert man ein Gen heute als „einen Abschnitt auf der DNA der die Information zur Herstellung einer funktionellen RNA enthält“.

d. Regulation der Genaktivität (nur Leistungsfach)

Die **Regulation der Genaktivität** in der Zelle, also die Frage des Zeitpunkts und der Bedingung, zu dem bzw. unter der ein Protein produziert wird, ist z.T. noch unbekannt. Für die Genregulation bei Prokaryoten (z.B. Bakterien) existiert seit vielen Jahren ein Modell von Jakob und Monod, das diese Regulation erklärt. Im Operon-Modell wird ein Abschnitt der DNA, der die Information für eine Stoffwechselkette enthält, als Operon bezeichnet. Es besteht zum einen aus Strukturgenen, die die Aminosäureketten der für den Stoffwechselvorgang benötigten Enzyme codieren. Ihnen vorgelagert ist ein Abschnitt aus DNA verbunden mit einem Protein (Operatorgen mit Repressor-Protein), der wie ein Schloss funktioniert und mithilfe dieses Repressors (Schlüssel) die Gentätigkeit ein- oder ausschaltet. Der Repressor wird als Protein an einer anderen Stelle der DNA, dem Regulatorgen, codiert. Die Produktion dieses Repressors unterliegt einer vom Operon unabhängigen Steuerung.

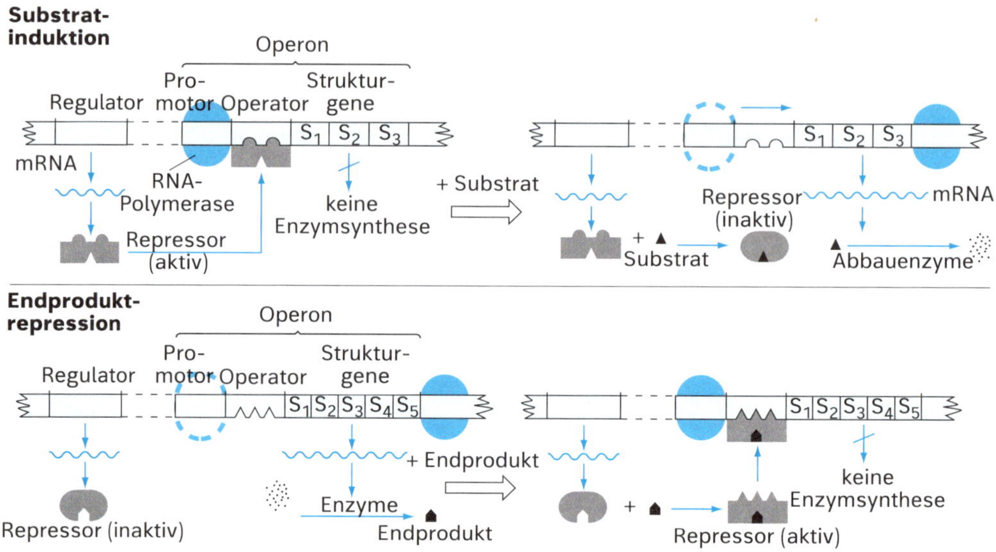

Operon-Modell

Das Operon-Modell unterscheidet für die Regulation der Gentätigkeit bei Bakterien zwei Typen von Genregulationen, die Substratinduktion und die Endproduktrepression. Bei der Substratinduktion löst das Vorhandensein des umzusetzenden Substrats durch Inaktivierung des Repressors die Produktion der zum Abbau notwendigen Enzyme aus. Bei der Endproduktrepression stoppt das Vorhandensein des Endproduktes durch Aktivierung des Repressors die Produktion der Enzyme.

Angewandte Biologie

Vorbemerkungen

Die Gentechnik gewinnt sowohl in der Medizin als auch in der Produktion von Lebensmitteln zunehmend an Bedeutung. Dem weiten Feld der Gentechnik mit all seinen – z. T. auch kritischen – Fragen kann und will der nachfolgende Text nicht gerecht werden. Hier soll es nur darum gehen die grundlegenden Methoden zu wiederholen, die Sie für die Abiturprüfung kennen müssen. Es ist durchaus denkbar, dass Sie in der Prüfung mit gentechnischen Fakten konfrontiert werden, von denen Sie noch nie gehört haben. Mit den nachfolgenden Grundlagen können Sie alle Fragen beantworten.

Werkzeuge und Verfahrensschritte der Gentechnik (vgl. Übungsaufg. 3; 2018/4 Teil 5)

Mit Gentechnik werden Verfahren, die die Verknüpfung unterschiedlicher DNA-Abschnitte zum Ziel haben, bezeichnet. Hierbei können die Nukleotidsequenzen aus unterschiedlichen Zellen bzw. Lebewesen, aber auch aus künstlicher Produktion stammen. Zu diesem Zwecke sind Werkzeuge und Verfahrensschritte entwickelt worden.

a. Die wichtigsten Werkzeuge

Ein wichtiger Grundstein war die Entdeckung der **Restriktionsenzyme**. Restriktionsenzyme sind Schneideenzyme, die als molekulare Scheren wirken und die DNA in kleine Stücke zerschneiden. Jedes Restriktionsenzym schneidet an einer ganz bestimmten Basensequenz. Oftmals sind diese wenige Basen langen Sequenzen auf dem DNA-Doppelstrang spiegelbildlich angeordnet (Palindrom), wodurch das Enzym an beiden Strängen binden kann und i. d. R. keinen glatten Schnitt erzeugt, sondern sog. „klebrige Enden" (sticky ends). Schneidet man die DNA, die man gentechnisch verändern möchte und das einzubauende Gen mit dem gleichen Restriktionsenzym, passen die klebrigen Enden der DNA und des Gens genau aufeinander. **Ligasen**, wie man sie beispielsweise von der Replikation kennt (s. S. 42), verbinden die DNA und das eingesetzte Gen schließlich miteinander.

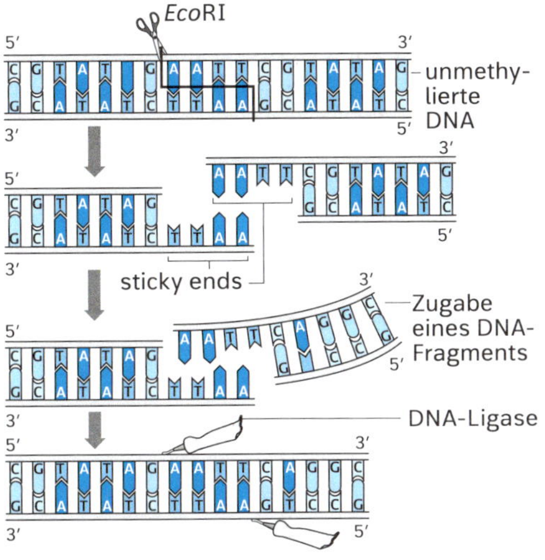

Restriktionsenzyme und Ligasen

Gentransfer erfolgt mittels Vektoren (nur Leistungsfach)

Die Übertragung von Fremdgenen in das Erbgut eines Organismus erfolgt mittels **Vektoren** („Gentaxis"). Möchte man Bakterien gentechnisch verändern, eignen sich Plasmide oder Bakteriophagen, Bakterien befallende Viren. Der Gentransfer in Pflanzen erfolgt entweder durch Bakterien die Pflanzen infizieren können, wie z. B. *Agrobacterium tumefaciens* oder durch Beschuss mit einer Partikelkanone (particle gun). Mehr zur gentechnischen Veränderung von Bakterien finden Sie in Abschnitt b.

Mit der **PCR-Methode** können geringe Mengen DNA vervielfältigt werden. Dazu wird die DNA zusammen mit einer hitzestabilen Polymerase, zwei DNA-Primern und DNA-Nukleotiden inkubiert. Die DNA-Polymerasen stammen aus Organismen. Beispielsweise stammt die *Taq*-DNA-Polymerase von dem Bakterium *Thermus aquaticus*, das in heißen Quellen lebt. Durch die Wahl der Primer (für jede Syntheserichtung einen) wird der DNA-Bereich bestimmt, der vervielfältigt werden soll. Die Vervielfältigung von DNA-Abschnitten mithilfe der PCR-Methode erfolgt in drei Schritten: Durch Erwärmung der DNA auf über 94 °C wird durch Auflösung der Wasserstoffbrücken die Doppelhelix in zwei Einzelstränge getrennt (Denaturierung). Danach wird auf etwa 60 °C abgekühlt, sodass die Primer sich an den beiden entstandenen DNA-Einzelsträngen anlagern können (Primer-Anlagerung). Nun wird auf 72 °C (Optimum der *Taq*-DNA-Polymerase) erwärmt, sodass die DNA-Synthese mithilfe der Polymerase erfolgen kann (DNA-Synthese). Die drei Schritte der PCR werden im Thermocycler zyklisch wiederholt. Um zum Beispiel 1 Million gleiche DNA-Abschnitte (ca. 2^{20} Kopien) zu erhalten, muss das Verfahren 20 Mal hintereinander ablaufen.

Ein wichtiges Verfahren für genetische Nachweise, wie etwa den genetischen Fingerabdruck, ist die **Gelelektrophorese**. Die zu untersuchende DNA wird mit Restriktionsenzymen in unterschiedlich lange Stücke geschnitten. Die zu vergleichenden Proben, z. B. die am Tatort gefundene DNA und die der potenziellen Täter, wird in unterschiedliche Taschen eines in eine spezielle Kammer gegossenen Gels pipettiert und mit einer Pufferlösung bedeckt. Anschließend wird Spannung angelegt. Die aufgrund der Phosphatgruppen negativ geladene DNA wandert durch das Gel zum Pluspol. Die kurzen Stücke wandern dabei schneller als die längeren. Nach einer gewissen Zeit bilden sich verschiedene Banden jeweils gleichlanger DNA-Fragmente, die man einfärben und miteinander vergleichen kann.

Sucht man ein bestimmtes Gen, beispielsweise in einem Bakterienstamm, verwendet man dafür **Gensonden**. Das sind einzelsträngige DNA-Fragmente mit bekannter, zum gesuchten Gen komplementärer Basenabfolge, die zusätzlich mit einem Fluoreszenzfarbstoff oder radioaktiv markiert sind. Die zu untersuchende DNA wird zunächst erhitzt, damit sich die Doppelstränge lösen. Anschließend wird die Sonde dazugegeben, die mit dem Gen hybridisiert. Durch den Farbstoff oder auf einem Röntgenfilm kann die Position des gesuchten Gens sichtbar gemacht werden.

DNA-Sequenzierung (nur Leistungsfach)

Will man eine DNA **sequenzieren**, also die komplette Basenabfolge eines Genoms entschlüsseln, verwendet man die **Kettenabbruchmethode nach Sanger**. Sie basiert auf einer

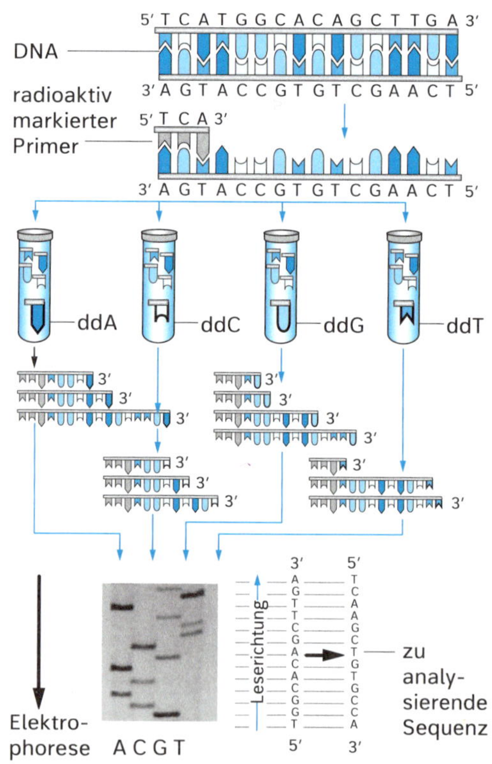

Kettenabruchmethode nach Sanger (nur Leistungsfach)

künstlich ablaufenden Replikation. Zusätzlich zu den benötigten Zutaten (Polymerase, DNA-Nukleotide) verwendet man radioaktiv markierte Primer und AbbruchNukleotide. Die DNA wird in vier verschiedenen Ansätzen repliziert, von denen jeder eines der vier AbbruchNukleotide enthält. Die Bedingungen der DNA-Synthese werden so gewählt, dass an jeder Position, an der z. B. die Base Adenin auftaucht, auch das passende AbbruchNukleotid stehen kann. Dadurch entstehen unterschiedlich lange Fragmente, die jeweils an der entsprechenden Base enden. Mit einer anschließenden Gelelektrophorese kann man die Fragmente der vier Ansätze nach ihrer Länge auftrennen und so die Abfolge der einzelnen Basen ablesen.

b. Herstellung und Isolation von gentechnisch veränderten Bakterien

Ein bekanntes und eines der ersten erfolgreichen Beispiele für die gentechnische Veränderung von Lebewesen ist die Herstellung von Insulin. Konnte Insulin früher nur aus den Bauchspeicheldrüsen von Rindern und Schweinen gewonnen werden, lässt es sich heute viel kostengünstiger mit Hilfe von Bakterien herstellen.
Dazu wird die reife mRNA für das Insulin mithilfe des Enzyms Reverse Transkriptase (vgl. S. 67) in den entsprechenden DNA-Strang zurück übersetzt (diese sog. cDNA enthält keine Introns) und mithilfe eines Restriktionsenzyms geschnitten. Mit dem gleichen Restriktionsenzym wird das Plasmid eines Bakteriums, das die Gene für die Resistenz gegen die zwei Antibiotika Ampicillin und Tetracyclin enthält, aufgeschnitten. Dadurch wird erreicht, dass sowohl die Empfänger-, also die Bakterien-DNA, als auch die Spender-DNA des Menschen die gleichen „sticky ends“ erhalten, sodass sie leicht miteinander verkleben können.

Anschließend werden Empfänger- und Spender-DNA zusammengebracht und gemischt. In der Mischung können folgende DNA-Ringe entstehen, je nachdem, welche klebrigen Enden sich finden: ursprüngliche Bakterien-Plasmide mit den Genen für Ampicillin- und Tetracyclin-Resistenz, reine menschliche DNA aus dem Insulin-Gen und eine Misch-DNA, bei der das Insulin-Gen in das Bakterien-Plasmid eingebaut wurde und zwar innerhalb des Gens für Tetracyclin-Resistenz.

Die DNA-Ringe dieser Mischung werden nun durch Transformation (natürliche Aufnahme der Plasmide in die Bakterienzellen, meist durch Hitzeschock unterstützt) oder Transfektion (z. B. künstlich mit sogenannten Genkanonen, durch Mikroinjektion oder auch mit Hilfe von Liposomen) in die Bakterien eingeschleust. Werden nun die so behandelten Bakterien auf unterschiedliche Nährböden gegeben, so wachsen diejenigen, die nur rein menschliche Insulin-DNA aufgenommen haben, weder auf solchen Nährböden, die Ampicillin enthalten, noch auf solchen mit Tetracyclin. Die Bakterien, die das Plasmid mit den zwei intakten Resistenzgenen aufgenommen haben, wachsen natürlich auf beiden Nährböden und diejenigen, die das Misch-Plasmid enthalten, nur auf dem Ampicillin-Nährboden, nicht aber auf dem mit Tetracyclin.
Überträgt man die Bakterien vom Ampicillin-Nährboden mit Hilfe der Stempeltechnik auf den mit Tetracyclin, kann man durch Vergleich die Bakterienkolonien, die das Gen für die Insulinsynthese im Bakterienplasmid enthalten, identifizieren, gezielt vermehren und somit Insulin großtechnisch in Fermentern gewinnen.

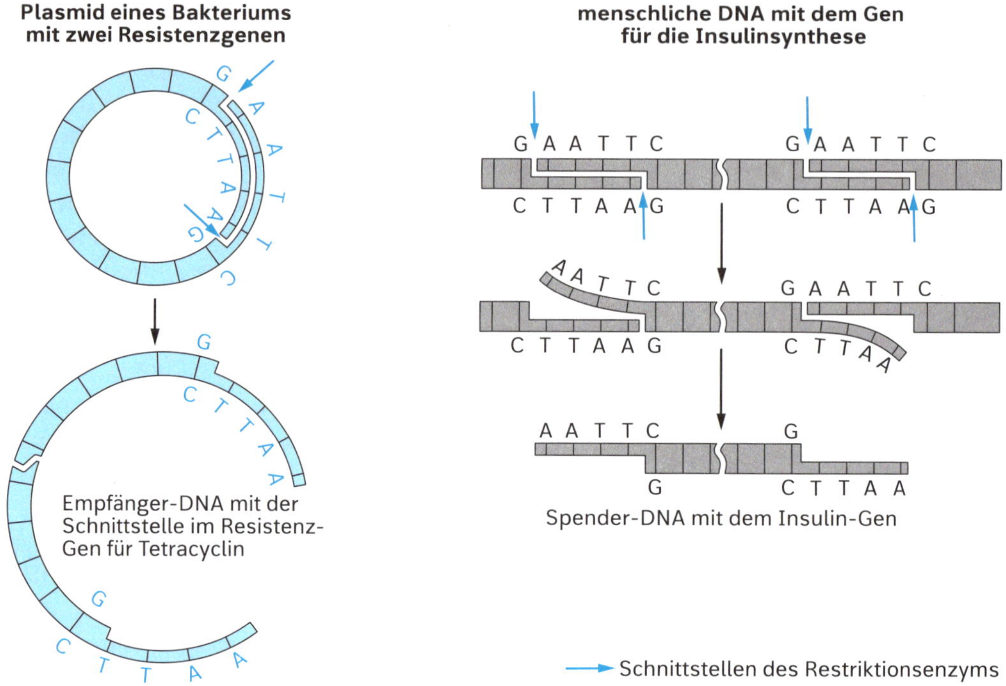

Insulinsynthese A

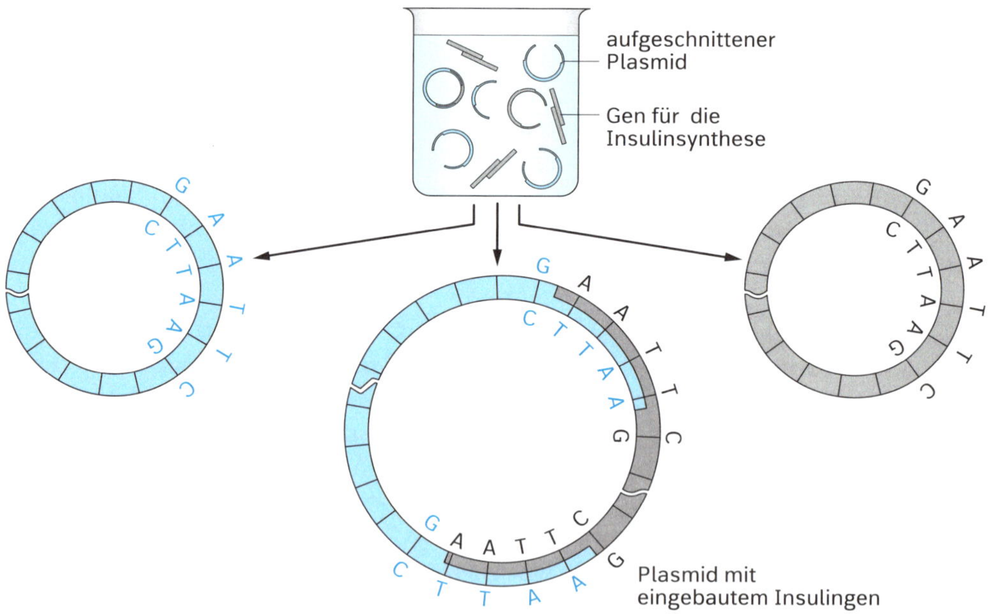

Insulinsynthese B

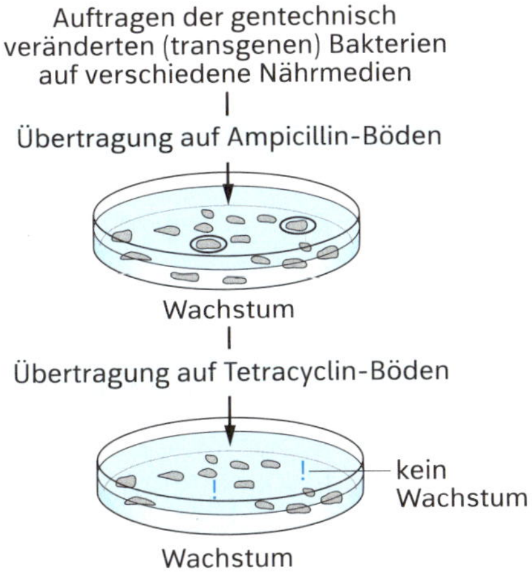

Insulinsynthese C

Anwendungen der Gentechnik (vgl. Übungsaufg. 2, 3, 2018/3 Teil 3)

Der **genetische Fingerabdruck** von Personen dient der Identifizierung mit einer Sicherheit von nahezu 100 %. Dazu verwendet man die Introns. Das sind die Abschnitte der DNA, deren Transkriptionsprodukte beim Spleißen herausgeschnitten werden. Abschnitte, die stets herausgeschnitten werden, stellen die nicht codierenden Teile der DNA dar und bestimmen somit kein einziges äußeres Merkmal oder gar eine Charaktereigenschaft. In diesen Abschnitten der DNA kommt es häufig zu Wiederholungen von bestimmten Nukleotidsequenzen. Solche Abschnitte werden STRs (short tandem repeats) genannt. Die Anzahl dieser Wiederholungen von je 2 bis 7 Basen sind sehr individuell und sind daher für den genetischen Fingerabdruck geeignet. Geeignete STRs werden zuerst durch die oben beschriebene PCR-Methode angereichert, dann durch das Gelelektro- bzw. Kapillarelektrophoreseverfahren entsprechend ihrer Größe getrennt und z. B. in einem Autoradiogramm sichtbar gemacht. Das dann entstehende Muster der unterschiedlichen STRs ist bei jedem Menschen anders. Die Sicherheit der Identifizierung wird dadurch erhöht, dass nicht nur ein einzelner DNA-Abschnitt untersucht wird, sondern viele; z. B. untersucht das FBI stets 13 definierte Intron-Abschnitte.

Von **grüner Gentechnik** spricht man, wenn Pflanzen gentechnisch verändert werden (transgene Pflanzen). Das geschieht entweder um Lebensmittel haltbarer bzw. ertragreicher zu machen oder um Futtermittel oder Baumwolle so zu verändern, dass sie gegen Schädlinge oder spezielle Insektizide bzw. Herbizide resistent sind. Als Beispiele seien die **„Anti-Matsch-Tomate“** und der Bt-Mais genannt. Bei ersterer hat man zu dem Gen, das für das Enzym Pektinase codiert, ein Antisens-Gen eingebaut. Die Pektinase baut das Pektin zwischen den Zellwänden ab und lässt die reife Tomate matschig werden. Das Gen wurde direkt hinter dem eigentlichen Gen nochmal in komplementärer Form eingebaut, sodass es automatisch mit dem normalen Gen

transkribiert wird. Dadurch entsteht zu der eigentlichen mRNA eine komplementäre Antisens-mRNA. Die beiden mRNAs lagern sich zu einem Doppelstrang zusammen, werden funktionslos und abgebaut. Die Synthese von Pektinase wird so verhindert.
Der **Bt-Mais** ist durch gentechnische Veränderung in der Lage, ein Gift gegen die Larven des Maiszünslers zu produzieren. Das Bt-Toxin ist ein für diese Insekten giftiges Protein, das von einem bodenlebenden Bakterium, dem *Bacillus thuringiensis* produziert wird. Es gelang, das entsprechende Gen in das Maisgenom zu transferieren.

Klonen; In-vitro-Fertilisation; Gentherapie (nur Leistungsfach)

Mit **roter Gentechnik** bezeichnet man gentechnische Verfahren in der Medizin. Das Ziel ist es, die Möglichkeiten genetischer Diagnostik zu verbessern und neuartige Medikamente zu entwickeln. Aber auch die Produktion von Medikamenten durch gentechnisch veränderte Tiere (Gen-Pharming) oder Mikroorganismen, gehört zur roten Gentechnik. Als Beispiel sei das Schaf „Tracy" genannt, bei dem es gelang in die befruchtete Eizelle das menschliche Gen für den Wirkstoff α1-Antitrypsin (ATT) einzupflanzen. Tracy produzierte diesen für Menschen mit ATT-Mangel lebensnotwenigen Stoff mit ihrer Milch.
Die rote Gentechnik eröffnet außerdem die Möglichkeit zur **Gentherapie**, zur Behandlung von Krankheiten, die auf einem genetischen Defekt beruhen. Dabei unterscheidet man zwischen somatischer Gentherapie und Keimbahntherapie. Bei der somatischen Therapie wird das defekte Gen in den betroffenen Körperzellen durch ein intaktes ersetzt. Besonders eignen sich dazu **Stammzellen**, etwa im Knochenmark, da diese lebenslang teilungsfähig sind. Ausdifferenzierte Körperzellen haben dagegen i. d. R. eine begrenzte Lebensdauer. Die bisherigen Erfolge sind sehr spärlich, da es schwierig ist zuverlässige und ungefährliche Vektoren zu finden. Die Keimbahntherapie sieht vor, dass man das entsprechende Gen in die befruchtete Eizelle injiziert. Da diese gentechnische Veränderung aber die embryonalen Stammzellen und damit nicht nur die Körperzellen, sondern auch die Geschlechtszellen beträfe, würde sie an die nachfolgenden Generationen weitergegeben werden. Da sich außerdem die Risiken der „Nebenwirkungen" einer solchen genetischen Veränderung der Keimzellen nicht vorhersagen lassen, ist die Keimbahntherapie weltweit verboten.
Auch in der Tier- und Pflanzenzucht sowie in der **Reproduktionsmedizin** werden durch die Methoden der Gentechnik neue Wege gegangen. So gelang es 1997 das erste Mal, ein erwachsenes Säugetier zu klonen. Das Klonschaf „Dolly" wurde weltbekannt. Es gibt mehrere Arten des **Klonens** in der Tierzucht. Bei Dolly wurde die Technik der Kerntransplantation angewandt. Dazu wurde der Eizelle eines Schafes der Kern entnommen und stattdessen der Zellkern einer Euterzelle eines zweiten Schafes eingesetzt. Die so „befruchtete" Eizelle wurde einem weiteren Schaf zum Austragen in die Gebärmutter eingepflanzt. Streng genommen hatte Dolly also drei Mütter und keinen Vater. Eine weitere Möglichkeit des Klonens bietet das Embryo-Splitting. Dazu lässt man eine befruchtete Eizelle mehrere Teilungsschritte durchlaufen und teilt diesen Embryo in lauter Einzelzellen, die man einer Leihmutter einpflanzt. Es entstehen eineiige Mehrlinge.
Die Zahl der Paare, die sich einer **künstlichen Befruchtung** unterziehen steigt stetig an. Die Gründe dafür sind vielfältig. Man unterscheidet zwischen künstlicher Besa-

mung (Insemination), In-vitro-Fertilisation (IVF) und intracytoplasmatischer Spermieninjektion (ICSI). Bei der IVF werden reife Eizellen der Frau im Reagenzglas mit Spermien des Mannes gemischt („Befruchtung im Reagenzglas"). Die erzeugten Embryonen werden in die Gebärmutter eingepflanzt. Die ICSI wird angewendet, wenn der Mann nur sehr wenige oder zu unbewegliche Spermien produziert. Dabei wird ein Spermium per Injektion in eine reife Eizelle übertragen. Der entstandene Embryo wird wie bei der IVF in die Gebärmutter eingepflanzt. Beide Verfahren bieten die Möglichkeit der **Präimplantationsdiagnostik** (PID). Dazu wird dem erzeugten Embryo eine Zelle entnommen und deren Erbgut auf Gendefekte untersucht. Kritiker der PID sehen u.a. die Gefahr, dass zu leichtfertig zwischen lebenswertem und nicht lebenswertem Leben unterschieden wird.

Aufnahme, Weitergabe und Verarbeitung von Information

Vorbemerkung

Dieses Kapitel ist in die beiden Bereiche Neurobiologie und Immunbiologie unterteilt , wobei Sie Letztere nur im Leistungsfach können müssen. In der Neurobiologie müssen Sie den Aufbau und die Funktion von Nervenzellen ebenso kennen wie die Mechanismen der Reizaufnahme, die Reizumwandlung in elektrische Impulse und deren Weiterleitung entlang eines Axons und über Synapsen. Es kann durchaus passieren, dass Sie in der Abiturprüfung beispielsweise mit einer Erkrankung des Nervensystems oder Nervengiften konfrontiert werden, von denen Sie noch nie etwas gehört haben. Lassen Sie sich nicht davon verunsichern oder bei der Wahl der Aufgaben abschrecken, die Fragen werden sich, wenn auch hinter etwas Unbekanntem „versteckt", mit den folgenden Grundlagen beantworten lassen. Ähnliches gilt für die Immunbiologie. Wenn Sie die Grundlagen der unspezifischen und spezifischen Immunabwehr, die Struktur und Funktion der Antikörper und Lymphozyten und die Kommunikation zwischen den Zellen des Immunsystems verstanden haben und anwenden können, werden Sie in der Lage sein, alle noch so fremd klingenden Krankheiten oder Erreger zu erklären.

Neurobiologie

a. Vom Reiz zur Reaktion (vgl. Übungsaufgabe 5)

Alle Lebewesen sind in der Lage äußere und innere Reize aufzunehmen und darauf zu reagieren. Als Reize können u.a. Licht, Schall, Druck, Temperatur oder chemische Stoffe wirken. Ein Reiz wird von einem speziellen Reizrezeptor, einer **Sinneszelle**, aufgenommen. Je höher entwickelt ein Lebewesen ist, desto vielfältiger können die Form der Sinneszellen und deren Zusammenschluss zu hochspezialisierten **Sinnesorganen** sein. Jede Sinneszelle reagiert am besten auf ihren **adäquaten Reiz**, eine Lichtsinneszelle im Auge beispielsweise auf Lichtreize. Viele Sinneszellen lassen sich auch durch andere Reize erregen, wenn diese stark genug sind. So löst ein Schlag aufs Auge die

Wahrnehmung eines Lichtblitzes aus. Wie unterschiedlich die einzelnen Reize auch sein mögen, sie werden von den Sinneszellen alle in elektrische Signale umgewandelt (Transduktion), die nicht mehr voneinander zu unterscheiden sind. Diese Impulse werden über angeschlossene Nervenzellen zum Zentralnervensystem weitergeleitet (afferente Nerven) wo sie zu einer Wahrnehmung oder einer Reaktion verarbeitet werden. Findet eine Reaktion außerhalb des ZNS, etwa in einem Muskel statt, erfolgt die Informationsweitergabe vom ZNS über abgehende (efferente) Nervenzellen.

b. Bau und Funktion eines Neurons (vgl. Übungsaufg. 4)

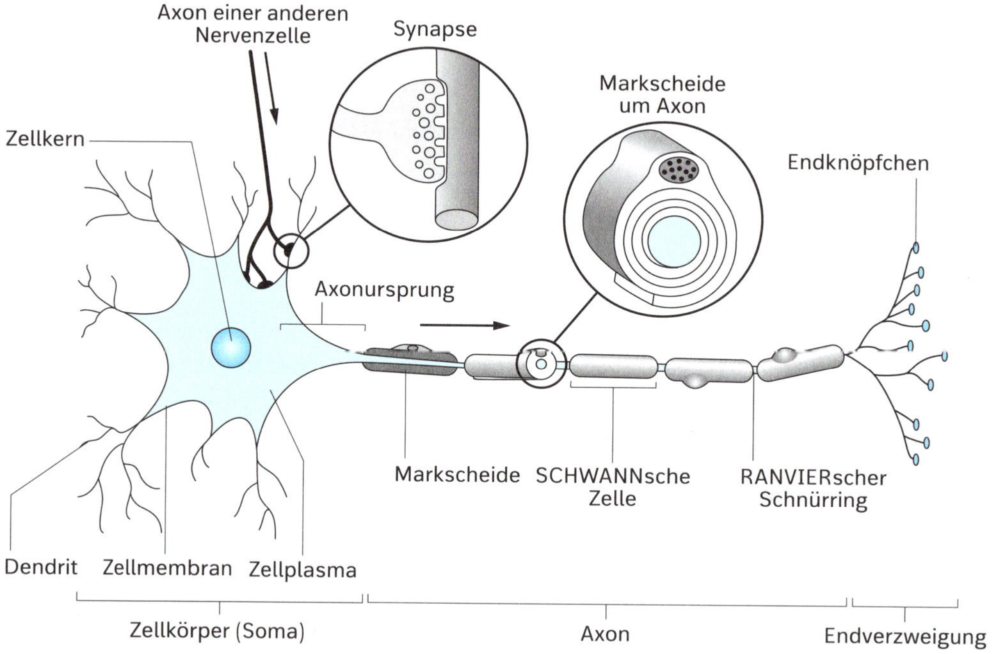

Bau eines Neurons

Bauelemente eines Neurons mit ihren Definitionen

Axon (wird auch als Neurit bezeichnet): Fortsatz von Nervenzellen, der Aktionspotenziale fortleitet. Die Erregung wird am **Endknöpfchen** mittels **Neurotransmitter** auf weitere Zellen übertragen.

Endknöpfchen: verbreitertes Ende eines Axons, enthält synaptische Vesikel, die mit Neurotransmitter gefüllt sind.

Glia: Gewebe aus Stützzellen, das für die Festigkeit des Nervengewebes, den Stofftransport im Nervensystem und die Isolierung der Neurone von Bedeutung ist.

Mark- bzw. Myelinscheide: schützende Hülle aus der Zellmembran von **Gliazellen**, die mehrfach um das Axon einer Nervenzelle gewickelt ist. Axone mit dieser Hülle bezeichnet man als markhaltig. Diese Gliazellen nennt man **SCHWANNsche Zellen**. Sie grenzen nicht ganz aneinander, weil sie von **RANVIERschen Schnürringen** unterbrochen werden. Myelinscheiden kommen nur bei Wirbeltierneuronen vor.

Ranvierscher Schnürring: An markhaltigen Axonen in regelmäßigen Abständen auftretender Bereich, an denen die Mark- bzw. Myelinscheide unterbrochen ist. Derartige Axone weisen nur dort spannungsgesteuerte Ionenkanäle auf, sodass bei ihnen nur an diesen Stellen Aktionspotenziale auftreten können.
Synapse: Kontaktstelle zwischen zwei Nervenzellen bzw. zwischen einer Nervenzelle und einer Muskel-, Sinnes- oder Drüsenzelle. Die meisten Synapsen übermitteln durch chemische Neurotransmitter Information. Zwischen den Zellen, die eine chemische Synapse bilden, befindet sich ein schmaler Spalt, der sogenannte synaptische Spalt.

c. Erregungsentstehung und -leitung, Synapsenvorgänge (vgl. Übungsaufg. 4, 5; 2018/4 Teile 1 bis 4, 2019/3 Teile 1 bis 3, 2019/4 Teil 1)

Die Aufgabe der Neuronen liegt in der Aufnahme, Weiterleitung und Verarbeitung von Informationen in Form von elektrischen Impulsen. Daran sind Ionen beteiligt, deren Konzentrationen innerhalb und außerhalb des Neurons, getrennt durch die Zellmembran, meist unterschiedlich sind. Diese ungleiche Ionenverteilung wird durch die **Natrium-Kalium-Pumpe** aktiv aufrechterhalten. Die im Innern herrschende negative Ladung kann von den vielen K^+-Ionen im unerregten Zustand nicht ausgeglichen werden. Die dadurch an der Membran entstehende elektrische Spannung wird als Ruhepotenzial bezeichnet. Das Ruhepotenzial verändert sich, wenn ein Neuron z. B. durch Einwirkung eines Reizes oder durch eine vorangegangene Erregung erregt wird. Dies erfolgt durch den Einstrom von Na^+-Ionen aus dem Außenmedium ins Zellinnere. Hier kann die negative Ladung nicht nur ausgeglichen werden; es kann sogar ein Überschuss an positiver Ladung entstehen. Dieser Vorgang wird als Depolarisation bezeichnet. Sie entsteht lokal und breitet sich unter Abschwächung (Dekrement) über die Zelle aus. Durch einen erhöhten Ausstrom von K^+-Ionen aus der Zelle nach außen kehrt dann das veränderte Membranpotenzial zum Ruhepotenzial zurück. Erfolgt beispielsweise durch einen starken Reiz eine Depolarisation über einen Schwellenwert hinaus, so entsteht ein kurzzeitiges Aktionspotenzial, das sich nur im Axon bildet und dann zur Synapse weitergeleitet wird.
Depolarisation: Veränderung des Membranpotenzials zu Werten, die positiver als das Ruhepotenzial der Zelle sind.
Hyperpolarisation: Veränderung des Membranpotenzials zu Werten, die negativer als das Ruhepotenzial der Zelle sind.
Ionenkanal: Protein in der Zellmembran, das Ionen passieren lässt. Das Öffnen eines Ionenkanals kann durch eine Spannungsänderung über der Membran (spannungsgesteuerte Ionenkanäle, z. B. Natriumkanäle), durch Bindung bestimmter Moleküle (Liganden gesteuerte Ionenkanäle) oder durch mechanische Einflüsse (mechanisch gesteuerte Ionenkanäle) ausgelöst werden.
Ionenpumpe: aktives Transportsystem, das unter ATP-Verbrauch Ionen gegen das Konzentrationsgefälle durch Biomembranen schleust.
Membranpotenzial: elektrische Spannung über der Zellmembran. Sie kommt durch die unterschiedlichen Ladungen beiderseits der Membran zustande. Die Ladungsdifferenz beruht auf der unterschiedlichen Verteilung der Ionen zwischen dem Cytoplasma (u. a. viel K^+, wenig Na^+) und dem Außenmedium (u. a. wenig K^+, viel Na^+).
Ruhepotenzial: Membranpotenzial von erregbaren Zellen im unerregten Zustand

Erregungsleitung

Die Erregung eines Neurons wird, wenn sie überschwellig ist, als Aktionspotenzial weitergeleitet. Die Leitung erfolgt in Nervenfasern ohne Myelinscheide als kontinuierliche, relativ langsame Erregungsleitung, in myelinisierten Nervenfasern als **saltatorische Erregungsleitung** mit Bildung von Aktionspotenzialen nur an den RANVIERschen-Schnürringen. Dabei sorgt die Refraktärzeit dafür, dass das Aktionspotenzial nur in eine Richtung weitergeleitet wird und nicht zurücklaufen kann. Als Refraktärzeit bezeichnet man den kurzen Zeitraum nach einem Aktionspotenzial, währenddessen die Membran des Axons zunächst unerregbar (absolute Refraktärzeit) und anschließend vermindert erregbar ist (relative Refraktärzeit). Verursacht wird die Refraktärzeit durch Hyperpolarisation.

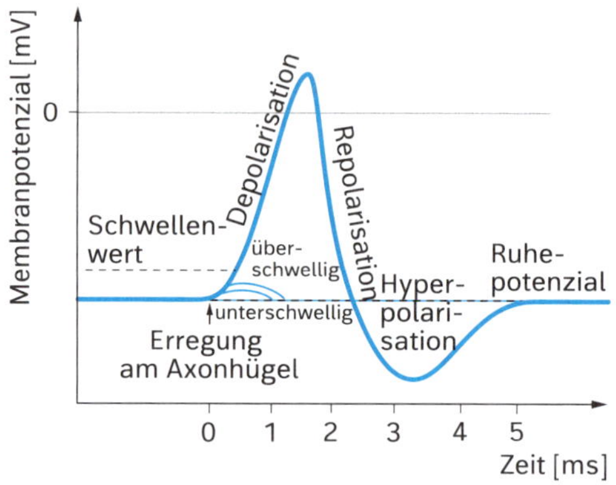

Phasen des Aktionspotenzials

Synapsenvorgänge mit molekularen Grundlagen

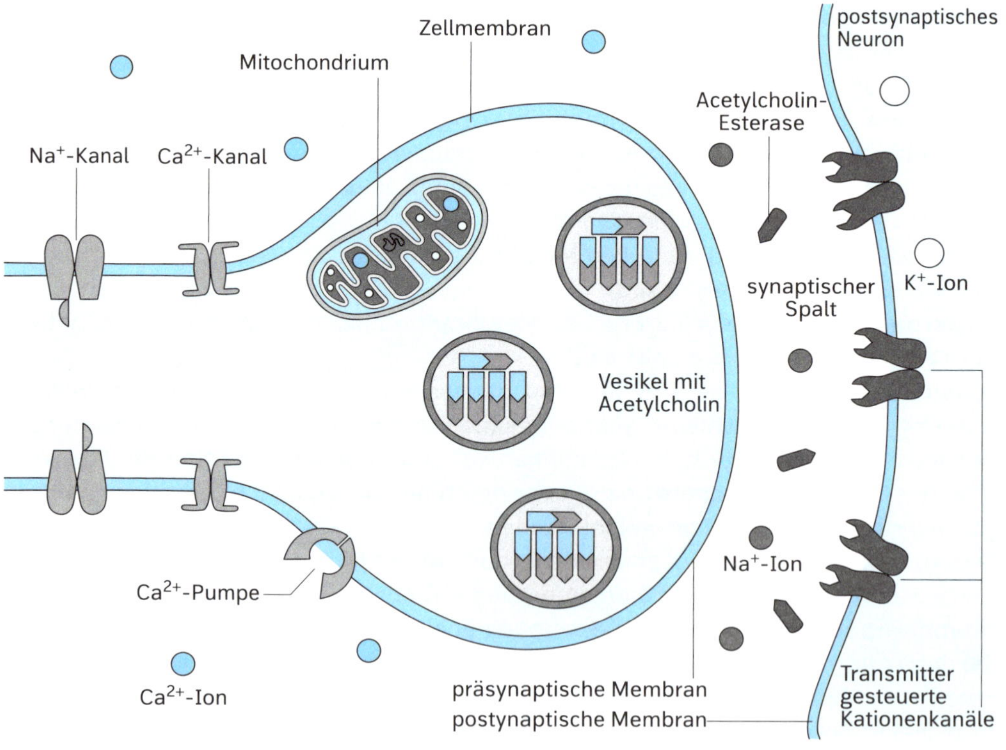

Bau einer Synapse

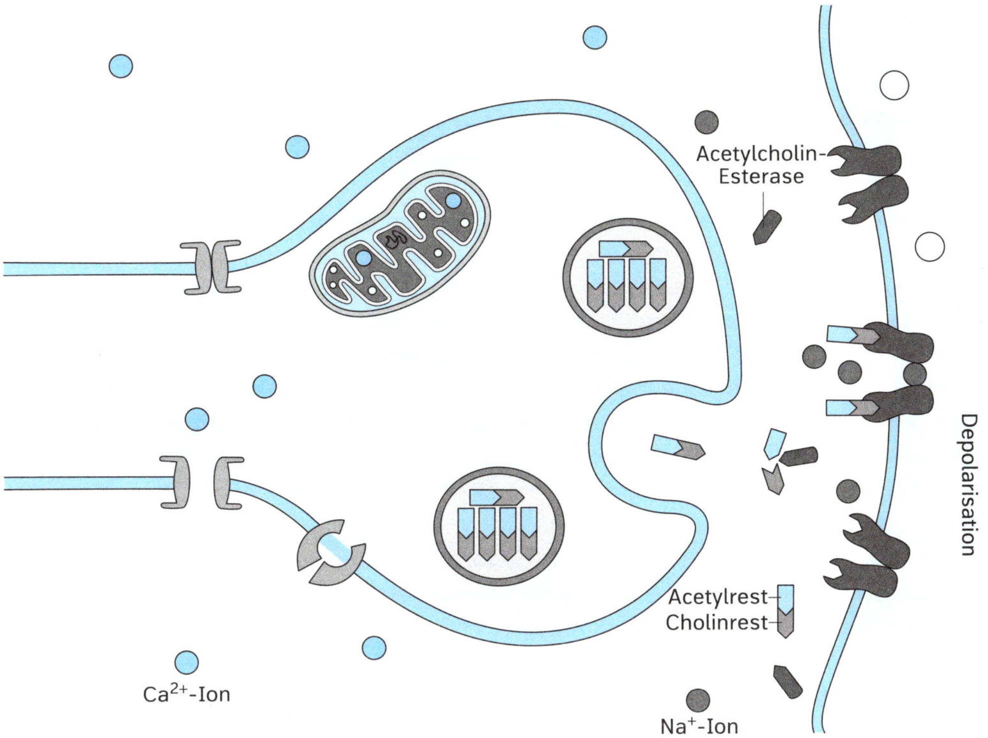

Ankommende APs bewirken eine Öffnung der Calciumionen-Kanäle und daraufhin das Verschmelzen der Vesikel mit der Membran

Erreicht ein Aktionspotenzial (AP) das Endknöpfchen, öffnen sich kurzzeitig spannungsabhängige Calciumionen-Kanäle: Calciumionen strömen in das Zellinnere, da für diese ein Konzentrationsgefälle zwischen der extrazellulären Flüssigkeit und dem Cytosol der Nervenzelle besteht. Calciumionen-Pumpen transportieren eingedrungene Calciumionen unter ATP-Verbrauch wieder nach außen. Der Anstieg der Calciumionen-Konzentration bewirkt, dass sich ein Teil der synaptischen Bläschen mit der präsynaptischen Membran verbindet. Acetylcholinmoleküle werden aus den synaptischen Bläschen freigesetzt und diffundieren durch den Spalt bis zur postsynaptischen Membran. Dort besetzen sie die Bindungsstellen der Acetylcholinrezeptoren, sodass benachbarte Ionenkanäle geöffnet werden. Entlang ihres starken Konzentrationsgefälles strömen nun Natriumionen in die postsynaptische Zelle. Gleichzeitig wandern nur wenige Kaliumionen nach außen. Diese Ladungsveränderung an der postsynatischen Membran wird als EPSP, erregendes postsynaptisches Potenzial, bezeichnet. Es breitet sich über die postsynaptische Zelle aus. Wenn es am Axonhügel bzw. Axonursprung den Schwellenwert erreicht, wird die Erregung in Form eines Aktionspotenzials bis zur nächsten Synapse weitergeleitet. Das postsynaptische Potenzial wirkt nur über kurze Zeit. Die Acetylcholinmoleküle lösen sich schnell von ihren Rezeptoren und die Kationenkanäle schließen sich wieder, sodass der Einstrom von Natriumionen in die postsynaptische Zelle unterbleibt. Im synaptischen Spalt befindet sich das Enzym Acetylcholinesterase. Sobald die Acetylcholinmoleküle an dieses Enzym gelangen, werden sie in ein Acetation und einen Cholinrest gespalten. Beide Stoffe werden wieder in die Nervenendigungen aufgenommen, wo aus ihnen erneut Acetylcholin gebildet und in Vesikel verpackt wird.

erregendes postsynaptisches Potenzial (EPSP): Depolarisation der postsynaptischen Membran aufgrund der Bindung eines Neurotransmitters an einen entsprechenden Rezeptor; erhöht die Wahrscheinlichkeit für die Ausbildung eines Aktionspotenzials.

hemmendes postsynaptisches Potenzial (IPSP): Hyperpolarisation der postsynaptischen Membran aufgrund der Bindung eines Neurotransmitters an einen entsprechenden Rezeptor; erschwert die Ausbildung eines Aktionspotenzials.

Neurotransmitter: chemische Substanz („Botenstoff"), z. B. Acetylcholin, die in der Synapse Information auf eine andere Zelle überträgt; wird von Nervenzellen hergestellt und an der präsynaptischen Membran der Synapse freigesetzt. Nach Diffusion durch den synaptischen Spalt bindet er an spezifische Rezeptoren in der postsynaptischen Membran.

postsynaptische Membran: zum synaptischen Spalt hin weisende Zellmembran der postsynaptischen Zelle.

postsynaptische Zelle: Zielzelle für die Information in einer Synapse.

präsynaptische Membran: zum synaptischen Spalt hin weisende Zellmembran der präsynaptischen Zelle.

präsynaptische Zelle: Zelle, die in einer Synapse die Information weitergibt.

synaptischer Spalt: Raum zwischen prä- und postsynaptischer Membran in einer chemischen Synapse.

Schwellenwert oder Schwellenpotenzial: Potenzial, das eine Nervenzelle am Axonhügel erreichen muss, damit ein Aktionspotenzial ausgelöst wird.

synaptische Vesikel: kleine, mit Neurotransmitter gefüllte Membranbläschen, die in den Endknöpfchen von Axonen gebildet werden und ihren Inhalt in den synaptischen Spalt freisetzen, wenn ein Aktionspotenzial das Axonende erreicht.

d. Synaptische Verschaltung und Verrechnung (vgl. Übungsaufg. 4)

Ein Neuron einer Nervenfaser wird nicht nur über eine einzelne Synapse erregt. Es werden vielmehr die Signale von zahlreichen Synapsen in einer Nervenzelle registriert. Die an den Synapsen ausgelösten postsynaptischen Potenziale (PSPs) breiten sich anders als Aktionspotenziale unter Abschwächung (Dekrement) über die Zelle aus. Sie können erregend oder hemmend wirken und dazu von unterschiedlicher Stärke sein. Diese PSPs unterschiedlicher Synapsen werden alle dann miteinander verrechnet, wenn sie nahezu gleichzeitig auftreten (räumliche Summation). Erreichen sie am Axonhügel den Schwellenwert, lösen sie gemäß ihrer Erregungsstärke ein oder mehrere Aktionspotenziale aus.

Auch die PSPs an einer einzigen Synapse können summiert werden, wenn präsynaptisch mehrere Aktionspotenziale kurz hintereinander einlaufen. Dies nennt man zeitliche Summation.

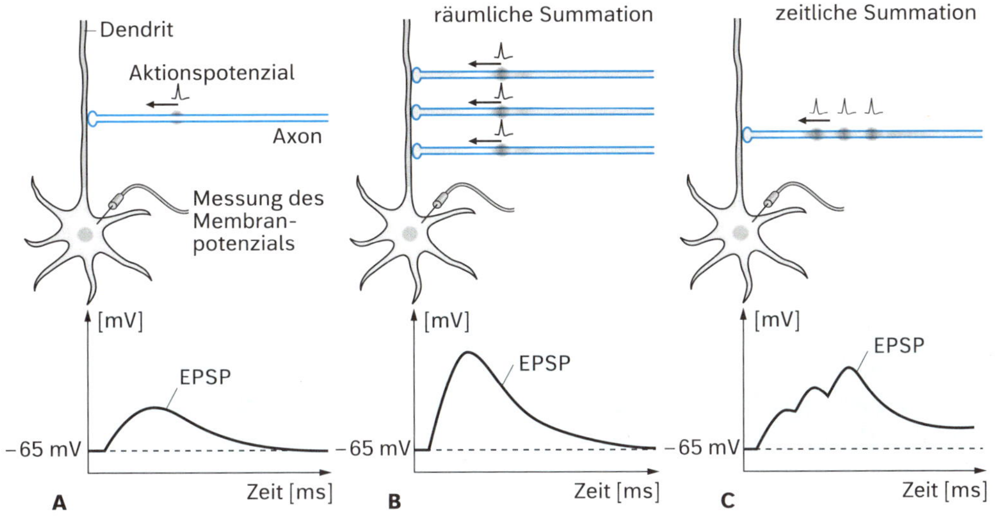

Summation

Ein einzelnes Aktionspotenzial löst ein geringeres EPSP aus (A). Wenn einzelne Aktionspotenziale an verschiedenen Synapsen gleichzeitig eintreffen (B) oder viele Aktionspotenziale rasch nacheinander an derselben Synapse (C), tritt Summation auf. Anmerkung: Nicht die Aktionspotenziale werden summiert, sondern deren Wirkungen, d. h. hervorgerufene PSPs.

e. Reizaufnahme und Erregung am Beispiel des Sehvorgangs

Der lichtempfindliche Teil des Auges ist die **Netzhaut**, die Retina. Sie besteht aus drei Zellschichten, wobei die Lichtsinneszellen, die Stäbchen und Zapfen, die unterste, lichtabgewandte Seite der Netzhaut bilden. Die 6 Millionen Zapfen und 120 Millionen Stäbchen sind unterschiedlich über die Netzhaut verteilt. Die für das Farbensehen zuständigen Zapfen befinden sich vor allem im Bereich der zentralen Sehgrube, dem gelben Fleck. Er ist, bedingt durch eine entsprechende neuronale Verschaltung, der Bereich des größten Auflösungsvermögens. An den Randbereichen der Netzhaut gibt es nur die fürs Hell-Dunkel-Sehen benötigten Stäbchen. Hier können wir keine Farben und nicht besonders scharf sehen, dafür ist die Lichtempfindlichkeit höher. Die Lichtsinneszellen sind über Bipolarzellen und amakrine Zellen mit Ganglienzellen verschaltet, deren Nervenfasern sich zum Sehnerv bündeln und über den blinden Fleck das Auge in Richtung Gehirn verlassen.

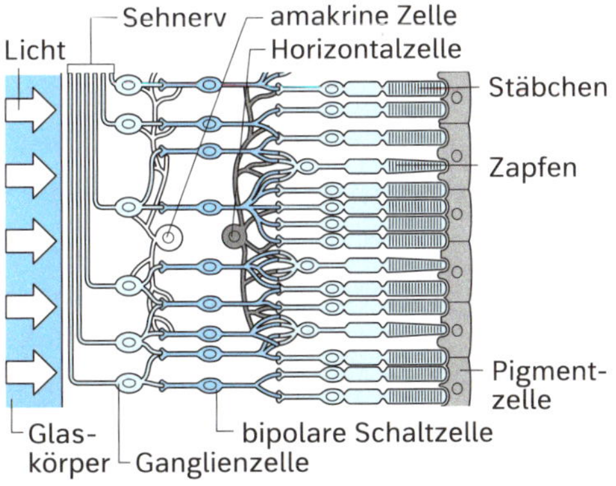

Bau der Netzhaut

Der an der Fototransduktion in den Stäbchen beteiligte Sehfarbstoff ist das **Rhodopsin**. Es besteht aus zwei Teilen, einem Proteinanteil (Opsin) und einem Farbstoffanteil (Retinal), und sitzt in den Membranscheibchen (Discs) der Stäbchen. In unbelichtetem Zustand des Stäbchens liegt das Retinal in der geknickten 11-cis-Form vor und ist mit dem Opsin verbunden. Außerdem sind die in der Außenmembran liegenden Na^+- und Ca^{2+}-Kanäle geöffnet, da sich cGMP, ein sekundärer Botenstoff, an spezielle Rezeptoren bindet. Der so ermöglichte Kationeneinstrom führt zu einem Ruhepotenzial von –35 mV. Das unbelichtete Stäbchen gibt fortlaufend hemmende Botenstoffe (Glutamat) an die benachbarte Bipolarzelle ab.
Trifft ein Lichtreiz auf das Stäbchen, wandelt sich das Retinal in die gestreckte All-trans-Form, löst sich vom Opsin und löst eine Signalwirkkette aus. Es aktiviert das Membran Transducin, das seinerseits das Enzym Phosphodiesterase (PD) aktiviert. PD katalysiert den Abbau von cGMP zu GMP, wodurch sich die Na^+- und Ca^{2+}-Kanälchen schließen. Der fehlende Kationeneinstrom führt zu einer Hyperpolarisation der Membran auf –70 mV. Die Glutamatausschüttung an der synaptischen Endigung wird unterbrochen, wodurch die Hemmung der folgenden Bipolarzelle aufgehoben wird, die nun die nachfolgenden Ganglienzellen reizen kann. Wie bei Signalwirkketten üblich kommt es von Stufe zu Stufe zu einer Verstärkung des Signals. Ein umgewandeltes Retinal-Molekül kann so den Abbau von bis zu 100 000 cGMP-Molekülen zur Folge haben.

Enzyme katalysieren in den Pigmentzellen die Regeneration von All-trans-Retinal zu 11-cis-Retinal. Die Vorgänge in den Zapfen ähneln den beschriebenen stark, allerdings sind etwas andere Sehfarbstoffe daran beteiligt. Genau genommen gibt es drei verschiedene für die Farben blau, grün und rot. Alle anderen Farben die wir wahrnehmen können, entstehen durch additive Farbmischung der drei Grundfarben.

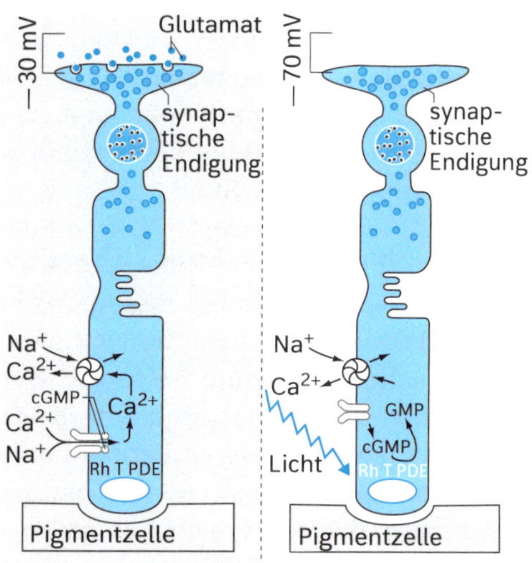

Vorgänge im Stäbchen

Immunbiologie (nur Leistungsfach)

a. Struktur und Funktion des Immunsystems; unspezifische Abwehr

Das Immunsystem schützt uns permanent vor äußeren (Viren, Bakterien) und inneren (entartete Zellen) Gefahren. Dabei muss es zuverlässig zwischen körpereigenen und körperfremden Strukturen unterscheiden können. Der Schutz besteht aus drei unterschiedlichen „Verteidigungslinien“. Eine erste, **passive** und **unspezifische Abwehr** bilden verschiedene Barrieren. Zu ihnen gehören:

- **Mechanische Barrieren** wie die Haut, Schleimhäute und Flimmerhärchen, die das Eindringen von Erregern verhindern, bzw. deren Absonderung übernehmen.
- **Chemische Barrieren** wie das saure Milieu der Haut, mancher Schleimhäute und im Magen oder Verdauungsenzyme im Speichel und der Tränenflüssigkeit.
- **Biologische Barrieren:** Die Bakterien der Darmflora konkurrieren mit potenziellen Krankheitserregern um den Lebensraum.

Werden diese Barrieren überwunden, etwa durch eine Verletzung der Haut, greift die zweite Linie, die **aktive unspezifische Immunabwehr**. Sie besteht aus verschiedenen Leukocyten, weißen Blutkörperchen. Zu ihnen gehören Fresszellen – Granulocyten und Makrophagen – und Mastzellen, die Histamin freisetzen. Histamin ist ein wichtiger Botenstoff bei Entzündungsreaktionen, der aber auch bei allergischen Reaktionen eine entscheidende Rolle spielt (S. 67). Die Fresszellen erkennen körperfremde Substanzen, phagocytieren und verdauen sie. Unterstützt werden die Leukocyten vom Komplementsystem, einer Gruppe von ca. 30 Proteinen, die vor allem an der Erkennung fremder Strukturen und der Zerstörung von Bakterien beteiligt sind. Wird auch diese Hürde überwunden und dringen Erreger in Blut- oder Lymphbahnen ein, übernimmt die dritte Verteidigungslinie, die **spezifische** oder **erworbene Immunabwehr**. Dieser Schutz ist nicht von Geburt an ausgebildet, sondern wird erst nach und nach erlangt. Die spezifische Immunabwehr ist sehr effektiv und wird im folgenden Abschnitt genauer betrachtet.

b. Spezifische Immunabwehr (vgl. Übungsaufg. 6; 2018/1 Teile 3 und 4, 2019/1 Teil 4)

Die wesentlichen Elemente der spezifischen Immunabwehr sind Antikörper und Lymphocyten. Die **Antikörper**, auch Immunglobuline (Ig) genannt, sind Proteine, deren Y-förmige Grundstruktur aus zwei schweren H-Ketten (**h**eavy) und zwei leichten L-Ketten (**l**ight) besteht. Die Ketten sind über Disulfidbrücken miteinander verbunden. Ein Teil dieser Ketten, der konstante Abschnitt, ist bei allen Antikörpern identisch aufgebaut. Die Besonderheit der Antikörper ist aber der variable Abschnitt, der bei allen unterschiedlich ist. Dadurch gibt es theoretisch zu beinahe jedem möglichen Eindringling den passenden Antikörper. Die große Vielfalt der Antikörper kommt dadurch zustande, dass die Antikörpergene während des Reifungsprozesses der Lymphocyten rekombiniert werden. Die Gene bestehen aus verschiedenen Abschnitten, die in unterschiedlicher Kombination zusammengesetzt werden können.

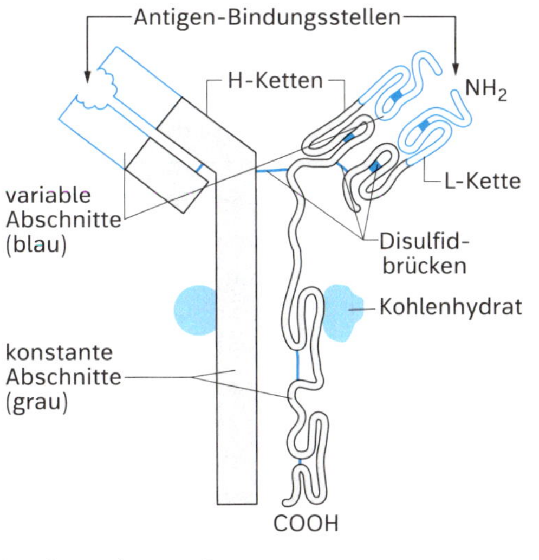

Struktur eines IgG

Man unterscheidet fünf **Antikörperklassen**:

Antikörper-klasse	**IgG**	**IgE**	**IgD**	**IgA**	**IgM**
Struktur	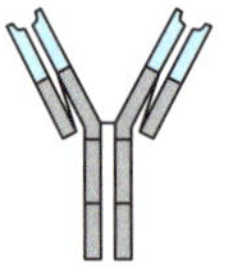	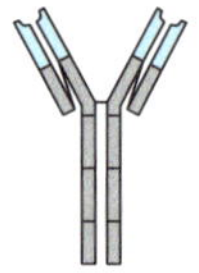	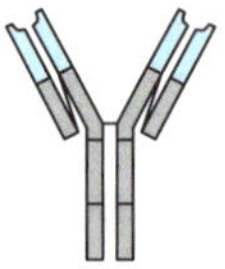		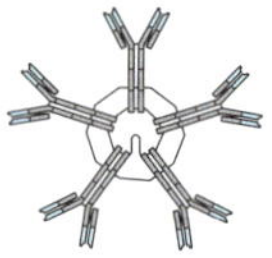
Vorkommen	häufigster Antikörper	Haut und Schleimhäute	Oberfläche von B-Lymphocyten	Speichel, Tränenflüssigkeit	erste Antikörper bei Primärinfektion
Funktion	tritt v. a. bei Sekundärreaktionen auf	Abwehr von Wurmparasiten	Erkennung von Antigenen	Schutzen vor Viren	effektiv im Verklumpen von Antigenen

Körperfremde Substanzen werden als **Antigene** bezeichnet. Die besondere Fähigkeit der Antikörper ist es, bestimmte Oberflächenstrukturen (**Epitope**) der Antigene zu erkennen und sich mit ihnen zu einem Antigen-Antikörper-Komplex zu verbinden.

Die **Lymphocyten**, eine spezielle Gruppe weißer Blutkörperchen, werden abhängig von ihrem Reifungsort in zwei Klassen unterteilt, die B- und T-Lymphocyten. B-Zellen reifen im Knochenmark (bone marrow), die T-Zellen in der Thymusdrüse. Die Vorläuferzellen der Lymphocyten bilden sich aus Stammzellen im Knochenmark. Während dieses Reifungsprozesses erhalten sowohl die B- als auch die T-Zellen Oberflächenstrukturen zur Erkennung von Antigenen. Bei B-Zellen sind das Antikörper, die in die Membran eingebaut werden, bei T-Zellen antikörperähnliche Strukturen.

Dringt ein Erreger, beispielsweise ein Virus oder Bakterium, in die Körperflüssigkeit (lat. *humor*) ein, kommt es zur **humoralen Immunantwort**, die im Wesentlichen aus folgenden Schritten besteht:

1. Makrophage phagocytiert das Antigen und präsentiert Bruchstücke davon an ihrem MHC-II Komplex (s.u.).
2. T-Helferzelle dockt an das präsentierte Antigenfragment an. Makrophage schüttet Botenstoff aus (Interleukin 1), wodurch die T-Helferzelle aktiviert wird.
3. Aktivierte T-Helferzelle teilt sich vielfach (klonale Selektion) in T-Helferzellen, T-Helfer-Gedächtniszellen und T-Supressorzellen.
4. T-Helferzellen schütten ebenfalls einen Botenstoff aus (Interleukin 2).
5. Interleukin 2 aktiviert B-Lymphocyten der seinerseits das gleiche Antigen aufgenommen hat und Bruchstücke auf der Oberfläche präsentiert. Durch die Aktivierung teilt sich der B-Lymphocyt tausendfach zu B-Plasmazellen und B-Gedächtniszellen.
6. B-Plasmazellen produzieren pro Sekunde tausende spezifische Antikörper.

7. Antikörper agglutinieren freie Antigene, Makrophagen phagocytieren Antigen-Antikörper-Komplexe.
8. Nimmt die Zahl freier Antigene ab, fahren T-Supressorzellen die Immunantwort zurück.

Gelingt es einem Virus eine Wirtszelle zu befallen, präsentiert diese Antigenfragmente an ihrem MHC-I-Komplex (s. u.). Auch Tumorzellen und fremde Gewebe, z. B. ein Spenderorgan, werden an ihrem MHC-I-Komplex erkannt. Es kommt zur **zellulären Immunantwort**, die wie folgt abläuft:

1. T-Killerzelle bindet an den entsprechenden MHC-I-Komplex.
2. T-Helferzellen, die Kontakt mit dem gleichen Antigen hatten, schütten Interleukin 2 aus.
3. IL 2 aktiviert T-Killerzelle und regt sie zur Teilung an. Es entstehen T-Killerzellen, T-Gedächtniszellen und T-Supressorzellen.
4. T-Killerzellen verbinden sich mit befallenen oder entarteten Körperzellen und zerstören sie, indem sie deren programmierten Zelltod (Apoptose) einleiten oder sie mithilfe von Perforin durchlöchern und zum Platzen bringen.
5. Ist die Gefahr gebannt, fahren die T-Supressorzellen die Immunreaktion zurück.

Eine große Stärke der spezifischen Immunabwehr ist die Fähigkeit, Gedächtniszellen zu bilden. Kommt es zu einem erneuten Kontakt mit dem gleichen Antigen, werden die Gedächtniszellen aktiviert und die humorale und oder zelluläre Antwort kann wesentlich schneller ablaufen. Gedächtniszellen überdauern viele Jahre, teilweise sogar ein Leben lang. Dieses **immunologische Gedächtnis** macht man sich auch bei Schutzimpfungen zunutze.

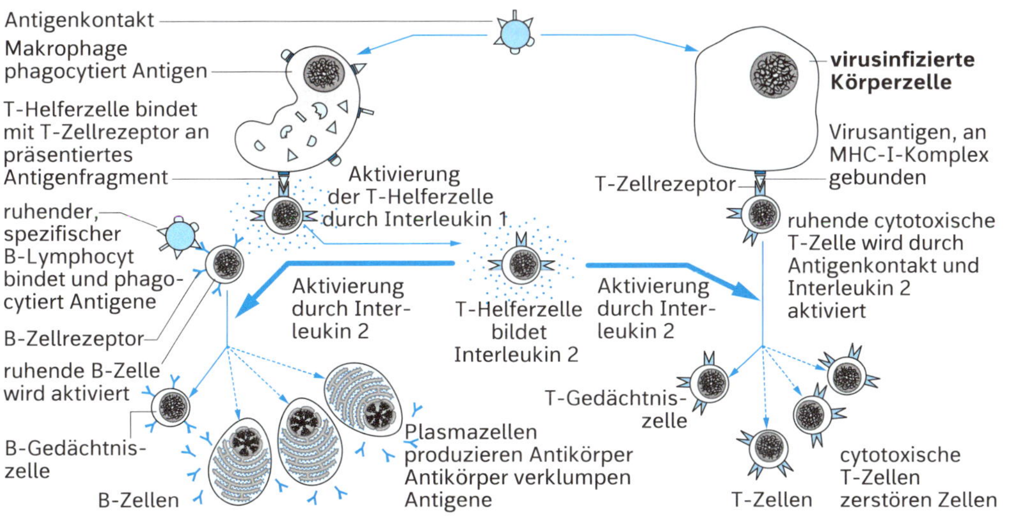

Ablauf der humoralen (links) und zellulären (rechts) Immunantwort

c. Kommunikation zwischen den Zellen des Immunsystems (2017/2 Teil 3)

Neben den o. g. Botenstoffen sind an der Kommunikation zwischen (befallenen) Körperzellen und Antigen präsentierenden Makrophagen auf der einen und T-Helferzellen bzw. T-Killerzellen auf der anderen Seite verschiedene Proteinkomplexe beteiligt.

Protein-komplex	**MHC-I**	**MHC-II**	**CD4**	**CD8**
Vorkommen	auf allen kernhaltigen Körperzellen	nur auf Zellen des Immunsystems	Rezeptorprotein auf T-Killerzellen	Rezeptorprotein auf T-Killerzellen
Funktion	weisen körpereigene Zellen als solche aus („Personalausweis"); Präsentation von Viren-Antigenen durch infizierte Zellen; Andockstelle für T-Killerzellen	Präsentation von Antigenfragmenten durch Makrophagen und B-Lymphocyten; Andockstelle für T-Helferzellen	unterstützt die Verbindung mit dem MHC-II, dadurch Ausschüttung von IL 2; Andockstelle für das HI-Virus (s.u.)	unterstützt die Ver-bindung mit dem MHC-I; dadurch Aktivierung der T-Killerzelle und Zer-störung der infizierten Zelle

Die Abkürzung MHC steht für **m**ajor **h**istocompatibility **c**omplex, was übersetzt so viel heißt wie „Haupt-Gewebeverträglichkeits-Komplex".

d. Monoklonale Antikörper und ELISA-Test (vgl. Übungsaufgabe 6; 2018/2 Teil 2)

Um zu testen, ob sich eine Person mit einem bestimmten Erreger infiziert hat, kann man prüfen, ob sich der Erreger selbst oder Antikörper gegen ihn im Blut der Testperson befinden. Häufig nutzt man dazu den **ELISA-Test** (**e**nzym-**l**inked **i**mmuno**s**orbent **a**ssey). Für das Testverfahren werden **monoklonale Antikörper** (MAK) benötigt. Diese werden gewonnen, indem man ein Tier mit dem Erreger infiziert, die darauf spezifischen B-Plasmazellen entnimmt und mit einer Myelomzelle (Krebszelle) zu einer sogenannten **Hybridomzelle** verschmilzt. Diese teilt sich fortwährend und produziert lauter identische Antikörper gegen ein einziges Epitop.

Ablauf des Elisa-Tests:

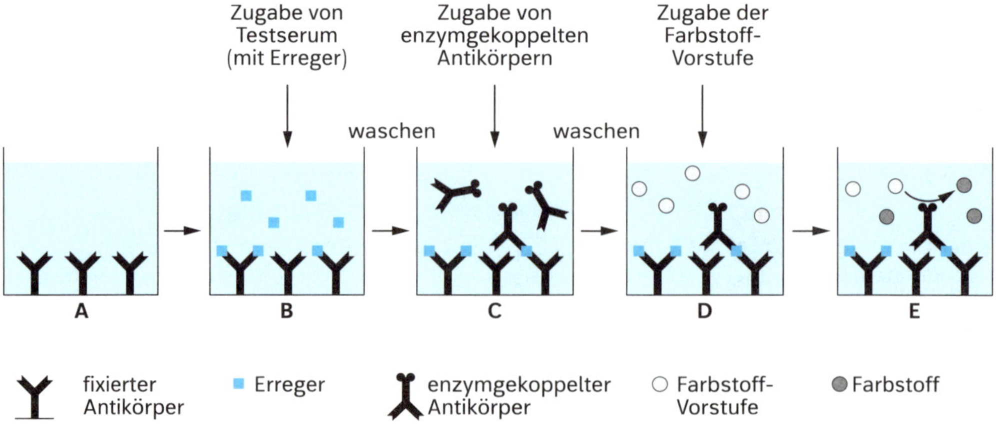

e. Störungen des Immunsystems (vgl. Übungsaufg. 6; 2019/3 Teil 4)

Hinweis: Da die folgenden Themen teilweise nur Wahlthemen sind und nicht alle behandelt werden müssen, sind sie hier nur relativ knapp wiedergegeben. Wiederholen Sie das im Unterricht bearbeitete Thema vor der Klausur mithilfe ihres Schulbuches nochmals intensiver. Obwohl nur Wahlthemen, können diese Themen alle im Abitur drankommen. Lassen Sie sich davon nicht beirren, Sie erhalten in diesem Fall alle benötigten Informationen in den entsprechenden Materialien. Sie benötigen zur Bearbeitung lediglich das in **a. – c.** aufgeführte Wissen.

Das **h**uman-**i**mmonodeficiency-**v**irus, kurz **HIV,** ist ein Virus aus der Familie der Retroviren. Retroviren tragen RNA als Erbgut in sich. Befällt das HI-Virus eine Wirtszelle, wird das Virengenom durch das Enzym Reverse Transkriptase zunächst in DNA umgeschrieben, die anschließend in das Wirtsgenom eingebaut wird. Hier liegt eine der großen Schwierigkeiten in der Bekämpfung des Virus. Die Reverse Transkriptase hat eine sehr hohe Fehlerrate, wodurch es zu einer permanenten Mutation des Virus kommt. Es ist damit dem Immunsystem und entwickelten spezifischen Medikamenten stets einen Schritt voraus. Das zweite Problem am HIV ist, dass es die T-Helferzellen, also die zentralen Schaltstellen der spezifischen Immunabwehr, befällt und zerstört. Die Infektion erfolgt, indem sich das Glykoprotein gp 120 mit dem CD4-Rezeptor verbindet. Sind irgendwann nicht mehr genügend T-Helferzellen vorhanden, bricht das Krankheitsbild AIDS aus. Der Patient stirbt aufgrund seiner Immunschwäche an Folgekrankheiten wie Lungenentzündungen, Pilzinfektionen o. Ä. Die nebenstehende Abbildung zeigt schematisch die Infektion der T-Helferzelle und die Schritte, die man unternimmt, um die Vermehrung des Virus medikamentös zu unterbinden.

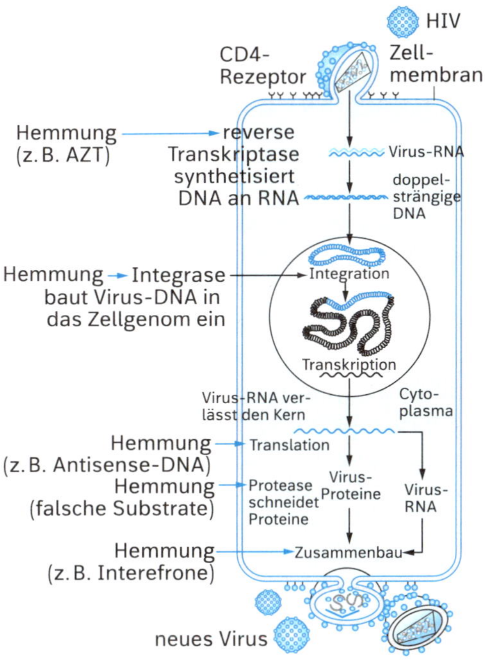

Infektion mit dem HI-Virus

Eine **Allergie** entsteht durch eine Überreaktion des Immunsystems gegen eigentlich harmlose Stoffe, wie z. B. Pflanzenpollen. Beim Erstkontakt bilden B-Plasmazellen Antikörper vom Typ IgE gegen den vermeintlichen Erreger. Diese IgEs setzen sich auf die Membran von Mastzellen. Kommt es zu einem erneuten Kontakt mit dem Antigen und besetzt das Antigen zwei Antikörper auf der Mastzelle gleichzeitig, veranlasst es diese, große Mengen Histamin auszuschütten. Histamin weitet die Gefäße. Die Folge sind Rötungen, Schwellungen und vermehrte Absonderung von Flüssigkeit an den Schleimhäuten. Im schlimmsten Fall kann es zu einem anaphylaktischen Schock kommen. Dabei werden die Blutgefäße so stark geweitet, dass der Blutdruck fällt bis die Betroffenen ohnmächtig werden oder im Extremfall sogar an Organversagen sterben können.

Bei einer **Autoimmunerkrankung** richtet sich die zelluläre Immunantwort fälschlicherweise gegen körpereigene Zellen. Bei Diabetes vom Typ 1 beispielsweise, dem Jugenddiabetes, zerstören T-Killerzellen die β-Zellen der Bauchspeicheldrüse, die das Hormon Insulin produzieren. Wie es zu einer solchen Verwechslung kommen kann ist noch nicht eindeutig geklärt, man vermutet aber, dass eine Infektion mit einem Virus vorausgegangen sein könnte, dessen Epitope den Oberflächenstrukturen der betroffenen körpereigenen Zellen so ähnlich sind, dass die spezialisierten Abwehrzellen anschließend die körpereigenen Zellen angreifen.

Evolution und Ökosysteme

Vorbemerkung

In den inhaltlichen Vorgaben des Kultusministeriums heißt dieses Kapitel zwar Evolution und Ökosysteme, tatsächlich sind die Ökologie und damit auch die Ökosysteme aber nicht Prüfungsthema. Vorgesehen ist lediglich, in der Kursstufe eine oder mehrere Exkursionen in ein Ökosystem zu unternehmen, um die Vielfalt des Lebens und die Bedeutung einer systematischen Ordnung der Lebewesen kennen zu lernen. Von der gebräuchlichen Systematik zur Einordnung von Lebewesen, der Taxonomie, sollten Sie tatsächlich etwas Ahnung haben. Es macht sich nicht gut, wenn Sie Begriffe wie „Art“, „Gattung“, „Familie“ „Stamm“ oder „Klasse“ falsch verwenden. Prägen Sie sich die (vereinfachte) Systematik anhand des Beispiels in nebenstehender Tabelle ein. Mehr zur Systematik der Wirbeltiere finden Sie auf Seite 72.

Taxon	Beispiel
Reich	Tiere
Abteilung/Stamm	Wirbeltiere
Klasse	Säugetiere
Ordnung	Raubtiere
Familie	Katzen
Gattung	Altwelt-Wildkatzen
Art	Hauskatze

Beispiel für die Systematik der Tiere

Grundlagen evolutiver Veränderung

Eine Population ist eine Gruppe von artgleichen Individuen, die eine Fortpflanzungsgemeinschaft bilden, also einen gemeinsamen Genpool besitzen. Die Mitglieder der Population unterscheiden sich nicht nur in ihren Genen (Genotyp), sondern auch im Aussehen (Phänotyp) voneinander. Die daraus resultierende Variabilität kann durch neue Mutationen und zusätzlich durch unterschiedliche Kombinationen der Allele des gesamten Genpools vergrößert werden. Die genotypische Variabilität und somit auch die phänotypische ist die Grundlage für evolutive Veränderungen.

Art und Artbildung – Entstehung der Vielfalt und Variabilität

Zu einer Art werden alle diejenigen Individuen zusammengefasst, die unter natürlichen Bedingungen miteinander fertile Nachkommen haben. Zwischen diesen findet also ein Genfluss statt. Eine Art wird mit ihrem Gattungs- und Artnamen bezeichnet (z. B. *Homo sapiens*). Einflüsse, die einen Artenwandel hervorrufen können, werden als **Evolutionsfaktoren** bezeichnet. Dazu zählen:

Mutation und Rekombination: Mutationen liefern neue Allele. Sie verändern damit die Allelfrequenz in einer Population. Sexuelle Rekombination erhöht die Variabilität einer Population, ohne allerdings die Häufigkeit der Allele (Allelfrequenz) in einem Genpool zu verändern.

Selektion: Durch Auslese wird die Allelfrequenz im Genpool verändert. Der künstlichen Selektion, die vom Menschen ausgeht (Züchtung) steht die natürliche gegenüber. Sie kann sowohl von abiotischen Faktoren wie Temperatur, Wind etc. hervorgerufen werden als auch von biotischen wie Fressfeinden, Parasiten (zwischenartliche Selektion) sowie von Artgenossen (innerartliche Selektion, die z. B. zum Sexualdimorphismus führt).

Bei der Auswirkung der Selektion auf eine Population unterscheidet man die stabilisierende von einer gerichteten bzw. transformierenden und einer aufspaltenden bzw. disruptiven Selektion.

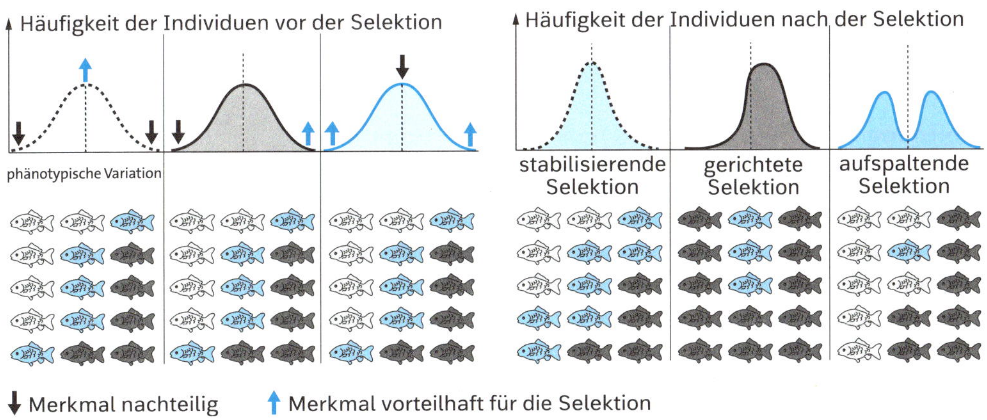

Auswirkungen der Selektion auf eine Population

Gendrift: Dieser Evolutionsfaktor bewirkt eine zufallsbedingte Änderung eines Genpools und damit der Allelfrequenz. Er ist für kleine Populationen bedeutend und spielt z. B. bei kleinen Inselpopulationen (Gründerpopulationen) eine Rolle.

Migration: Eine Veränderung des Genpools kann durch Zu- und Abwanderungen von artgleichen Individuen hervorgerufen werden.

Die Evolutionstheorien Darwins und Lamarck im Vergleich

Nachdem LINNÉ in der 2. Hälfte des 18. Jahrhunderts damit begann, die Vielfalt des Lebendigen zu erfassen und sie im Wesentlichen entsprechend der Baupläne systematisierte, stellte CUVIER fest, dass die Organismen in der Vergangenheit nicht immer

nur in der Form vorkamen, in der sie uns heute erscheinen. Beide Wissenschaftler konnten aufgrund ihrer Vorstellung, dass die Erde erst 6000 Jahre alt sei, keine oder keine hinreichende Erklärung für die Vielfalt des Lebens geben. Erst LAMARCK entwarf die Idee von der stammesgeschichtlichen Entwicklung des Lebendigen, mit der er die Vielfalt begründete. Zur Bekräftigung seiner Idee entwickelte er die Vorstellung von der Weitergabe erworbener Eigenschaften (durch Gebrauch oder Nicht-Gebrauch von Organen) von den Eltern an ihre Nachkommen. Diese Hypothese von der willentlichen und aktiven Anpassung des Individuums an die Umwelt konnte den späteren Erkenntnissen der Genetik nicht standhalten. 50 Jahre später, 1859, lieferte DARWIN eine neue Theorie für die stammesgeschichtliche Entwicklung des Lebendigen. Er übernahm eine Idee von MALTHUS und erkannte, dass Lebewesen mehr Nachkommen haben als zum Überleben der Art nötig wären. Diese weisen Unterschiede auf, die als Varianten für den Kampf ums Dasein (struggle for life) unterschiedlich geeignet sind. Der Bestangepasste setzt sich durch und überlebt in seinen Nachkommen als Tüchtigster (survival oft the fittest). Dabei bestimmt die Umwelt, wer am besten geeignet ist. Sie selektiert. Die Individuen werden mit ihren Eigenschaften der Umwelt ausgesetzt. Im Wechselspiel zwischen Umwelteinfluss und individueller Ausstattung ergibt sich der Grad der Angepasstheit. DARWIN bezog diese Erkenntnisse auf alle Lebewesen und formulierte sie als Selektionstheorie.
Zahlreiche Belege aus vielen Disziplinen der Biologie, z. B. der Genetik, der Paläontologie, Ethologie, Ökologie und Biochemie bestätigten DARWINS Selektionstheorie. Alle diese Erkenntnisse aus den unterschiedlichen Fachgebieten erweiterten die Selektionstheorie zur **Synthetischen Evolutionstheorie**.

Artbildung – Formen und Ursachen (nur Leistungsfach)

Isolation: Werden Individuen von anderen Individuen derselben Art räumlich, zeitlich oder allgemein durch Änderungen, die sich auf den Bereich der Fortpflanzung auswirken, getrennt, so kann dies unterschiedliche Veränderungen für den einzelnen Genpool hervorrufen. Aufgrund des zunächst gebremsten und schließlich unterbrochenen Genflusses können z. B. unterschiedliche Neumutationen nicht mehr ausgetauscht werden. Die Isolation der Genpools kann durch vielfältige Faktoren bewirkt werden: geografisch, ökologisch, ethologisch, genetisch und mechanisch.
All diese Isolationsformen verhindern die Fortpflanzung zwischen Gruppen von Individuen und führen zur Aufspaltung eines vormals gemeinsamen Genpools. Dabei unterscheidet man zwischen zwei Formen der Artenbildung: Bei der **sympatrischen** Artenbildung entstehen in einem Lebensraum ohne geografische Isolation zwei neue Arten durch Ausbildung einer biologischen Fortpflanzungsschranke aufgrund ökologischer, ethologischer, mechanischer oder genetischer Isolationsfaktoren. Bei der **allopatrischen** Artenbildung führt die räumliche Trennung von Teilpopulationen zu einer Aufspaltung und Veränderung der beiden Genpools aufgrund unterschiedlicher Mutationen und Selektionen, die von den unterschiedlichen Umwelteinflüssen ausgehen. Bei beiden Formen der Artenbildung kommt es zu einer genetischen Separation, also der Auftrennung des Genpools. Bei einer allopatrischen Artenbildung zeigt sich dies aber erst, wenn nach einem Wegfall der geografischen Isolationsschranken die zuvor getrennten Populationen keine gemeinsamen Nachkommen mehr erzeugen.

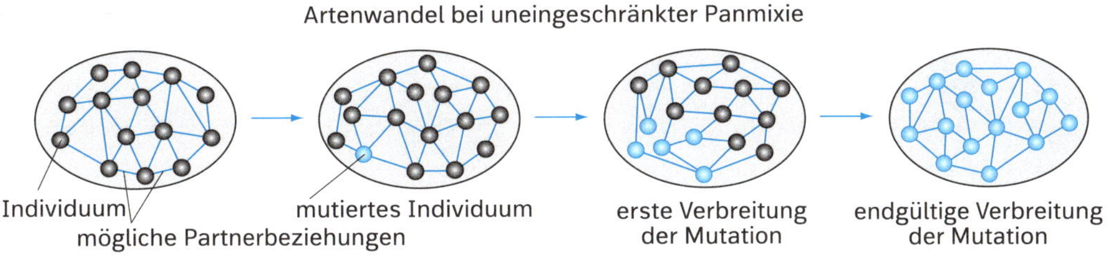

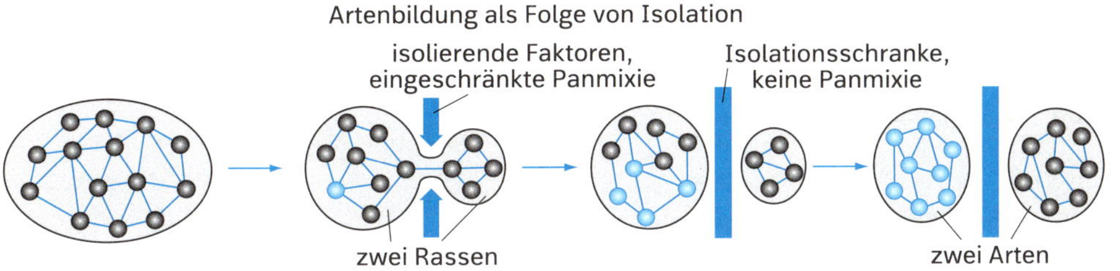

Entwicklung von Arten

Gelangen Gründerindividuen in einen Raum, in dem noch wenige ökologische Nischen ausgebildet sind, divergiert die neue Stammpopulation aufgrund vielfältiger Evolutionsfaktoren sehr schnell in viele Teilpopulationen. Dabei bilden die Teilpopulationen viele unterschiedliche ökologische Nischen aus (Einnischung). Dieser Vorgang wird **adaptive Radiation** genannt. Beispiele hierfür sind die Darwinfinken auf dem Galapagos-Archipel, die Kleidervögel auf Hawaii, die Beuteltiere Australiens oder die Tanreks auf Madagaskar, aber auch die vielen heimischen Hummelarten.

Evolutionshinweise und Evolutionstheorie (nur Leistungsfach)

a. Morphologisch-anatomische Betrachtung der Baupläne rezenter und fossiler Organismen

Aus allen Bereichen der Biologie gibt es Belege (Hinweise) für die Evolution. Die Paläontologie kennt Fossilien von Pflanzen und Tieren, die heute nicht mehr existieren. Darunter gibt es auch Übergangsformen, die Merkmale verschiedener Tiergruppen besitzen (z. B. Archaeopteryx mit Merkmalen von Reptilien und Vögeln). Auch die Merkmale rezenter (heutiger) Lebewesen, vor allem der Brückentiere, geben Hinweise auf die Entwicklung von Organismen. Rudimente und Atavismen sind nur erklärbar unter der Annahme von Evolution. Nur so können auch die Ähnlichkeiten in der Keimentwicklung (Ontogenese) mit denen in der Stammesentwicklung (Phylogenese) erklärt werden. Belege für die Evolution sind auch Ähnlichkeiten im Aufbau der Proteine, Nucleinsäuren oder Zellorganellen sowie Organen unterschiedlicher Lebewesen. Obwohl nach dem gleichen Grundmuster aufgebaut, können sie eine andere Funktion besitzen. Ist der Aufbau von Organen unterschiedlich, ihre Funktion aber gleich, handelt es sich um eine Analogie (z. B. Auge des Menschen und Auge des Tintenfisches). Diese Ähnlichkeit hinsichtlich der Funktion ist eine Folge der Anpassung an ähnliche Umweltbedingungen. Eine Ähnlichkeit des Bauplans trotz unterschiedlicher Funktion nennt man Homologie. Sie ist mit einer gemeinsamen Abstammung zu erklären. Ein bekanntes Beispiel sind die Homologien bei den Extremitäten der Wirbeltiere.

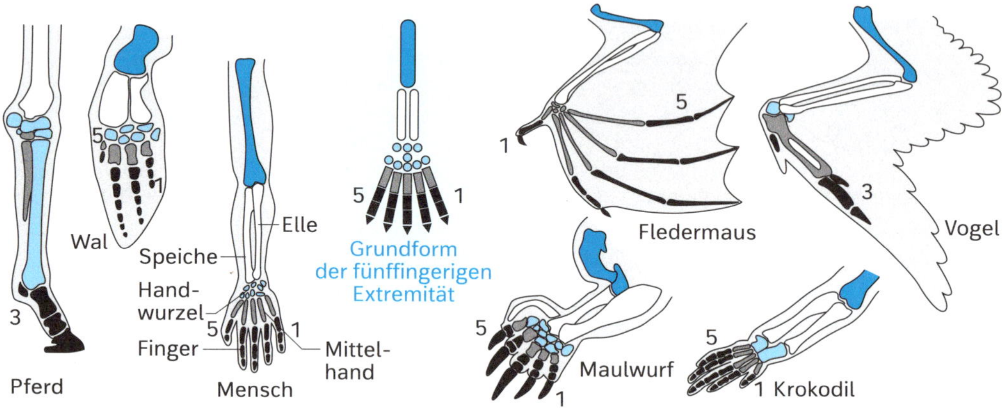

Homologie bei Wirbeltierextremitäten

Obwohl die Vorderextremitäten unterschiedlichen Funktionen (fliegen, graben, laufen oder schwimmen) dienen, haben sie einen gemeinsamen Grundbauplan. Die Annahme einer Evolution der Wirbeltierarten führt zu der Vorstellung einer früheren Existenz eines gemeinsamen Vorfahrens.

b Systematik und phylogenetischer Stammbaum

Carl von Linné (1707 – 1778) ordnete die Lebewesen, z.B. die Wirbeltiere, auf der Basis von morphologischen Ähnlichkeiten.

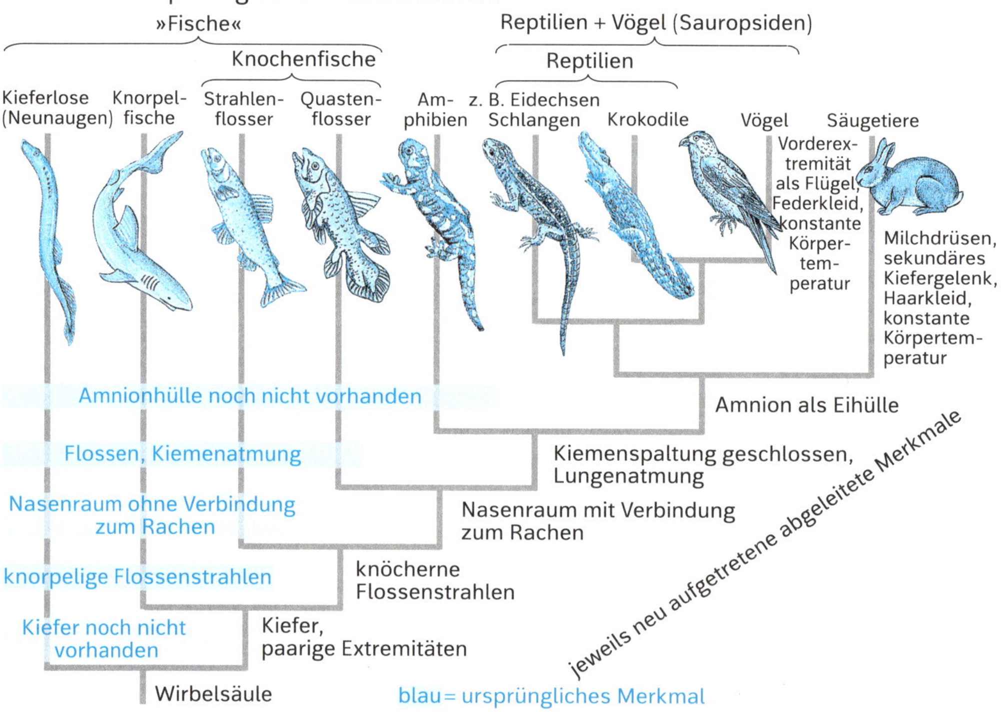

Stammbaum der Wirbeltiere

Stammbäume wie z. B. in der Abbildung der *Stammbaum der Wirbeltiere* können immer nur eine Hypothese darstellen. Stammbäume werden prinzipiell durch Vergleich, also das Feststellen von Ähnlichkeiten und Unterschieden, erstellt:

Vergleich der Baupläne von Organen

- **Homologien** deuten auf eine divergente Entwicklung aus gemeinsamen Vorfahren hin und sind ein Beleg für Verwandtschaft. Es gelten die Homologiekriterien der Lage, der spezifischen Qualität und der Stetigkeit, d. h. der Verknüpfung durch Zwischenformen. **Analogien** deuten auf eine konvergente Entwicklung hin und machen keine Aussage über den Grad der Verwandtschaft. Die Knochen der Vorderextremitäten von Fledermaus und Vogel sind als homolog anzusehen, wenn man die Entwicklung der Vorderextremitäten der Säuger und Vögel aus den Vorderextremitäten der Reptilien als gemeinsamen Vorfahren betrachtet. Die Vorderextremitäten sind als analog anzusehen, wenn die Organe betrachtet werden, die zur Flugfähigkeit beisteuern: Die Flughaut ist also analog zu den Federn.
- **Rudimente** sind zurückgebildete Organe, die i. d. R. funktionslos sind oder einen Funktionswechsel erfahren haben. Reste des Beckengürtels bei Bartenwalen sind ein Hinweis dafür, dass die Vorfahren funktionierende Hintergliedmaße besaßen und somit Landbewohner waren. Heute dient dieser Knochenrest als Haltevorrichtung für den Penis. Bei Menschen gilt z. B. das Steißbein als Hinweis dafür, dass unsere Vorfahren einen Schwanz besaßen.
- **Atavismen** sind relativ seltene Abweichungen in der Ausbildung von anatomischen oder verhaltensbiologischen Merkmalen, die Ähnlichkeiten mit den Eigenschaften der Vorfahren aufweisen. Beim Menschen kennt man z. B. die schwanzartige Verlängerung des Steißbeins (seltener als 1 : 1 000 000), zusätzliche Brustwarzen oder eine Ganzkörperbehaarung.

Embryologie

Nach HAECKELS biogenetischer Grundregel ist die Ontogenese (Keimesentwicklung) ein kurzer Abriss der Phylogenese (stammesgeschichtliche Entwicklung). Nach heutigem Verständnis richtet sich die Individualentwicklung nur teilweise nach Entwicklungsprogrammen der stammesgeschichtlichen Vorfahren, sodass nur wenige Stadien der Embryonalentwicklung Anklänge an die stammesgeschichtliche Entwicklung zeigen. In wenigen Ausnahmefällen lassen sich ausgebildete Einzelmerkmale entdecken, die Übereinstimmungen mit Merkmalen der Vorfahren zeigen und somit Hinweise auf eine stammesgeschichtliche Entwicklung darstellen. Beispiele sind die Zahnanlagen im Kiefer von Bartenwal-Embryonen und die als Kiemenanlagen anzusehenden Furchen bei Landwirbeltieren.

Paläontologie

In seltenen Fällen wurden durch glückliche Zufälle Reste von Organismen (tiefgefrorene Mammuts, in Bernstein eingeschlossene Insekten, Knochen, Kalkschalen etc.) gefunden, die teilweise viele 100 Millionen Jahre überdauert haben. Hinzu kommen Abdrücke, Versteinerungen oder Inkohlungen. Diese Fossilien können uns Hinweise über den Weg der Evolution geben. Hierbei sind besonders Reste von Lebewesen von

Bedeutung, die Ausgangspunkte von divergierenden Entwicklungen (z. B. Ur-Säuger) oder Übergangsformen unterschiedlicher Gruppen waren.

Schon LINNÉ hat den Menschen problemlos in sein System eingeordnet und ihn mit den Affen und Halbaffen zur Ordnung der Primaten (Herrentiere) zusammengefasst. Durch neuere Erkenntnisse konnte die Klassifikation der Primaten verfeinert und mithilfe weiterer Methoden zu einer Erstellung des Stammbaumes der Primaten genutzt werden.

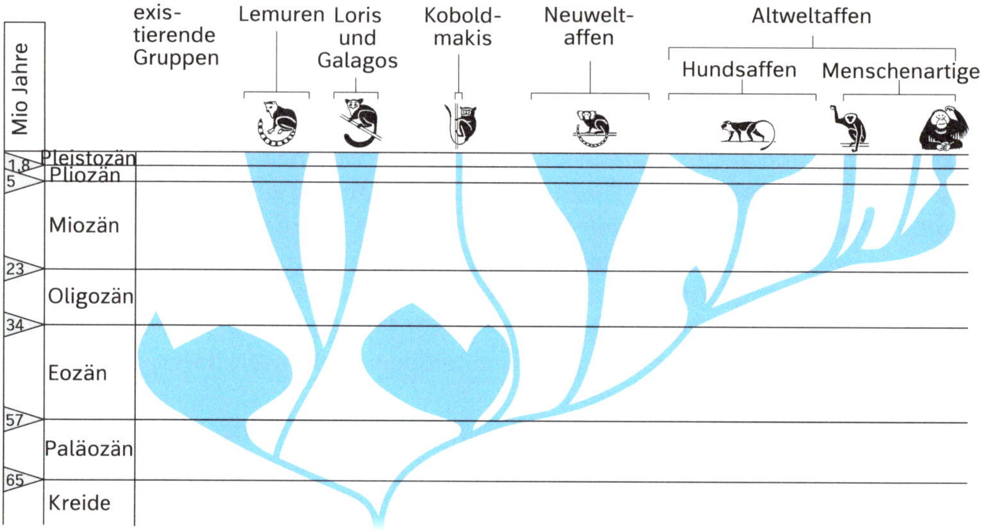

Stammbaum der Primaten

Oft unterstützen unterschiedliche Hinweise die gleiche Hypothese über die stammesgeschichtliche Entwicklung. Manchmal können diese Hinweise auch widersprüchlich sein. Dann können verschiedene Hypothesen aufgestellt werden und somit unterschiedliche Stammbäume erstellt werden. Wichtig ist: Stammbäume sind nur Hypothesen und sind nicht immer widerspruchsfrei. Sie können je nach Gewichtung der verschiedenen Hinweise unterschiedlich sein und sich im Laufe der Zeit ändern.

c. Molekularbiologische Verfahren zur Bestimmung von Verwandtschaftsbeziehungen (nur Leistungsfach)

Proteinvergleich

Proteine, die bei verschiedenen Lebewesen die gleiche Funktion übernehmen, müssen nicht völlig identisch sein. Mutationen (siehe Abschnitt Genetik) können zu Veränderungen führen, ohne die Funktionen des Proteins zu beeinträchtigen. Die Menge solcher Veränderungen sind ein Hinweis auf die stammesgeschichtliche Distanz bzw. die Verwandtschaft von Lebewesen. Keine oder wenige Unterschiede in der Aminosäuresequenz deuten auf einen kürzeren Zeitraum seit der Trennung, mehrere oder gar viele Abweichungen deuten auf einen längeren Zeitraum seit der Trennung hin. Ein gut geeignetes Untersuchungsobjekt ist das Cytochrom c, das als Enzym in allen Lebewesen, die Mitochondrien besitzen, vorkommt. Neben dem heute üblichen direkten Vergleich der Aminosäuresequenz verglich man früher die Proteine auf indirektem Wege. Bei diesem Verfahren (Präzipitintest) werden Blutproteine von unterschiedlichen Säugetieren verglichen. Durch Injektion von Blutserum des zu testenden Tieres in ein anderes Säugetier wird zunächst ein Antiserum gewonnen. Dieses fällt bei der Zugabe zum Blut des zu testenden Tieres Blutproteine aus, deren Ausfällungsgrad man mit 100% angibt. Wird dieses Antiserum mit dem Blut anderer Säugetierarten vermischt, ist der Grad der Ausfällung kleiner. Je geringer der Grad, desto geringer die Ähnlichkeit der Proteine, desto geringer die stammesgeschichtliche Verwandtschaft.

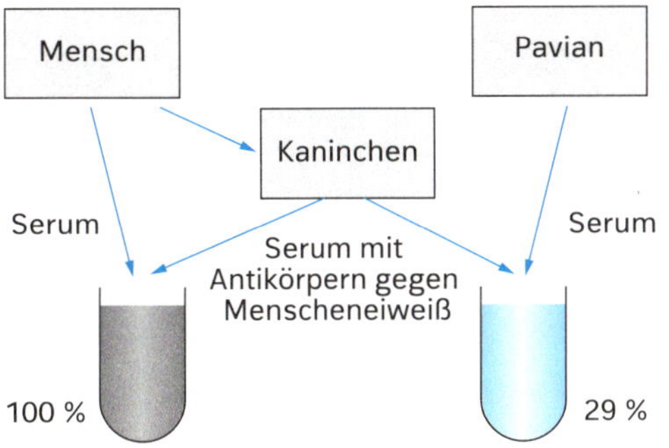

Präzipitintest am Beispiel Pavian und Mensch

DNA-Vergleich

DNA-Vergleiche geben genauso wie Proteinvergleiche Hinweise auf die stammesgeschichtliche Distanz von Arten. Große Ähnlichkeit bestimmter DNA-Abschnitte deutet auf geringe stammesgeschichtliche Distanz (hoher Verwandtschaftsgrad), geringere Ähnlichkeiten auf größere Distanz (geringerer Verwandtschaftsgrad) hin. Nicht codierende Abschnitte der DNA unterliegen in geringerem Maße der Selektion, weisen somit mehr Mutationen pro Zeit auf und sind exakter in der Bestimmung des Verwandtschaftsgrades. Die DNA-Unterschiede können sowohl qualitativ als auch quantitativ ausgewertet werden. Ein geeignetes Verfahren ist die DNA-Hybridisierung. DNA-Doppelstränge unterschiedlicher Arten werden durch Erhitzen voneinander getrennt (Schmelzen der DNA). Nach dem Abkühlen können homologe Abschnitte von DNA-Einzelsträngen unterschiedlicher Arten hybridisieren, indem sich zwischen komplementären Basen der beiden Einzelstränge Wasserstoffbrücken ausbilden. Beim erneuten Schmelzen dieser **Hybridstänge** trennen sich diese umso schneller, je weniger komplementäre Basen sie aufweisen. Gemessen wird die Temperatur, bei der die Hälfte aller Brücken aufgelöst ist (Schmelzpunktbestimmung). Je niedriger dieser Schmelzpunkt ist, desto geringer ist somit die Ähnlichkeit der beiden hybridisierten DNA-Einzelstränge und desto geringer die Verwandtschaft der untersuchten Arten.

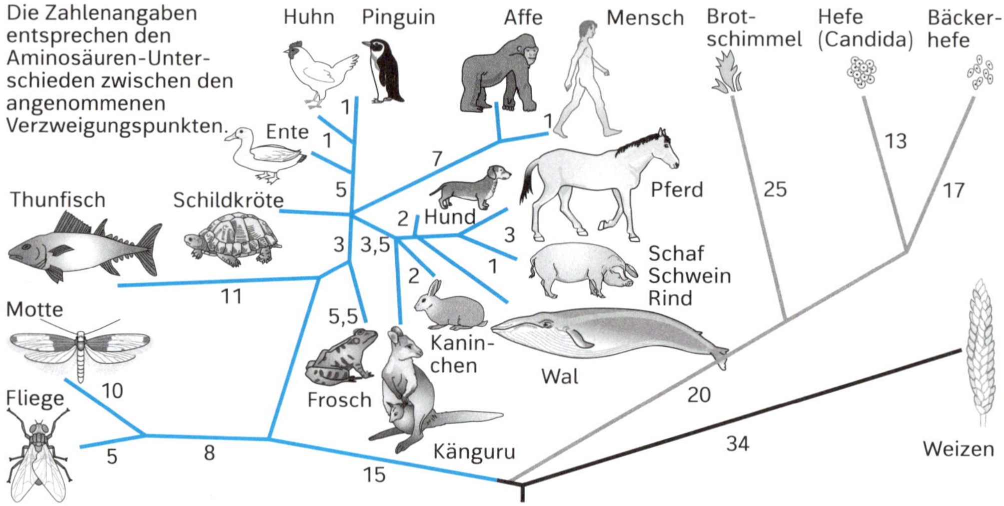

Stammbaum nur auf Basis des Vergleichs des Enzyms Cytochrom

d. Erklärung bestimmter Merkmale mithilfe der synthetischen Evolutionstheorie (vgl. 2018/2 Teil 3, 2019/4 Teil 4)

Zu den fast jedes Jahr im Abitur vorkommenden Aufgaben gehört es, das Auftreten eines bestimmten Merkmals mithilfe der synthetischen Evolutionstheorie zu erklären. Dabei geht es darum, die Mechanismen der Evolution auf das jeweilige Merkmal anzupassen und eine schlüssige Erklärung zu schreiben, wie sich das Merkmal durchsetzen konnte. Arbeiten Sie dabei folgendes Schema ab:

In einer Population von Vorfahren ist das Merkmal noch nicht vorhanden → durch Rekombination und Mutation tritt das neue Merkmal auf → neues Merkmal verschafft den Merkmalsträgern durch bessere Angepasstheit an abiotische und/oder biotische Selektionsfaktoren einen Selektionsvorteil → die reproduktive Fitness der Merkmalsträger erhöht sich, sie haben einen größeren Fortpflanzungserfolg → es kommt zu einer Verschiebung der Allelfrequenz innerhalb des Genpools → Zahl der Individuen mit dem neuen Merkmal nimmt zu → durch Isolation (genetisch, Verhalten, geografisch …) kommt es zur Entstehung einer neuen Art (sympatrische oder allopatrische Artbildung).

Achten Sie bei der Anwendung dieses Schemas stets darauf, es auf die gegebene Situation anzupassen. Nehmen Sie in Ihrer Erläuterung immer wieder Bezug auf das genannte Merkmal oder Lebewesen, beschreiben Sie die Evolution des Merkmals nicht zu allgemein!

Transspezifische Evolution der Primaten

Fossile und rezente Hinweise zur Evolution des Menschen

Die Einordnung des Menschen in die Ordnung der Primaten stellte von Anfang an keine Probleme dar. Die Stellung der einzelnen Menschenaffen zum Menschen und die damit verbundene Einordnung der Vorfahren der heutigen Menschen in den Stammbaum der Hominiden (Große Menschenaffen und Mensch) haben sich dagegen aufgrund neuer Erkenntnisse immer wieder verändert.

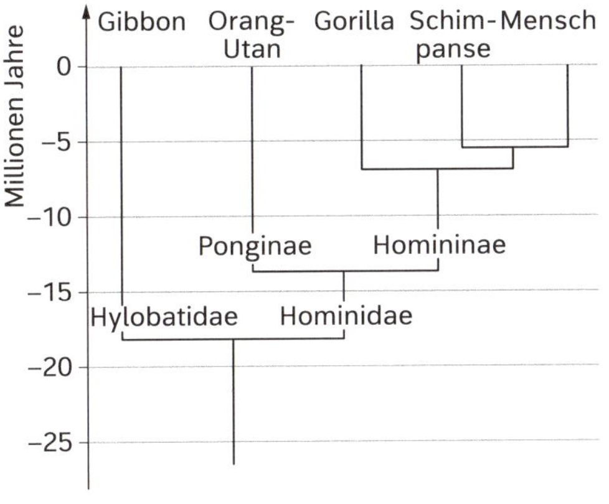

Stammbaum der Hominiden

Folgende **fossile** anatomisch-morphologische Merkmale spielen bei der Erstellung des Stammbaums der Menschen und Menschenaffen eine Rolle:

- Die Lage des Hinterhauptloches in der Schädelbasis ist ein Hinweis auf die Angepasstheit an den aufrechten Gang (je mehr das Loch in der Mitte liegt, desto fortgeschrittener ist der Grad der Angepasstheit).
- Form des Schädels: Kräftige Überaugenwülste, eine weit vorspringende Schnauze (Prognathie) und ein fliehendes Kinn sind Merkmale der Menschenaffen. Größeres Hirnvolumen, Stirn und ein spitz zulaufendes Kinn sind Menschenmerkmale.
- Das Becken gibt Hinweise über die Angepasstheit an den aufrechten Gang. Eine schüsselartige Form ist ein Hinweis auf den aufrechten Gang.
- Eine doppel S-förmige Wirbelsäule zeigt wegen ihrer mechanischen Eigenschaften ebenfalls die Angepasstheit an den aufrechten Gang an.
- Form des Gebisses: Menschenaffen haben im Gegensatz zum Menschen parallele Zahnreihen und eine Lücke zwischen Schneidezähnen und Eckzähnen.
- Die Füße können mehr als Greiffuß oder mehr als Standfuß entwickelt sein.
- Die Hände können mit einem kurzen fast funktionslosen Daumen mehr ans Hangeln oder mit einem opponierbaren (gegenübergestellten) Daumen mehr ans Greifen angepasst sein.

Cytologisch-biochemische Untersuchungen an **rezenten** (heute lebenden) Menschen und Menschenaffen können ebenfalls Hinweise zur Erstellung eines Stammbaumes geben. Hierbei können die oben aufgeführten Methoden wie z. B. Protein- und DNA-Vergleiche zum Einsatz kommen.

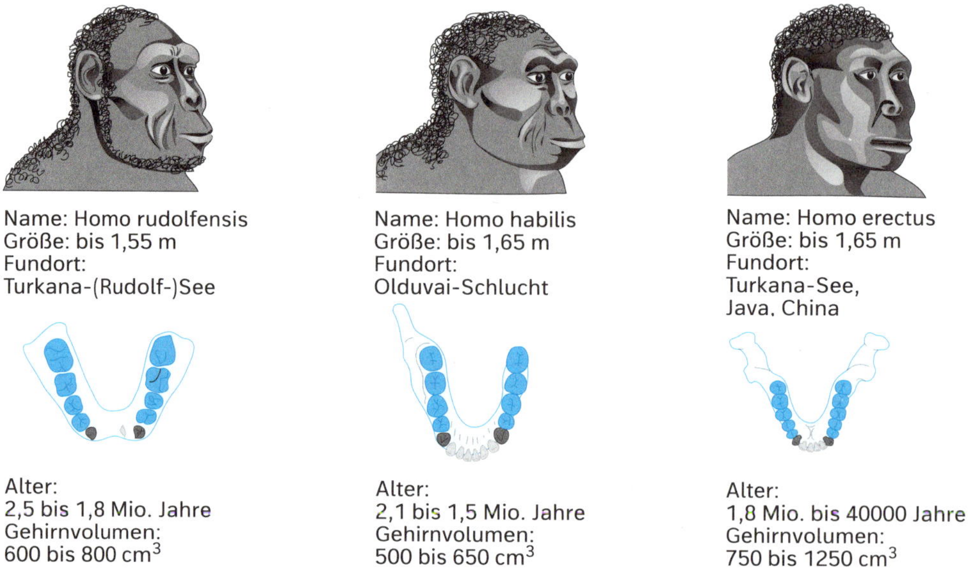

Merkmale und Lebend-Rekonstruktion dreier Arten der Gattung Homo

Da die Hinweise nicht immer widerspruchsfrei sind, gibt es unterschiedliche Hypothesen und damit unterschiedliche Stammbäume der Hominiden. Ein zurzeit gängiger Stammbaum ist im Folgenden abgebildet:

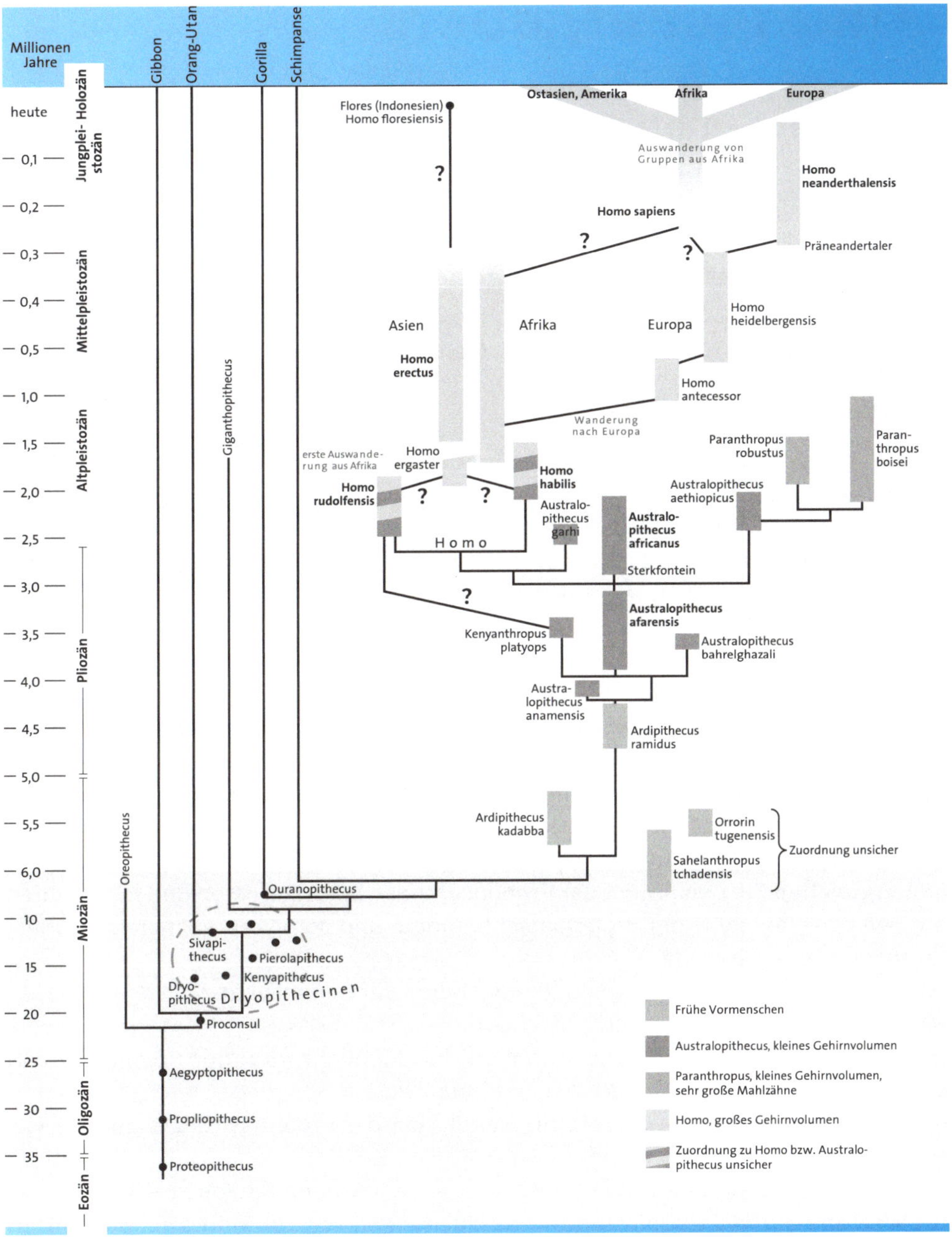

Tipp

Der vorliegende Stammbaum muss auf keinen Fall auswendig gelernt werden, er muss nur gelesen werden können. Bei einer Abituraufgabe mit diesem Thema werden die einzelnen fossilen Lebewesen im Material vorgestellt.

6 Übungsaufgaben

Aufgabe 1: Genetische und epigenetische Regulation der Genaktivität (nur Leistungsfach)

Zellbiologie; Molekulargenetik; genetische Steuermechanismen

Einleitung

Erkenntnisse der Molekulargenetik haben große Bedeutung für die Pflanzen- und Tierzucht, die Gesundheit des Menschen und für allgemein biologische Fragestellungen. Ein Forschungsschwerpunkt beschäftigt sich damit, wie Informationen in Wirklichkeit umgesetzt werden, wie also z. B. die in der DNA enthaltene Information aktiviert oder deaktiviert, umgesetzt und beeinflusst werden kann.

Aufgabenstellung

1. **Benennen** Sie die mit den Ziffern 1 bis 8 gekennzeichneten Strukturen in M1.
2. (a) **Beschreiben** Sie mithilfe von M1 die Bildung von Sekreten auf der Schleimhaut der Bronchien. **Erläutern** Sie dabei ausführlich die Vorgänge, die zur Synthese von Proteinen im Schleim führen.
   (b) **Erläutern** Sie die biologische Bedeutung der Schleimhautsekretion.
   (c) **Vergleichen** Sie den Ablauf der Proteinsynthese bei Eukaryoten und Prokaryoten am Beispiel einer Zelle der Bronchialschleimhaut und dem Verursacher von Karies, *Streptoccocus mutans* (M2).
3. (a) **Erklären** Sie die in M3 dargestellte Regulation der Genaktivität nach dem Operon-Modell (Jacob-Monod-Modell).
   (b) **Ordnen** Sie die in M4 beschriebenen drei Möglichkeiten der Regulation von Genaktivität in M4 den Abbildungen a, b und c **zu**.
   (c) **Erläutern** Sie mithilfe von M5 die Regulation der Proteinsynthese durch RNA-Moleküle.
4. (a) **Zeichnen** Sie mithilfe von M4 die Aussage des zweiten Satzes in M6.
   (b) **Werten** Sie die Ergebnisse der Untersuchungen von Grummt **aus**. **Skizzieren** Sie dazu das Ergebnis der Untersuchungen von Grummt als Antwort auf die in M6 gestellte Frage und bringen Sie es mit Ihrer Zeichnung aus Aufgabe 4(a) in Verbindung.
   (c) **Erläutern** Sie weiterführende Probleme und Fragestellungen, die sich bei der Anfertigung Ihrer Zeichnung ergeben.

Material

M1 Drüsenzelle

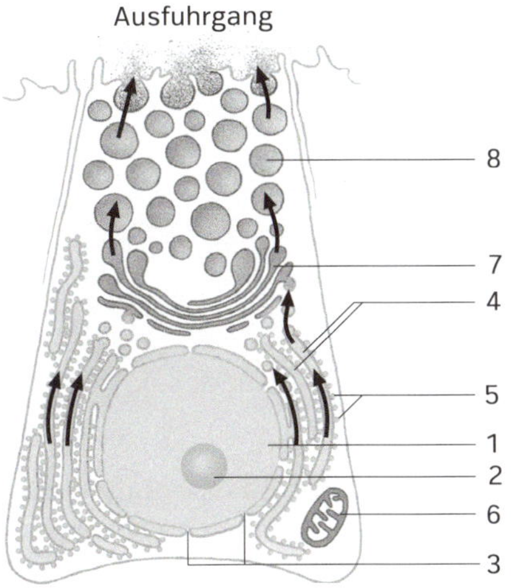

M1 Bau einer Drüsenzelle, schematisch

M2 Der Verursacher von Karies

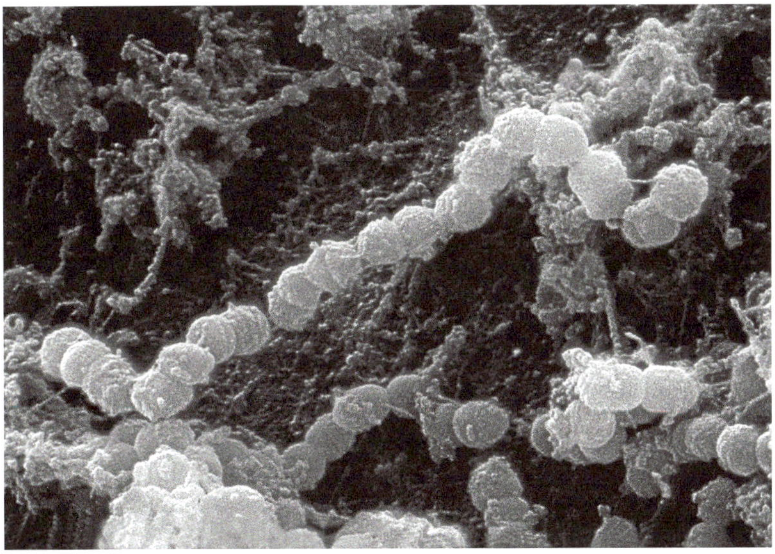

M2 *Streptoccocus mutans*. Das Bakterium bildet um sich eine schleimige Zellwand aus Kohlenhydraten und Proteinen. Zur Energiegewinnung betreibt es Milchsäuregärung.

M3 Regulation der Genaktivität

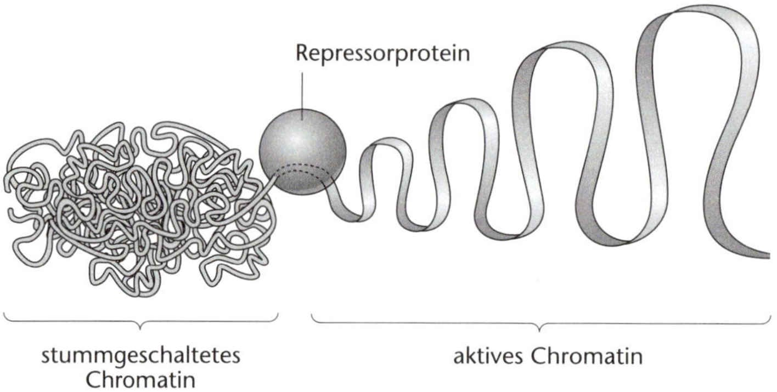

M3 Regulation der Genaktivität bei Streptokokken und anderen Bakterien

M4 Epigenetik

Veränderungen der Genaktivität, die nicht auf eine Änderung der Basensequenz zurückgehen, bezeichnet man als epigenetisch. Bisher sind vier verschiedene Mechanismen bekannt, von denen drei hier erwähnt und in den Abbildungen a, b und c dargestellt sind:

1. Mithilfe eines Enzyms kann innerhalb der DNA das Cytosin-Nukleotid in der Nachbarschaft von Guanin methyliert werden. Dadurch kann verhindert werden, dass der entsprechende DNA-Abschnitt abgelesen wird.

2. Transposone sind sogenannte „springende Gene", d. h. sie können sich selbst kopieren und werden anschließend in entfernt liegende Bereiche des Genoms eingebaut. Dadurch können Gene in ihrer Aktivität behindert oder besonders gefördert werden. Etwa 50 % des menschlichen Genoms besteht aus Transposonen.

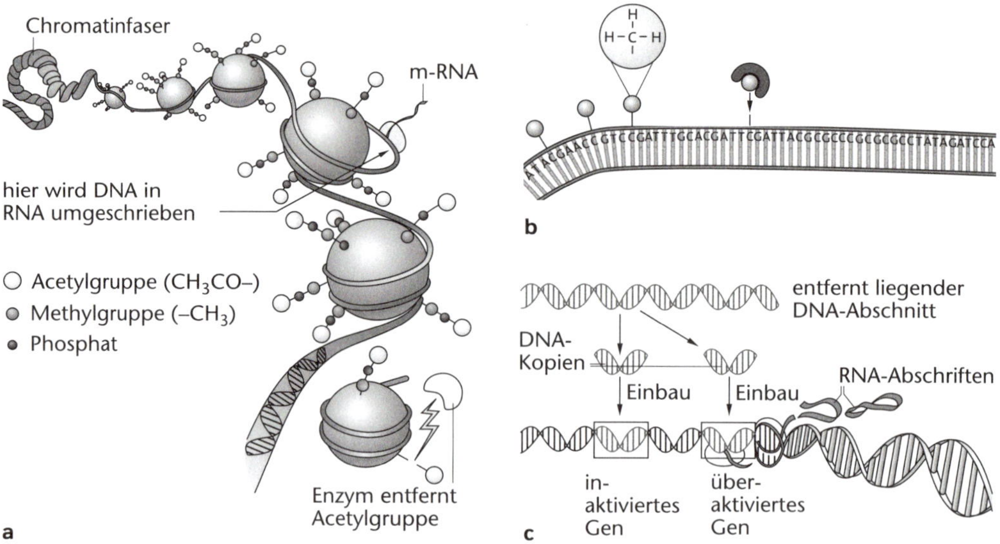

M4 Epigenetische Mechanismen

3. Die Chromosomen bestehen aus DNA und Chromatin, einer anfärbbaren Struktur aus Proteinen (Histone), an die noch weitere Substanzen gebunden sind, z. B. verschiedene funktionelle Gruppen. Acetylgruppen an den Histonen fördern die Aktivität benachbarter Gene; fehlen sie, wird die Aktivität herabgesetzt.

M5 Regulationsmöglichkeiten genetischer Aktivität durch RNA-Moleküle

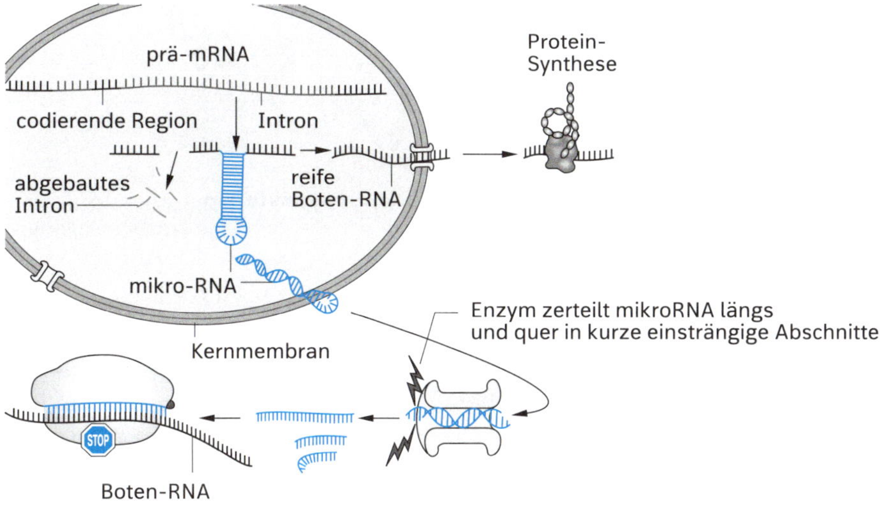

M5 a mikroRNA

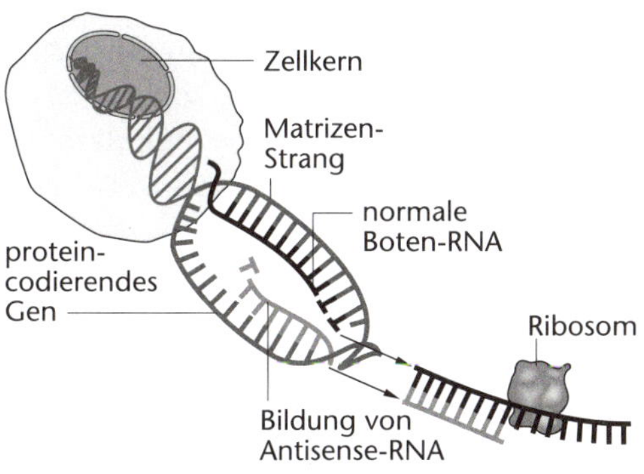

M5 b Antisense-RNA

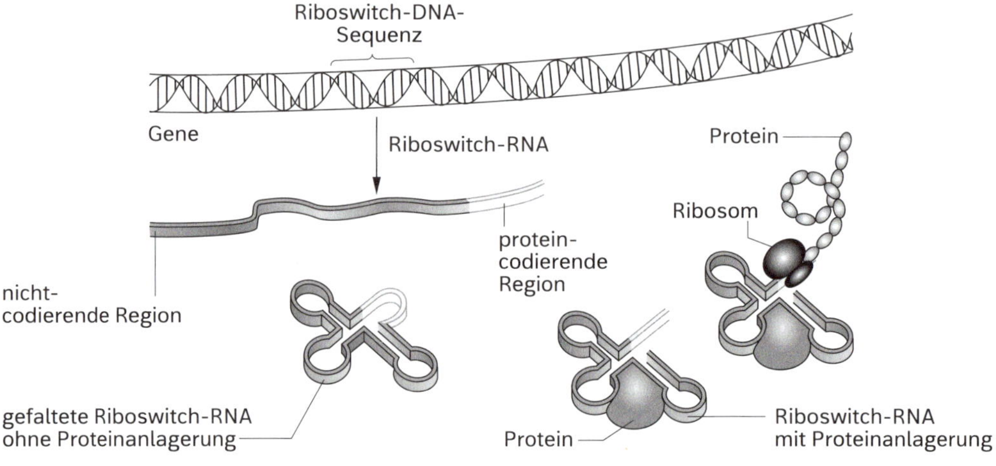

M5 c Riboswitch-RNA

M6 Blockierung von Genen

Zu den bekannten epigenetischen Mechanismen gehört die Stilllegung von Genen über Methylierung. Das erledigen spezialisierte Enzyme, die Methyltransferasen, die an bestimmte „Buchstaben" der Gene Methylmarkierungen anheften und damit das ganze Gen unzugänglich machen. „Eines der großen Rätsel der modernen Molekularbiologie ist: Woher wissen die Methyltransferasen, wo sie ihre Markierung anbringen müssen, um gezielt ein bestimmtes Gen zu inaktivieren?", erklärt Ingrid Grummt aus dem Deutschen Krebsforschungszentrum ihr Forschungsgebiet.

Die Wissenschaftlerin ist der Antwort auf diese Frage einen großen Schritt näher gekommen. Sie erforscht vor allem solche Abschnitte im Erbgut, die gar keine „Rezepte", also Anweisungen für den Bau eines Proteins, enthalten. Trotzdem werden diese Abschnitte auf kontrollierte Weise in RNA-Moleküle umgeschrieben. „Diese sogenannten nicht-codierenden RNAs enthalten keine Proteinrezepte. Sie sind wichtige Regulatoren in der Zelle, die wir gerade erst zu verstehen beginnen", so Ingrid Grummt.

In ihrer neuen Arbeit beweisen Grummt und ihre Mitarbeiter erstmals, dass die epigenetische Regulation und die Steuerung durch nicht codierende RNAs ineinandergreifen. Schleusen sie das nicht codierende RNA-Molekül „pRNA" künstlich in Zellen ein, so wird ein bestimmter Genschalter mit Methylmarkierungen versehen und die dahinter liegenden Gene werden nicht abgelesen. Der Trick bei der Sache: pRNA passt genau („komplementär") zur DNA-Sequenz dieses Genschalters. pRNA bildet dabei mit den beiden DNA-Strängen im Bereich dieses Genschalters eine Art Zopf bzw. Dreifach-Helix. Methyltransferasen wiederum können spezifisch an diesen Zopf andocken und werden dadurch genau an die Stelle dirigiert, wo ein Gen blockiert werden soll.

Benötigte Fachkenntnisse

Aufbau einer tierischen Zelle, Proteinbiosynthese bei Prokaryoten und Eukaryoten, (S. 35 ff.)

Benötigte Methodenkenntnisse

Umgang mit Texten; Analyse von schematischen Zeichnungen; Übertragen von Textaussagen in schematische Zeichnungen

Lösungen

1. 1: Zellkern, 2: Kernkörperchen (Nukleolus), 3: Kernporen, 4: (raues) endoplasmatisches Reticulum, 5: Ribosomen, 6: Mitochondrium, 7: Dictyosomen/Golgi-Apparat, 8: Golgi-Vesikel/Sekretvesikel

2. (a) Die Sekrete auf der Schleimhaut bestehen aus einer wässrigen Lösung von Proteinen und Ionen. Diese Lösung wird in Sekretvesikeln, kleinen Bläschen im Cytoplasma der Schleimhautzelle, gesammelt. Die Bläschen entstehen durch Membranverschmelzung an den seitlichen Rändern des Golgi-Apparats. Der Golgi-Apparat ist mit dem endoplasmatischen Retikulum verbunden. Dieses Kanalsystem wird mit den Produkten der Proteinsynthese an den Ribosomen, die direkt am ER sitzen, gefüllt, indem diese mithilfe von Tunnelproteinen aus dem Cytoplasma am Ort des Entstehens durch die ER-Membran in das Innere des Kanalsystems transportiert werden. Die Proteine werden an den Ribosomen als Kette von Aminosäuren, die über Peptidbindungen miteinander verknüpft werden, gebildet. Dazu wird auf einem bestimmten Chromosom im Zellkern ein bestimmter DNA-Abschnitt mithilfe eines Enzymkomplexes (RNA-Polymerase) an den Wasserstoffbrücken zwischen den Basen getrennt und der codogene Strang der DNA vom 3´- zum 5´-Ende hin abgelesen und eine RNA gebildet. Diese prä-mRNA wird durch weitere Enzyme aufgeschnitten, Teilstücke (Introns) werden entfernt und der verbleibende Rest wieder zusammengesetzt (Spleißen). Die verbliebenen Exons bilden die reife mRNA, die zu den Ribosomen ins Cytoplasma gelangt. Dort werden aktivierte Aminosäuren mithilfe von tRNA-Molekülen miteinander zur Primärstruktur des Proteins verbunden.

   (b) Die Schleimproduktion dient der Abwehr und dem Abtransport von Fremdkörpern und Krankheitserregern. Staubpartikel, Bakterien, Pilzsporen usw. werden auf der Schleimoberfläche festgehalten und mithilfe von Flimmerhärchen gezielt nach außen transportiert. Der an der Verbindung von Luftröhre und Speiseröhre angekommene Schleim wird ausgehustet oder verschluckt.

(c) Ähnlichkeiten bestehen in der Abfolge der Umsetzung von der DNA über mRNA und AS-Kettenbildung an Ribosomen und der Umsetzung mithilfe des gleichen genetischen Codes. Dieser Code ist universal. Unterschiede bestehen in der Differenziertheit des Ablaufes. Das Spleißen bzw. die Reifung der mRNA tritt bei den Zellen der Bronchialschleimhaut auf, nicht aber bei *Streptoccocus mutans*.

3. (a) Endproduktrepression: Ein Repressorprotein wird an einer bestimmten Stelle des Genoms gebildet und durch Anlagerung des Endprodukts räumlich so verändert, dass das Protein sich an den Operator anlegt und damit eine weitere Bildung von mRNA verhindert. Hier wäre auch eine Erklärung der Substratinduktion denkbar.

   (b) Mechanismus 1: M4 b, Mechanismus 2: M4 c, Mechanismus 3: M4 a

   (c) M5 a zeigt, dass beim Ausschneiden der Introns und ihrer Zerkleinerung Bruchstücke entstehen, die sich ähnlich wie bei einer tRNA teilweise zu einem Doppelstrang zusammenlegen. Dieser wird von Enzymen so zerkleinert, dass bestimmte Nukleotidsequenzen übrig bleiben, die wie eine kurze Antisense-RNA wirken: Die Bruchstücke lagern sich an die komplementäre Basensequenz der mRNA an und deaktivieren sie dadurch. Ob ein bestimmtes Protein gebildet wird, kann also vom Vorhandensein bestimmter Enzyme im Cytoplasma abhängen, die die doppelsträngigen Introns auf spezifische Weise zerkleinern. In M5 b wirkt neben der „regulären“ RNA-Polymerase eine weitere RNA-Polymerase. Die so entstehende Antisense-RNA verhindert bei Kontakt mit der mRNA am Ribosom die Bildung der Aminosäurekette, da durch das Ribosom nur ein einfacher Nucleinsäurestrang passt. In M5 c wird mithilfe von sogenannten RNA-Genen, also DNA-Abschnitten, die die Information für die Ausbildung von RNA enthalten, eine besondere RNA gebildet, die Riboswitch-RNA. Diese faltet sich zu einem doppelsträngigen RNA-Molekül. Sobald dieses RNA-Molekül mit einem passenden Protein Kontakt bekommt (Schlüssel-Schloss-Prinzip), wird das Molekül so geändert, dass die Riboswitch-RNA ein freies Ende erhält. Dieses hat die Funktion einer regulären mRNA, das die Synthese eines bestimmten Proteins bewirkt. Nur im Kontakt mit dem passenden Protein kann der codierende Abschnitt der Riboswitch-RNA also die Synthese einer Aminosäurekette veranlassen. Die Riboswitch-RNA besitzt folglich für die in ihr enthaltene Information einen „An- und Ausschalter“.

4. (a) Zeichnung analog zu M4 b.

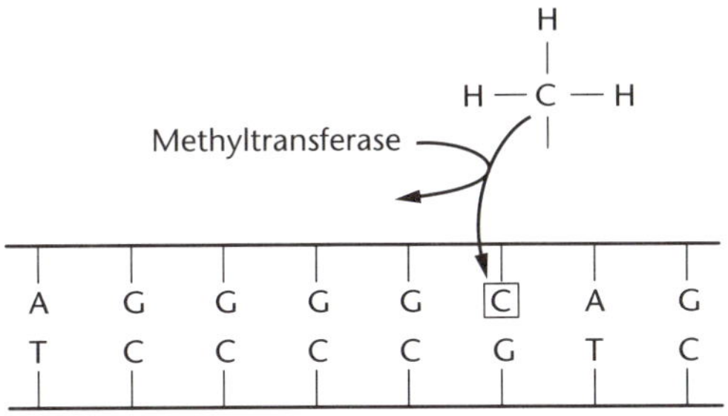

(b) Zeichnung:

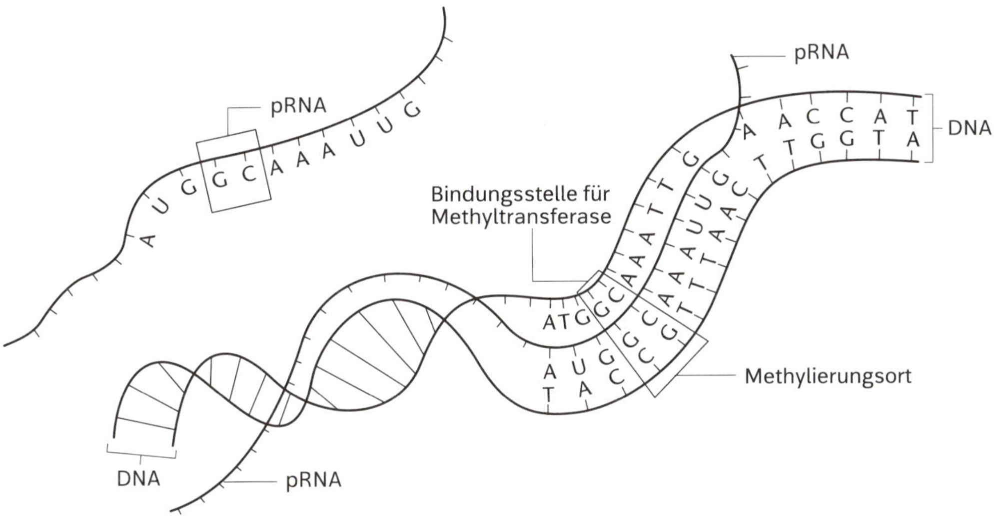

Sobald der „Zopf" bzw. die „Dreifach-Helix" gebildet ist, entsteht eine räumliche Struktur an diesem DNA-Abschnitt, der genau zu einer passenden Stelle des Enzyms Methyltransferase passt, sodass die Methyltransferase die in Nachbarschaft von Guanin befindliche Base Cytosin methylieren kann.

(c) Folgende Fragen können sich bei der Anfertigung der Zeichnung ergeben:

- Wie werden die Nukleotide der verschiedenen Nucleinsäurestränge miteinander verbunden, sodass eine „Dreifach-Helix" entstehen kann?
- Werden die Wasserstoffbrücken zwischen den Basen der beteiligten Stränge nur teilweise zwischen den beiden DNA-Strängen und der pRNA hergestellt?
- Werden die Wasserstoffbrücken abwechselnd zwischen den Basen der beteiligten Nucleinsäurestränge gebildet?
- Gibt es ganz andere, noch nicht erforschte Bindungsmöglichkeiten?
- Entsteht durch die Herstellung einer „Dreifach-Helix" an unterschiedlichen Genorten immer dieselbe passgenaue räumliche Struktur für die Methyltransferase?

Selbstdiagnosebogen

Aufgabe Nr.	Kernkompetenz	AFB	Punkte	erreichte Punkte	Förderung
1	Zellorganellen erkennen und benennen können	I	2		Struktur und Funktion der Zellorganellen (S. 36 f.)
2(a)	Kompartimentierung beschreiben Beschreibung der Proteinbiosynthese bei Eukaryoten	II	4		Bau der tierischen Zelle (S. 36)
2(b)	Funktionsbeziehungen auf der Eben von Organen erläutern	II	2		Proteinbiosynthese (S. 43 ff.)
2(c)	Vergleich der Proteinbiosynthese bei Eukaryoten und Prokaryoten	II	4		
3(a)	Regulation der Genaktivität bei Prokaryoten beschreiben	I	3		Regulation der Genaktivität bei Bakterien (S. 47 f.)
3(b)	naturwissenschaftliche Texte analysieren, Abbildungen deuten	I	4		Methodentraining: Analyse von Texten und Abbildungen (S. 18 ff.)
3(c)	Schlussfolgerungen aus dem molekularen Aufbau der RNA ziehen können	III	4		Bedeutung von Introns und nicht-codogenen Abschnitten der DNA (S. 45)
4(a)	mit Modellen arbeiten Naturwissenschaftliche Texte analysieren und deuten	I	2		Umgang mit Texten (S. 18 f.)
4(b)	biologische Sachverhalte veranschaulichen Struktur-Funktionsbeziehungen auf der Ebene von Molekülen erläutern	II	3		
4(c)	Fragen zu biologischen Sachverhalten entwickeln	III	3		

Gesamtpunkte: 30, davon AFB I: 10 Punkte (33,3 %); AFB II: 13 Punkte (43,3 %); AFB III: 7 Punkte (23,3 %)

Punktesammeltipp

Ein wichtiger Operator in dieser Aufgabe ist das Erläutern. Um Zusammenhänge gegliedert und systematisch darstellen zu können, empfiehlt sich vor der Formulierung des Textes die Aufstellung eines Beziehungsgefüges, mit dem die Reihenfolge und Bedeutung der Zusammenhänge festgelegt werden kann.

Materialgrundlage:

http://www.bio-pro.de/magazin/thema/00151/index.html?lang=de&artikelid=/artikel/05769/index

Aufgabe 2: Glutarazidurie Typ I bei den Amish (nur Leistungsfach)

Molekulare Grundlagen: Enzyme, Proteinbiosynthese und Genwirkketten
Angewandte Genetik: Gensonde als Werkzeug der Gentechnik

Einleitung

Die Glutarazidurie Typ I (GA I) ist eine sehr seltene Stoffwechselerkrankung, die weltweit mit einer Häufigkeit von 1 auf 100 000 Neugeborenen vorkommt. Dagegen leidet eins von 400 Kindern bei den Amish an dieser Erbkrankheit. Die Amish gehören einer Glaubensgemeinschaft an, die heute vornehmlich in den USA und Kanada lebt. Sie sind bekannt dafür, dass sie viele Formen des technischen Fortschritts ablehnen und Neuerungen nur nach sorgfältiger Überlegung akzeptieren. Sie legen großen Wert auf Familie, Gemeinschaft und Abgeschiedenheit von der Außenwelt. Überwiegend stammen sie von Südwestdeutschen oder Deutschschweizern ab und sprechen untereinander meist Pennsylvaniadeutsch.

Aufgabenstellung

1. An Stoffwechselprozessen sind stets Enzyme beteiligt.
   (a) **Beschreiben** Sie den Aufbau und die Funktion eines Enzyms.
   (b) **Erklären** Sie, was man unter der RGT-Regel versteht.
   (c) Möchte man Versuche zur Enzymaktivität machen, ist es von großer Wichtigkeit, dass man steril und unter klar definierten Bedingungen arbeitet. **Begründen** Sie diese Notwendigkeit.
2. **Beschreiben** Sie die Erbkrankheit Glutarazidurie Typ I durch Auswertung der Materialien M1 bis M5 und **begründen** Sie Ihre Schlussfolgerungen. **Benennen** Sie auch den genetischen Defekt.
3. **Ermitteln** Sie mithilfe der Materialien M5 und M6 die Unterschiede im Bau der Glutaryl-CoA-Dehydrogenase von Gesunden und GA I-Patienten.
4. **Erläutern** Sie, wie mithilfe der Amniozentese (Fruchtwasseruntersuchung) und einer Gensonde festgestellt werden kann, ob ein menschlicher Embryo die Krankheit Glutarazidurie Typ I in den ersten Lebensjahren ausbilden oder nicht ausbilden könnte.
5. **Begründen** Sie mithilfe von M1, wie bei einem Neugeborenen die Krankheit Glutarazidurie Typ I biochemisch festgestellt werden könnte.
6. **Beurteilen** Sie die Aufnahme eines Glutarazidurie-Tests in die Testverfahren, die jedes Neugeborene durchlaufen muss (Neugeborenenscreening).
7. **Stellen Sie eine Hypothese auf** für eine Glutarazidurie-Typ I-Therapie.

Material

M1 Ausschnitt aus dem Aminosäurestoffwechsel

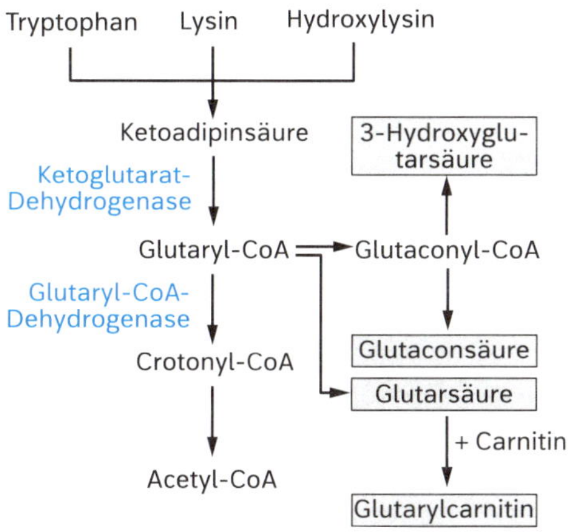

M1 Abbauwege der Aminosäuren Tryptophan, Lysin und Hydroxylysin. Das Abbauprodukt Acetyl-CoA kann z.B. im Citratzyklus weiterverarbeitet werden. Bei Patienten mit GA I kommt es zur Anreicherung von Glutaryl-CoA. Im Urin dieser Kranken findet man vor allem das *harmlose* Glutarylcarnitin, aber auch die *giftigeren* Stoffe Glutarsäure, Glutaconsäure und die *besonders gefährliche* 3-Hydroxyglutarsäure. Hinweis: Enzyme in blauer Schrift

M2 Symptome von GA I-Patienten

Die meisten Patienten mit GA I erleiden in den ersten Lebensjahren eine einzige enzephalopathische Krise. In wenigen Minuten werden dabei bestimmte Neurone im Bewegungszentrum des Gehirns zerstört. Die Folge ist eine äußerst schwere Bewegungsstörung. Die Intelligenz der Kinder dagegen ist weitgehend unbeeinträchtigt. Bleibt die Erkrankung unbehandelt, entwickelt sich in späteren Jahren oft zusätzlich eine geistige Retardierung. Ungefähr 25 Prozent der Patienten erleiden keine enzephalopathischen Krisen, sondern entwickeln schleichend eine Bewegungsstörung unterschiedlichen Ausmaßes.

M3 Strukturelle Ähnlichkeit des Neurotransmitters Glutamat

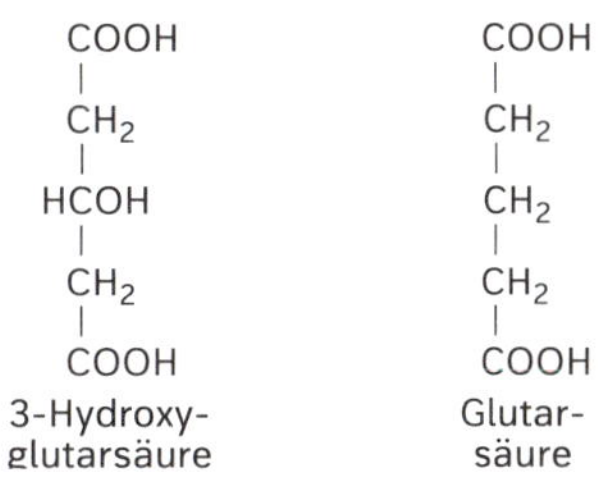

M3 Das Salz der Glutarsäure Glutamat ist ein wichtiger erregender Neurotransmitter im Gehirn. Die Glutarsäure ist der 3-Hydroxyglutarsäure strukturell sehr ähnlich.

M4 Lokalisation des Gens für das Enzym Glutaryl-CoA-Dehydrogenase

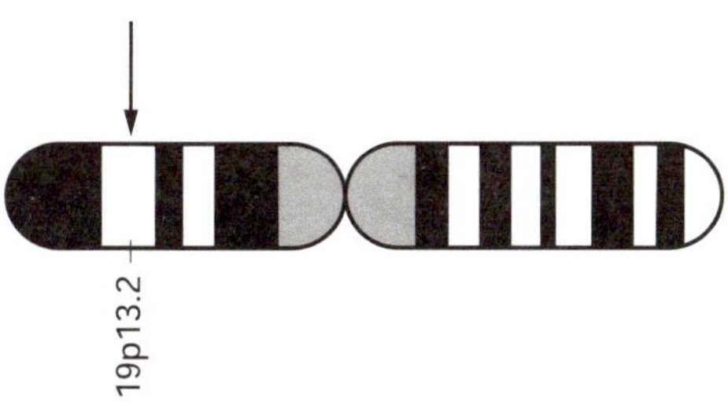

M4 Chromosoms 19 (schematisch): Das Gen für das Enzym Glutaryl-CoA-Dehydrogenase *GCGH* befindet sich auf dem kurzen Arm (p) des Chromosoms 19 an Position 13.2.

M5 Veränderung im *GCGH*-Gen

Das menschliche Glutaryl-CoA-Dehydrogenase-Gen *GCGH* enthält 11 Exons und umfasst 7 kb. Die Exons bestehen aus 438 Basentripletts. Das 421. Basentriplett von GA I-Patienten unterscheidet sich im codogenen Strang von dem der gesunden Menschen:

421. Basentriplett im Matrizenstrang des *GCGH*-Gens	**gesunde Person**	3′ CGT 5′
421. Basentriplett im Matrizenstrang des *GCGH*-Gens	**GA I-Patient**	3′ CAT 5′

M6 Genetischer Code (S. 33)

Benötigte Fachkenntnisse

Grundlagen der Enzymatik, Proteinbiosynthese, Ein-Gen-ein-Enzym-Hypothese, Punktmutation durch Basenaustausch als Form der Genmutation (S. 43 ff.)

Benötigte Methodenkenntnisse

Analyse von Texten und schematischen Zeichnungen, Umgang mit der Codesonne, Grundkenntnis von chemischen Strukturformeln (S. 18 ff.)

Lösungen

1. (a) Enzyme sind Proteine mit katalytischer Wirkung. Sie beschleunigen oder ermöglichen Reaktionen, indem sie die dafür benötigte Aktivierungsenergie herabsetzen. Aufgebaut sind sie aus Aminosäuren, die zunächst zu einer Kette verbunden werden (Primärstruktur). Durch verschiedene Bindungen verdreht (α-Helix) oder faltet (β-Faltblatt) sich die Kette zur Sekundärstruktur. Weitere Bindungen, wie beispielsweise Wasserstoffbrücken oder Disulfidbrücken zwischen den Aminosäuren, führen zu einer verknäulten, dreidimensionalen Form, der Tertiärstruktur. Erst in der Tertiärstruktur ist ein Enzym funktionsfähig. Es verfügt über ein aktives (auch katalytisches) Zentrum, das aufgrund seiner räumlichen Struktur nur zu einem ganz bestimmten Substrat passt („Schlüssel-Schloss-Prinzip"). Enzyme sind daher substratspezifisch. Bindet das passende Substrat im aktiven Zentrum, wird es immer zum gleichen Produkt umgesetzt, Enzyme sind also auch wirkungsspezifisch.

   (b) Die Reaktionsgeschwindigkeit-Temperatur-Regel lautet: Eine Temperaturerhöhung von 10 °C verdoppelt bis verdreifacht die Reaktionsgeschwindigkeit eines Enzyms. Dies gilt aber nur bis zu der Temperatur, bei der das Enzym denaturiert. Erklärung: Die höhere Temperatur führt zu einer schnelleren Bewegung der Moleküle (brownsche Molekularbewegung). Dadurch steigt die Wahrscheinlichkeit, dass ein Enzym und das passende Substrat zufällig zueinander finden, die Reaktionsgeschwindigkeit (katalysierte Substrate pro Zeit) steigt. Wird die Temperatur zu hoch, brechen die Bindungen, die die Tertiärstruktur zusammenhalten auseinander, das Enzym denaturiert und wird funktionslos.

(c) Die Enzymaktivität lässt sich durch verschiedene Faktoren beeinflussen. Neben der in 1 (b) genannten Abhängigkeit von der Temperatur – Enzyme haben teilweise sehr unterschiedliche Temperaturoptima – sind dies die Substratkonzentration, der pH-Wert (jedes Enzym hat ein pH-Optimum) und die Anwesenheit von substratähnlichen Molekülen (kompetitive Hemmung) oder Schwermetallionen (nicht-kompetitive Hemmung). Versuche mit Enzymen enthalten daher oftmals verschiedene Ansätze, in denen jeweils einer dieser Faktoren verändert wird. Dazu bedarf es einer sauberen und klar strukturierten Arbeitsweise.

2. Die Erbkrankheit Glutarazidurie Typ I ist eine Stoffwechselkrankheit, die aufgrund eines Enzymdefekts entsteht. Arbeitet die Glutaryl-CoA-Dehydrogenase nicht mehr, kann Glutaryl-CoA nicht mehr zu Crotonyl-CoA abgebaut werden (M1). Dann reichert sich das Glutaryl-CoA an und wird zu Glutarsäure, 3-Hydroxyglutarsäure und Glutaconsäure umgebaut. Diese Stoffe können den Körper schädigen und werden mit dem Urin ausgeschieden. Die Glutarsäure kann vorher noch zum weniger giftigen Glutarylcarnitin umgewandelt werden. M3 legt nahe, dass die 3-Hydroxyglutarsäure deshalb besonders gefährlich ist, weil sie im Gehirn aufgrund ihrer strukturellen Ähnlichkeit anstelle des Neurotransmitters Glutamat angelagert werden kann. Das kann zu Fehlfunktionen im Gehirn führen (M3). Während einer enzephalopathischen Krise werden in frühen Lebensjahren Neuronen des Bewegungszentrums zerstört, sodass es zu Fehlfunktionen in der Bewegung kommt (M2).
   Die Krankheit ist auf ein defektes Gen zurückzuführen, das auf dem kurzen Arm des Chromosoms 19 liegt (M4). Es ist, die Introns nicht eingerechnet, 438 Basentripletts lang. Das 421. Basentriplett ist gegenüber dem gesunden Gen verändert, im Basentriplett CGT befindet sich an der zweiten Position anstelle von Guanin Adenin (M5). Hier handelt es sich um eine Punktmutation. Als Folge davon wird in dem Enzym Glutaryl-CoA-Dehydrogenase an der 421. Stelle eine falsche Aminosäure eingebaut. Dieser Fehler macht das Enzym unbrauchbar, möglicherweise deshalb, weil das aktive Zentrum von der Mutation betroffen ist.

3. Mithilfe der Code-Sonne kann herausgefunden werden, dass bei der Krankheit als 421. Aminosäure in der Glutaryl-CoA-Dehydrogenase anstelle von Alanin (mRNA 5′ GCA 3′) Valin (mRNA 5′ GUA 3′) eingebaut wird.

4. Wenn die Basensequenz des *GCDH*-Gens bekannt ist, lässt sich dazu eine komplementäre Gensonde, die mit einem Fluoreszenzfarbstoff markiert ist, synthetisieren. Sinnvoll wäre es, den entsprechenden DNA-Abschnitt des Chromosoms 19 mithilfe von Restriktionsenzymen herauszuschneiden und mit der PCR zu vervielfältigen. Oft benötigt man keine Restriktionsenzyme, wenn man geeignete Primer für die PCR zur Verfügung hat. Nach dem Auftrennen der isolierten DNA (durch erhöhte Temperatur) in die Einzelstränge könnte man nun die Gensonde hinzufügen. Nach

dem Abkühlen sind dann DNA-Hybride aus DNA-Fragmenten mit dem *GCDH*-Gen und der Gensonde zu erwarten, allerdings nur dann, wenn alle Basentripletts des *GCDH*-Gens mit der Gensonde übereinstimmen. Findet man also fluoreszierende DNA-Hybride, ist das Kind mit Sicherheit gesund. Für diesen Nachweis lassen sich die Zellen des Embryos aus dem Fruchtwasser der Mutter gewinnen, da der Embryo abgestorbene Hautzellen in das Fruchtwasser abgibt.
Findet man keine entsprechenden DNA-Hybriden, wäre es möglich, dass das Kind die Glutarazidurie in einer enzephalopathischen Krise ausbilden könnte. Allerdings kann die Gensonde auch dann keine DNA-Hybride bilden, wenn nicht das 421. Basentriplett betroffen wäre, sondern ein anderes, das z. B. aufgrund einer folgenlosen stummen Mutation vorliegen könnte.

5. Da kranke Neugeborene einen erhöhten Glutarylcarnitin-Spiegel im Urin aufweisen, könnte man diesen mit geeigneten Reagenzien nachweisen.

6. Beim Neugeborenenscreening werden alle Neugeborenen auf verschiedene genetische Erkrankungen untersucht. Die Aufnahme eines „Windeltests“ auf Glutarazidurie Typ I in das Neugeborenen-Screening ist zu begrüßen, da die Krankheit vor allem in den ersten Lebensjahren in Erscheinung treten kann. Allerdings ist ein Test nur dann sinnvoll, wenn sich das Ausbrechen dieser schweren Krankheit nach der Diagnose verhindern ließe. Aus M2 geht hervor, dass die Erkrankung behandelbar ist, sodass sich auch eine in späteren Jahren zusätzliche geistige Retardierung verhindern lässt. Aber auch diese Tatsache ist für den Gesetzgeber nicht allein maßgeblich, wenn ein solcher Test zusätzlich in einem Screening aufgenommen werden soll. Die Kosten dafür müssen in einem vernünftigen Verhältnis zur Häufigkeit dieser Krankheit stehen. Auch bei hohen Kosten sollten aufgrund der Schwere der Krankheit die Neugeborenen der Amish im Screening auf Glutarazidurie Typ I untersucht werden, da bei ihnen die Krankheit gehäuft auftritt. Sicherlich muss auch dann untersucht werden, wenn in bestimmten Familien die Krankheit schon aufgetreten ist und das Genom der Eltern noch nicht hinsichtlich eines defekten *GCDH*-Gens untersucht wurde. Um im Gesundheitssystem die Kosten nicht zu sehr in die Höhe zu schrauben, wäre es aufgrund des seltenen Auftretens dieser Krankheit volkswirtschaftlich vernünftiger, bei einem Massenscreening auf diesen Test zu verzichten. Solange die Kosten tragfähig sind, sollte man aber nicht darauf verzichten, da den Betroffenen viel Leid erspart würde.

7. Aufgrund der Materialien lassen sich für eine Therapie folgende Hypothesen aufstellen: Da der Abbau von Tryptophan, Lysin und Hydroxylysin bei einem Defekt der Glutaryl-CoA-Dehydrogenase zu einer Erhöhung der Glutaryl-CoA-Konzentration im Körper führt, die für die Krankheit verantwortlich ist, könnte eine Diät, die möglichst wenig Tryptophan, Lysin und Hydroxylysin enthält, und die vor allem in den ersten Lebensjahren eingehalten werden muss, weiterhelfen, sodass es gar nicht erst zu einer enzephalopathischen Krise kommt. Da zur Entgiftung der Glutarsäure Carnitin benötigt wird, könnte man diesen Stoff zuführen, sodass Glutarsäure sofort zu dem weniger giftigen Glutarylcarnitin umgesetzt werden kann. Weil die

Bildung von Glutarsäure aus Glutaryl-CoA und ihre Weiterverarbeitung zu Glutarylcarnitin mit der Synthese der gefährlichen 3-Hydroxyglutarsäure aus Glutaryl-CoA konkurriert, wäre es möglich, durch die Carnitin-Gaben auch die Konzentration von 3-Hydroxyglutarsäure zu senken.
Anmerkung: Diese beiden Maßnahmen reichen, wenn sie in den ersten sechs Lebensjahren beachtet werden, tatsächlich aus, um die Krankheit dauerhaft nicht ausbrechen zu lassen.

Selbstdiagnosebogen

Aufgabe Nr.	Kernkompetenzen	AFB	Punkte	erreicht	Förderung
1(a) 1(b) 1(c)	Struktur und Funktion eines Enzyms Erklärung der RGT-Regel Begründung anhand verschiedener Beeinflussungen der Enzymaktivität	I I II	4 2 2		Enzymatik (S. 40 ff.)
2	Erfassen von Genwirkketten aufgrund eines Diagramms Erfassen der Symptome der Glutarazidurie sowie der Ursachen aufgrund von Textstellen und Abbildungen Analyse und begründete Einordnung der Krankheit in einen größeren Zusammenhang	II I II	3 3 4		Ein-Gen-ein-Enzym-Hypothese; Enzyme, Texterfassung und Umgang mit Diagrammen und Abbildungen (S. 19 ff.), Aufbau der DNA; Mutationstypen und ihre molekularen Grundlagen (S. 46 f.)
3	Umcodierung der DNA in mRNA und in Aminosäuren	II	3		Proteinbiosynthese und Anwendung des genetischen Codes auf Transkription und Translation (S. 43 ff.)
4	Darstellen eines gentechnischen Werkzeugs am Beispiel der Gensonde zur Genanalyse und Interpretationsmöglichkeiten des Ergebnisses	I II	3 3		DNA-Hybridisierung, gentechnische Genomanalysen, z. B. mit Gensonden; genetische Beratung (S. 53 f.)

Aufgabe Nr.	Kernkompetenzen	AFB	Punkte	erreicht	Förderung
5	Ableitung einer Nachweismöglichkeit aufgrund der Analyse unterschiedlichen Aufgabenmaterials	III	2		Diagnose und Therapie von PKU, Umgang mit Diagrammen (S. 19 ff.)
6	Darstellung und Beurteilung von Tests im Massenscreening von Neugeborenen mit eigener Stellungnahme	II III III	3 3 4		Neugeborenenscreening, kriteriengeleitete Beurteilung
7	Aufstellen einer Hypothese zu Therapiemöglichkeiten aufgrund einer Materialanalyse analog zur PKU-Diät aufgrund der Analyse von M1	III III	3 2		Therapie PKU, Umgang mit Abbildungen und Diagrammen (S. 19 ff.)

Gesamtpunkte: 40, davon AFB I: 12 Punkte (30 %); AFB II: 18 Punkte (45 %); AFB III: 10 Punkte (25 %)

Materialgrundlage:

Hoffmann G. f.: Glutarazidurie Typ I. In: Deutsches Ärzteblatt 94, Heft 15, April 1997
Bayrhuber H., Hauber W., U. Kull (Hrsg.): Linder Biologie, Schroedel 2010
http://www.welt.de/reise/article4769200/Amish-People-leben-noch-so-wie-vor-300-Jahren.html
http://www.uni-duesseldorf.de/AWMF/ll/027-018.htm
http://www.ncbi.nlm.nih.gov/

Aufgabe 3: CODIS, das genetische Fingerabdrucksystem des FBI (Basis- und Leistungsfach)

Angewandte Genetik: Werkzeuge und Verfahrensschritte der Gentechnik am Beispiel der PCR und des genetischen Fingerabdrucks

Einleitung

CODIS bedeutet **CO**mbined **D**NA **I**ndex **S**ystem und ist entwickelt worden, um möglichst alle Individuen einer Population unterscheiden zu können.
Basis dafür sind 13 verschiedene DNA-Abschnitte mit Wiederholungseinheiten. Die Molekulargenetiker bezeichnen diese sich wiederholenden DNA-Muster, deren Wiederholungseinheiten eine Länge von 2 bis 7 Basenpaaren haben, als STRs (short tandem repeats). In den untersuchten DNA-Anschnitten enthalten diese STRs etwa 10 – 100 Wiederholungseinheiten. Als VNTRs (variable number of tandem repeats) bezeichnet man DNA-Abschnitte, die eine Länge von insgesamt nur etwa 10–100 bp (Basenpaaren bzw. Nukleotiden) besitzen.
VNTRs und STRs macht man sich in der Forensik bei der Identifikation von Personen zunutze. Sie liegen in bekannten DNA-Abschnitten, die mit Symbolen bezeichnet werden. Ein solcher Abschnitt heißt z. B. D7S280. Er liegt auf dem Chromosom 7. In der Bevölkerung der USA kann er zwischen 310 und 346 Basenpaaren lang sein.

Aufgabenstellung

1. **Untersuchen** Sie die Basensequenz des DNA-Abschnitts D7S280 aufgrund der Abbildung M1:
   (a) **Geben** Sie **an**, um welche Wiederholungseinheit es sich hier handelt und wie oft sie in der Abbildung M1 wiederholt wird.
   (b) **Leiten** Sie aufgrund der Angaben im Text und der Abbildung M1 alle variablen STRs mit der exakten Anzahl ihrer Wiederholungseinheiten im DNA-Abschnitt D7S280 für die amerikanische Bevölkerung **ab**. (Tipp: Ermitteln Sie dazu die Länge des DNA-Abschnitts D7S280, also die Gesamtzahl der Nukleotide, sowie die Anzahl der Repeats in M1. Die unterschiedliche Länge von D7S280 kommt in der Bevölkerung der USA ausschließlich durch eine unterschiedliche Anzahl an Repeats zustande. Rechnen Sie nun mit den Zahlen im letzten Satz der Einleitung.)
2. **Beschreiben** Sie, wie man aufgrund einer DNA-Spur in der Forensik experimentell vorgehen muss, um für eine bestimmte Person die STRs des DNA-Abschnitts D7S280 zu ermitteln, also einen genetischen Fingerabdruck herzustellen. Wählen Sie folgende Methoden:
   (a) PCR,
   (b) Gelelektrophorese. **Zeichnen** Sie das Ergebnis der Gelelektrophorese für den DNA-Abschnitt D7S280 von Peter.

3. **Erläutern** Sie den Rechenweg für die Bestimmung der Wahrscheinlichkeit, einem Menschen zu begegnen, der das gleiche CODIS-STR-Muster aufweist wie Peter (vgl. M1).
4. (a) **Erklären** Sie, welche Schlussfolgerung ein Molekulargenetiker aufgrund des CODIS-STR-Musters bezüglich der Eigenschaften oder der Persönlichkeit der untersuchten Personen ziehen kann.
   (b) **Bewerten** Sie Möglichkeiten und Grenzen dieses gentechnischen Verfahrens in der Kriminalistik.

Material

M1 Nukleotidlänge mit darin enthaltenen Wiederholungseinheiten von D7S280

3'-Ende	1	[AATTTTTGTA	TTTTTTTTAG	AGACGGGGTT	TCACCATGTT
	41	GGTCAGGCTG	ACTATGGAGT	TATTTTAAGG	TTAATATATA
	81	TAAAGGGTAT	GATAGAACAC	TTGTCATAGT	TTAGAACGAA
	121	CTAACGATAG	ATAGATAGAT	AGATAGATAG	ATAGATAGAT
	161	AGATAGATAG	ATAGACAGAT	TGATAGTTTT	TTTTTATCTC
	201	ACTAAATAGT	CTATAGTAAA	CATTTAATTA	CCAATATTTG
	241	GTGCAATTCT	GTCAATGAGG	ATAAATGTGG	AATCGTTATA
	281	ATTCTTAAGA	ATATATATTC	CCTCTGAGTT	TTTGATACCT
	321	CAGATTTTAA	GGCC] 5'-Ende		

M1 Nukleotidsequenz des DNA-Abschnitts D7S280 auf dem Chromosom 7 eines Amerikaners. Die Zahlen am Beginn der Zeile kennzeichnen die Nummer der ersten Base bzw. des ersten Nukleotids des folgenden DNA-Abschnitts. Nach jeder 10. Base wurde zur besseren Übersichtlichkeit eine Lücke gesetzt.

M2 Die CODIS-DNA-Abschnitte

DNA-Abschnitt	D3S1358	vWA	FGA	D8S1179	D21S11	D18S51	D5S818
STR-Muster (Peter)	15, 18	16,16	19, 24	12, 13	29, 31	12, 13	11, 13
Häufigkeit USA	8,2 %	4,4 %	1,7 %	9,9 %	2,3 %	4,3 %	13,0 %

DNA-Abschnitt	D13S317	D7S280	D16S539	THO1	TPOX	CSF1PO
STR-Muster (Peter)	11, 11	10, 10	11, 11	9, 9	8, 8	11, 11
Häufigkeit USA	1,2 %	6,3 %	9,5 %	9,6 %	3,5 %	7,2 %

M2 Alle 13 DNA-Abschnitte, die von CODIS erfasst werden. Darunter ist jeweils eine mögliche STR-Kombination einer bestimmten Person (Peter) angegeben zusammen mit der Häufigkeit, mit der diese bestimmte Kombination in der Bevölkerung der USA auftritt. Peter hat z. B. im DNA-Abschnitt FGA einmal 19 und auf dem anderen homologen Chromosom 24 Tandem-Repeats. Nur 1,7 % der Bevölkerung weisen an diesem FGA-Ort das gleiche STR-Muster von 19/24 auf.

Benötigte Fachkenntnisse

DNA: Aufbau aus Nukleotiden, Informationsgehalt codogener und nichtcodogener Abschnitte (S. 40 ff.)

Benötigte Methodenkenntnisse

Umgang mit Diagrammen (S. 19 ff.)

Lösungen

1. (a) Länge der Wiederholungseinheit: 4 bp aus GATA; GATA tritt 12-mal auf in einem 334 bp langen D7S280 DNA-Abschnitt.
   (b) In einem 310 bp langen D7S280 DNA-Abschnitt 6-mal GATA. In einem 346 bp langen D7S280 DNA-Abschnitt 15-mal GATA. Für die amerikanische Bevölkerung gibt es im DNA-Abschnitt D7S280 variable STR-Muster von 6 bis 15 GATA-Wiederholungseinheiten.

2. (a) Ablauf der PCR: In der Polymerase-Kettenreaktion wird die Replikation der zellulären DNA im Reagenzglas nachgestellt. Zur Replikation muss der Doppelstrang zunächst in seine beiden Einzelstränge getrennt werden. Anschließend kann die DNA-Polymerase jeweils einen Einzelstrang als Matritze nutzen, an die sie Nukleotide in komplementärer Weise zu einem neuen, gegenläufigen Strang zusammenbaut. Dabei gilt, dass die DNA Kettenverlängerung nur über das 3′ Ende der Ribose erfolgt. Nach der semikonservativen Replikation liegt dann ein Doppelstrang aus einem „alten“ und einem neu zusammengesetzten Einzelstrang vor.
   Anders als bei der natürlichen Replikation werden bei der PCR nicht die gesamte DNA der Zelle, sondern nur spezifische Fragmente vermehrt. Die Startpunkte der DNA-Polymerase – und damit die Größe des vermehrten DNA-Fragmentes – wird durch die Wahl von sogenannten Primern bestimmt. Ein Primer ist ein etwa 20 Nukleotide langes DNA-Fragment, welches chemisch synthetisiert werden kann

und an dessen 3′ Ende eine Kettenverlängerung erfolgen kann. Die Primersequenz ist ein kurzes, einzelsträngiges DNA-Stück.
Für eine PCR benötigt man zwei unterschiedliche Primer, von denen einer komplementär zu einer Sequenz auf dem einem Einzelstrang der DNA und der zweite komplementär zu einer Sequenz auf dem gegenläufigen Einzelstrang ist. Die zwischen den Primern liegende Sequenz kann dann in der PCR vermehrt werden. Zu der DNA wird ein Reaktionsansatz gegeben, der aus einem Puffer, DesoxyNukleotiden und aus einer thermostabilen Variante des Enzyms DNA-Polymerase besteht, der Taq-Polymerase (aus dem Bakterium *Thermus aquaticus*).
Die PCR ist eine zyklische Reaktion. Jeder PCR-Zyklus besteht aus drei wesentlichen Schritten:

- Denaturierung: Durch kurzzeitiges Erhitzen der DNA-Lösung auf 95 °C werden die beiden Stränge des DNA-Moleküls getrennt.
- Hybridisierung: Bei 56 °C lagern sich die beiden Primer an die DNA-Stränge an.
- Polymerisierung: Bei 72 °C werden die DNA-Stränge durch die Taq-Polymerase repliziert.

Für die aufeinander folgenden PCR-Zyklen verwendet man einen Thermocycler, in dem die drei Schritte der Reaktion in der Regel etwa 30- bis 35-mal wiederholt werden.
(b) Das Ergebnis der Gelelektrophorese sieht für Peter an der Stelle D7S280 folgendermaßen aus:

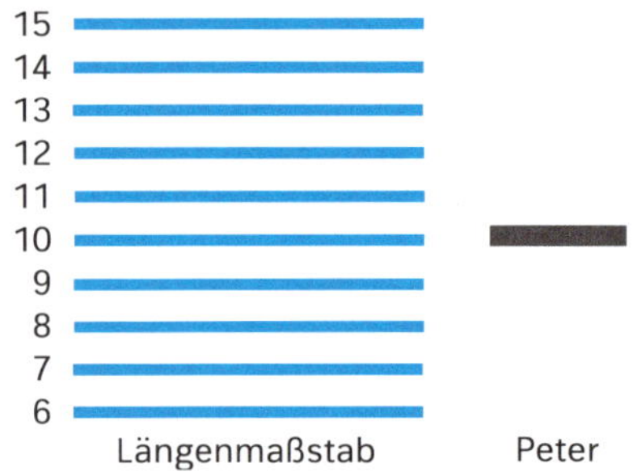

Ergebnis der Gelelektrophorese des DNA-Genabschnitts D7S280 für Peter

Erklärung zur Abbildung: Der Längenmaßstab von 6 bis 15 Wiederholungseinheiten wurde deshalb gewählt, weil im D7S280 DNA-Abschnitt nur diese Möglichkeiten von STRs vorkommen können. In der DNA-Probe von Peter taucht nur eine Bande auf, da gemäß dem STR-Muster von Peter von 10/10 in diesem Bereich jeweils 10 Wiederholungseinheiten auf den homologen Chromosomen liegen.

3. Der Rechenweg für die Bestimmung der Wahrscheinlichkeit, einem Menschen zu begegnen, der das gleiche CODIS-STR-Muster aufweist wie Peter (vgl. M2) besteht in der Multiplikation der Wahrscheinlichkeiten (Prozentangaben): 0,082 x 0,044 x 0,017 x 0,099 x 0,023 usw.

4. (a) Da sich die STRs in nicht codogenen Abschnitten der DNA befinden, enthalten sie keine Information über die Merkmale, auch nicht über die Persönlichkeitsmerkmale eines Individuums. Das Wissen um diese STRs berührt daher keine Persönlichkeitsrechte. Der Einsatz des genetischen Fingerabdrucks dient also lediglich der Identifizierung einer Person und nicht einer Merkmalsbeschreibung.
(b) Da das Verfahren keine Persönlichkeitsrechte verletzt, zudem relativ sicher ist und eine hohe Nachweiswahrscheinlichkeit hat, ist sein Einsatz zu begrüßen.

Selbstdiagnosebogen

Aufgabe Nr.	Kernkompetenz	AFB	Punkte	erreichte Punkte	Förderung
1(a)	Tandem-Repeats der DNA in einer vorgegebenen Basensequenz erkennen	II	2		molekularer Aufbau der DNA, Unterscheidung Exon, Intron, nicht-codogene Abschnitte, Tandem-Repeats (S. 40 ff.)
1(b)	Erfassung der variablen Wiederholungen von Basenfolgen innerhalb eines DNA-Abschnitts	II	4		Berechnung von Basensequenzeinheiten, Dreisatz
2(a)	Beschreibung PCR	I	4		PCR (S. 49 f.)
2(b)	Beschreibung Gelelektrophorese	I	3		Gelelektrophorese
2(c)	Erfassung eines vorgegebenen STR-Musters und Zeichnung des entsprechenden Gelelektrophorogramms	II	4		Auswertung und Zeichnung (S. 50) von Gelelektrophorogrammen/Bedeutung der Banden und des Längenmaßstabs
3	einfache Wahrscheinlichkeitsberechnung	II	2		Wahrscheinlichkeitsrechnung
4(a)	Schlussfolgerungen aus dem molekularen Aufbau der DNA ziehen können.	III	3		Bedeutung von Introns und nicht-codogenen Abschnitten der DNA, Bedeutung des genetischen Fingerabdrucks (S. 53)
4(b)	Urteilsbildung aufgrund der vollständigen Erfassung eines gentechnischen Verfahrens	III	2		

Gesamtpunkte: 24, davon AFB I: 7 Punkte (30 %); AFB II: 12 Punkte (50 %); AFB III: 5 Punkte (20 %)

Materialgrundlage:

Köhnemann S.: Einsatz spurenkundlicher und molekulargenetischer Untersuchungen in der Rechtsmedizin. Institut für Rechtsmedizin, Universitätsklinikum Münster 2009
http://campus.uni-muenster.de/fileadmin/einrichtung/rechtsmedizin/medizin/molekulargenetik.PDF
http://www.fbi.gov/about-us/lab/codis
http://www.biology.arizona.edu/human_bio/activities/blackett2/str_description.html

Aufgabe 4: Schmerzen (Basis- und Leistungsfach)

Molekulare und cytologische Grundlagen: Erregungsentstehung, Erregungsleitung, Synapsenvorgänge

Einleitung

Jeder dritte Europäer leidet einmal pro Woche unter Schmerzen, mancher vor allem an chronischen, also dauerhaften Schmerzen. Schmerzforscher suchen nach Lösungen, um nicht nur akute, sondern gerade auch chronische Schmerzen nachhaltig zu lindern.

Aufgabenstellung

1. **Erläutern** Sie die Entstehung von Schmerzen:
   (a) **Stellen** Sie allgemein **dar**, wie eine Sinneszelle durch einen Reiz erregt werden kann und **erläutern** Sie, in welcher Form und unter welchen Bedingungen die Erregung weitergeleitet wird.
   (b) **Stellen** Sie eine **Hypothese auf** über die Entstehung von Schmerzerregungen in den freien Nervenzellen (M1) und ihre Modulation durch Prostaglandine (M5).
2. **Erläutern** Sie die Erregungsleitung:
   (a) **Erläutern** Sie, wie eine Erregung über ein Axon geleitet wird. **Vergleichen** Sie dazu die kontinuierliche mit der saltatorischen Erregungsleitung.
   (b) **Begründen** Sie, welcher der beiden Fasertypen des Schmerz wahrnehmenden Systems (M2) den ersten und welcher den zweiten Schmerz von der Hand zum ZNS leitet.
3. **Erläutern** Sie mithilfe von M3 die Weitergabe der Schmerzerregung an die Neuronen der Schmerzbahn im Hinterhorn des Rückenmarks.
4. **Beschreiben** Sie Veränderungen der synaptischen Verschaltung (M4) der Schmerzbahn im Hinterhorn des Rückenmarks bei chronischen Schmerzen, und **entwickeln** Sie eine **Hypothese** über den Mechanismus des Schmerzgedächtnisses.
5. (a) **Erklären** Sie die schmerzlindernde Wirkung von Aspirin.
   (b) **Begründen** Sie, warum eine fortgesetzte Einnahme von Aspirin die Magenwände angreifen kann.

Material

M1 Nozizeptoren

Die freien Nervenendigungen der Schmerzfasern reichen bis in die Oberhaut. Sie werden als Schmerzrezeptoren oder Nozizeptoren bezeichnet. Ihre Membranen enthalten Rezeptoren, die z. B. auf Serotonin oder auf Acetylcholin ansprechen. Bei Verwundungen der Haut wird Serotonin von den Blutplättchen an der verletzten

Stelle freigesetzt und verengt dort kleine Blutgefäße, sodass die Wunde schneller geschlossen wird. Serotonin ist zugleich auch ein Neurotransmitter, der ähnlich wie z. B. Acetylcholin in chemischen Synapsen für die Erregungsübertragung von einem Neuron auf das nächste Neuron als Botenstoff wirkt.

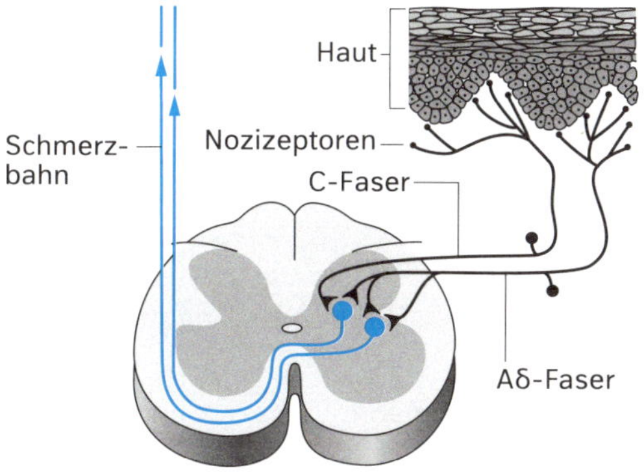

M1 Nozizeptoren der C- Fasern und Aδ-Fasern sind die reizaufnehmenden Strukturen der Schmerzbahn

M2 Zwei Arten von Schmerzfasern

Beim Öffnen einer Konservendose kann es vorkommen, dass man sich an der scharfen Kante des Dosendeckels schneidet. Ein erster stechend brennender Schmerz zeigt die Verletzung an. Die Wunde wird versorgt und ein Pflaster verhindert die Blutung. Erst jetzt setzen je nach Schwere der Verletzung bohrende dumpfe Schmerzen ein. Dafür macht man zwei Arten von Schmerzfasern des Schmerz wahrnehmenden Systems verantwortlich: Aδ-Fasern sind relativ dicke Axone (ca 3 – 5 µm), die von einer Myelinscheide umhüllt sind. C-Fasern sind dünn (ca 1 µm) und nicht von einer Myelinscheide umhüllt.

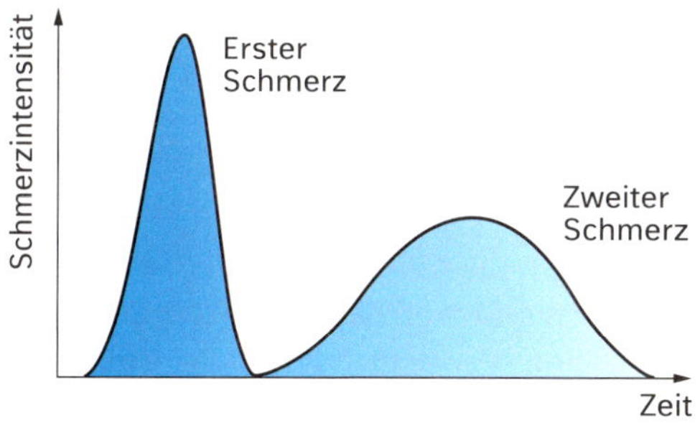

M2 a zeitlicher Verlauf unterschiedlicher Schmerzwahrnehmungen nach einer Verletzung

M3 Synaptische Verschaltung der Schmerzbahn im Rückenmark

Über Synapsen im Hinterhorn des Rückenmarks werden akute Schmerzerregungen an das Gehirn weitergeleitet.

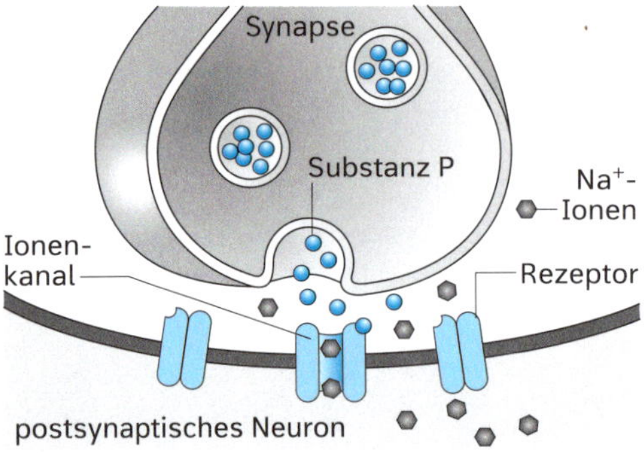

M3 Synapse aus der Schmerzbahn im Hinterhorn des Rückenmarks.

M4 Veränderungen chemischer Synapsen der Schmerzbahn im Hinterhorn des Rückenmarks

Durch lang anhaltende oder besonders starke Schmerzreize werden die Neuronen im Hinterhorn des Rückenmarks verändert. Die dadurch hervorgerufenen physiologischen Veränderungen bezeichnet man als Schmerzgedächtnis.

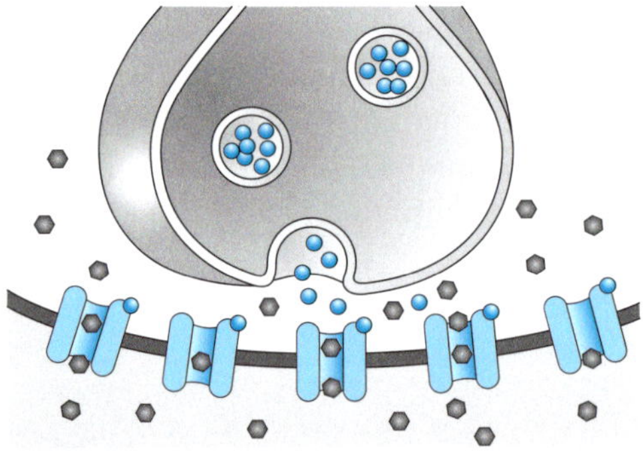

M4 veränderte Synapse aus der Schmerzbahn im Hinterhorn des Rückenmarks

M5 Prostaglandine und Acetylsalicylsäure

Prostaglandine werden von zwei Enzymen in unterschiedlichen Geweben synthetisiert, sie heißen Cyclooxygenase-1 (COX-1) und Cyclooxygenase-2 (COX-2). Während COX-1 in den blutgerinnungsauslösenden Blutplättchen (Thrombozyten) vorkommt, wird COX-2 in entzündeten oder verletzten Geweben synthetisiert. Die Prostaglandine aktivieren bei Verletzungen der Haut die Thrombozytenaggregation und fördern somit den Wundverschluss. Sie fördern allerdings auch Entzündungsreaktionen und senken dabei gleichzeitig den Schwellenwert in den Schmerzrezeptoren. Zudem hemmen sie die Sekretion von Magensaft.

Acetylsalicylsäure (ASS) ist ein Schmerzmittel, das erstmals 1897 in reiner Form hergestellt wurde. Es ist in Tablettenform unter dem Namen Aspirin bekannt. Acetylsalicylsäure hemmt die Enzyme COX-1 und COX-2, indem sie in der Aminosäurekette der Enzyme kurz vor dem aktiven Zentrum einen Acetylrest auf die Aminosäure Serin überträgt.

Benötigte Fachkenntnisse

Umwandlung von Reiz in Erregung, Weiterleitung der Erregung in Form von Aktionspotenzialen, saltatorische Erregungsleitung, Vorgänge an Synapsen (S. 56 ff.), Enzyme und ihre Wirkung, Enzymhemmung (S. 41 ff.)

Benötigte Methodenkenntnisse

Analyse von Diagrammen und schematischen Zeichnungen (S. 19 ff.)

Lösungen

1. (a) Die Membran einer freien Nervenendigung oder auch die einer Sinneszelle mit ihren Rezeptoren vermag einen adäquaten Reiz aufzunehmen. Dabei wird ein bestimmter Reiz in Erregung umgewandelt, d. h., dass aufgrund des ankommenden Reizes die Membran für Kationen (meist Na^+-Ionen) durchlässig wird, die folglich in die Zelle diffundieren. Auf diese Weise wird die Membran depolarisiert. Das Ruhepotenzial der Zelle wird herabgesetzt. Dies bezeichnet man als Generator- oder auch als Rezeptorpotenzial. Die Höhe der Potenzialänderung entspricht dabei der Größe des ankommenden Reizes. Ob diese durch den Reiz hervorgerufene Erregung zum Gehirn weitergeleitet wird, hängt davon ab, ob ein sogenannter Schwellenwert erreicht wird. Ist dies der Fall, wird die Erregung in Form von Aktionspotenzialen (APs) weitergeleitet. Die Anzahl der Aktionspotenziale pro Zeiteinheit entspricht dabei der Höhe des Generatorpotenzials und die Dauer der AP-Frequenz der Dauer des Reizes. Die APs folgen dem Alles-oder-Nichts-Gesetz, d. h. ihre Höhe ist immer gleich groß.
   (b) Serotonin wird an den verletzten Stellen der Haut freigegeben. Es stellt somit den Schmerzreiz dar. Die freien Nervenendigungen enthalten vermutlich Serotoninrezeptoren. Werden diese von Serotonin besetzt, öffnen sich Na^+-Kanäle, sodass es zu einem Rezeptorpotenzial kommt. Je nach Anzahl der andockenden Serotoninmoleküle ist dieses lokale Potenzial von unterschiedlicher Stärke. Erreicht es den Schwellenwert, werden in der Nervenzelle Aktionspotenziale ausgelöst, die als Signale zum Gehirn geleitet werden und dort im Schmerzzentrum die Schmerzempfindung hervorrufen. Prostaglandine können den Schwellenwert herabsetzen, sodass die Anzahl der Aktionspotenziale und somit auch die Schmerzwahrnehmung durch ihre Zugabe erhöht wird.

2. (a) In Axonen von Nervenzellen wird die Erregung in Form von Aktionspotenzialen weitergeleitet. Je nachdem, ob das Axon myelinisiert, das heißt von SCHWANNschen Zellen umgeben ist oder nicht, unterscheidet man zwei verschiedene Arten der Weiterleitung: Bei marklosen Nervenfasern, das heißt bei fehlender Myelinisierung, wird das AP über das Axon von Abschnitt zu Abschnitt übertragen, indem der vorhergehende Abschnitt ein Aktionspotenzial an dem benachbarten, noch nicht erregten Abschnitt auslöst. Der vorhergehende Abschnitt ist dann bereits in der Repolarisationsphase, während am benachbarten eine Potenzialänderung ausgelöst werden kann, sodass dann dort ein Aktionspotenzial erfolgt. Diese Form der Weiterleitung ist relativ langsam. Die Leitungsgeschwindigkeit kann durch eine Verdickung des Axons vergrößert werden.
   Bei Axonen, die von einer Myelinscheide umhüllt sind, findet die saltatorische Erregungsleitung statt. Die Myelinscheide wird von SCHWANNschen Zellen gebildet und ist deshalb im Abstand von 0,2 mm bis 1,5 mm unterbrochen. Diese Unterbrechungen heißen RANVIERsche Schnürringe. Die zur Erzeugung des Aktionspotenzials nötigen spannungsabhängigen Na^+-Kanäle befinden sich nur an den RANVIERschen Schnürringen. Ein Aktionspotenzial, das an einem Schnürring entsteht, löst ein nächstes AP erst am nächsten Schnürring aus. Da die Aktionspotenziale nicht kontinuierlich an der Membran entlang laufen wie bei marklosen Fasern, sondern sozusagen von Schnürring zu Schnürring springen, nennt man dies eine saltatorische Erregungsleitung. Diese ist viel schneller und verbraucht weniger Energie als die kontinuierliche Form.
   (b) Da die Aδ-Fasern relativ dicke Axone und von einer Myelinscheide umhüllt sind, leiten sie schneller als die dünnen marklosen C-Fasern. Der erste stechend brennende Schmerz kommt also durch die Erregung der Aδ-Fasern, der zweite dumpfe Schmerz durch die Erregung der C-Fasern.

3. An der Synapse im Hinterhorn des Rückenmarks laufen Aktionspotenziale ein, die die Ca^{2+}-Ionenkanäle im synaptischen Endknöpfchen des Axons der sensorischen Nervenzelle öffnen, sodass Calciumionen in das Endknöpfchen einströmen. Dies bewirkt die Verschmelzung der mit der Substanz P gefüllten synaptischen Bläschen mit der präsynaptischen Membran und folglich eine Transmitterausschüttung der Schmerzsubstanz P. Die Substanz P diffundiert durch den synaptischen Spalt und verbindet sich mit den Rezeptoren der postsynaptischen Membran, sodass sich dort Na^+-Ionenkanäle öffnen und Natriumionen in die postsynaptische Nervenzelle gelangen. Dadurch wird ein EPSP (exzitatorisches postsynaptisches Potenzial) an der postsynaptischen Membran ausgelöst. Diese postsynaptische Erregung wird unter Abschwächung (Dekrement) weitergeleitet. Erreicht sie am Axonhügel den Schwellenwert, entstehen dort wieder Aktionspotenziale, die über das Axon des Neurons weitergeleitet werden.

4. Lang anhaltende oder besonders starke Schmerzreize bewirken an der Synapse des Hinterhorns eine Vermehrung von postsynaptischen Rezeptoren für die Substanz P. Dadurch können die Moleküle der Substanz P bei ihrer Ausschüttung in den synaptischen Spalt gleichzeitig an mehr Rezeptoren andocken als es ohne anhaltende

Schmerzen der Fall wäre. Die Folge sind stärkere postsynaptische Potenziale, die stärkere und länger andauernde Schmerzen nach sich ziehen. Das bedeutet eine größere Sensibilität der Schmerzbahn für ankommende Erregungen. Man spricht hier vom Schmerzgedächtnis.

5. (a) Die Wirkungsweise von ASS bzw. Aspirin beruht darauf, dass es die Enzyme Cyclooxygenase-1 (COX-1) und Cyclooxygenase-2 (COX-2) hemmt, die für die Produktion von Prostaglandinen zuständig sind. Prostaglandine senken die Reizschwelle der Schmerzrezeptoren bei Verletzungen und Entzündungen; dementsprechend steigt mit hoher Prostaglandinkonzentration auch die Schmerzempfindlichkeit eines Gewebes, das sich an und um eine Verletzung befindet. Diese Konzentration ist bei Entzündungen besonders hoch, da die COX-2-Synthese und damit die Produktion von Prostaglandinen durch Entzündungen und Verletzungen ausgelöst wird. Aufgrund der Enzymhemmung wirkt Aspirin daher nicht nur schmerz-, sondern auch entzündungshemmend.
   Aspirin verändert das aktive Zentrum der Enzyme, sodass diese die erforderlichen Substrate für die Synthese von Prostaglandinen nicht mehr anlagern und somit nicht mehr umsetzen können.
   (b) Weil Prostaglandine zudem die Sekretion von Magensäuren hemmen, ist bei längerer oder höherer Dosierung von ASS auch eine Beeinträchtigung des Magens möglich, da ohne Prostaglandine zu viel Magensaft gebildet wird.

Selbstdiagnosebogen

Aufgabe Nr.	Kernkompetenzen	AFB	Punkte	erreicht	Förderung
1(a)	Beschreibung, wie ein Reiz in Erregung umgewandelt wird	I	4		Generator-, Rezeptorpotenzial, Umcodierung Reiz in Erregung Analogisieren üben, z. B. Schmerzsubstanz-Reiz (S. 55 ff.)
1(b)	Ableitung einer Hypothese aus den vorgelegten Materialien	III	5		
2(a)	Beschreibung der kontinuierlichen und saltatorischen Erregungsleitung am Axon	I	4		Aktionspotenzial, kontinuierliche und saltatorische Erregungsleitung (S. 57)
2(b)	Analyse von M1 und M2 sowie begründete Erklärung der unterschiedlichen Funktionen der beiden Schmerzfasern	II	2		Texterfassung und Umgang mit Diagrammen und Abbildungen (S. 19), Verknüpfung bekannten Wissens mit neuen Sachverhalten

Aufgabe Nr.	Kernkompetenzen	AFB	Punkte	erreicht	Förderung
3	Beschreibung der synaptischen Vorgänge und Erklären der Übertragung von Schmerzerregungen im Hinterhorn des Rückenmarks	II	4		anhand der Abbildung einer Synapse die einzelnen Schritte der Erregungsübertragung erklären (S. 58 ff.)
4	Beschreibung von synaptischen Veränderungen aufgrund M4 Erläuterung der direkten Folgen und der weitreichenden Folgen dieser Veränderung als Schmerzgedächtnis	II	4		Umgang mit Abbildungen, Vergleich von Abbildungen (S. 24 f.) Verknüpfung bekannten Wissens mit neuen Sachverhalten: Aufgaben zur Synapse
5(a) 5(b)	Erklärung der komplexen Wirkungsweise von Aspirin durch Ableitung aus verschiedenen Sachtexten Erfassen einer Nebenwirkung von Aspirin	II III	4 3		Bedeutung und Wirkungsweise von Enzymen, Enzymhemmung und ihre Folgen (S. 41 f.)

Gesamtpunkte: 30, davon AFB I: 8 Punkte (26,7 %); AFB II: 14 Punkte (46,7 %); AFB III: 8 Punkte (26,7 %)

Materialgrundlage:

Campbell N. A., Reece J. B.: Biologie. Spektrum Akademischer Verlag Heidelberg 2003
Feldermann D.: Was schmerzt denn da? In: LINDER Biologie. Neurobiologie. Sekundarstufe 2. Abitur- und Klausurtrainer. CD-ROM. Schroedel 2009
Hedewig R.: Die Haut – ein vielseitiges Organ. In: Unterricht Biologie, (1989) 142, S. 4 – 13
http://www.sinnesphysiologie.de/hvsinne/schmerz/schmerzin.htm

Aufgabe 5: Signaltransduktion beim Riechen und bei der Cholera – ein Vergleich auf molekularer Ebene (nur Leistungsfach)

Erregungsentstehung, Signalwirkketten, Transportprozesse

Einleitung

Die Adenylatcyclase ist ein Enzym, das bereits in einzelligen Lebewesen wie z. B. *Paramecium* vorkommt und eine zentrale Rolle bei der Signaltransduktion eukaryotischer Zellen spielt. Es gibt viele verschiedene Adenylatcyclasen. Allen ist gemein, dass sie Adenosintriphosphat (ATP) in cyklisches Adenosinmonophosphat (cAMP) umwandeln. Das cAMP ist ein Botenstoffmolekül und setzt in der Zelle zahlreiche Prozesse in Gang. Einige prokaryotische Krankheitserreger nutzen Adenylatcyclasen als Ausgangspunkt ihrer pathologischen Wirkung. So wird zum Beispiel die Cholera auf zellulärer Ebene indirekt durch eine übermäßige Aktivierung von Adenylatcyclasen in Darmepithelzellen ausgelöst. Körpereigene und künstliche Opiate deaktivieren Adenylatclasen in Neuronen der Schmerzbahn und unterdrücken so eine Weiterleitung des Schmerzsignals. Auch an der Depolarisation von Riechsinneszellen sind Adenylatcyclasen beteiligt.

Aufgabenstellung

1. **Fassen** Sie mithilfe von M1 die neurophysiologischen Vorgänge, die zur Erregungsbildung an Riechsinneszellen führen, **zusammen** und **entwickeln** Sie eine **Hypothese** wie es zur Depolarisation der Riechsinneszelle kommt.
2. **Beschreiben** Sie die Konzentrationsänderungen verschiedener Ionen im Darmlumen eines mit dem Cholera-Erreger infizierten Menschen (M3).
3. **Erläutern** Sie mithilfe von M3 und M4 die physiologischen Vorgänge, die nach der Infektion mit dem Cholera-Erreger im Darmlumen infizierter Personen ablaufen und erklären Sie die in M2 beschriebenen medizinischen Befunde eines an der Cholera erkrankten Menschen.
4. **Vergleichen** Sie die Wirkung der Adenylatcyclase bei der Depolarisation von Riechzellen mit der Wirkung bei den physiologischen Vorgängen in Darmepithelzellen mit dem Cholera-Erreger infizierter Menschen.

Material

M1 Schema Signaltransduktion in Riechsinneszellen

M1 stellt schematisch die Signaltransduktion bei Riechsinneszellen dar. Duftmoleküle erreichen die Riechschleimhaut (Regio olfactoria) über die beiden Nasenhöhlen. Beim

Menschen ist die Regio olfactoria ungefähr so groß wie eine Euromünze und beheimatet etwa 20 Millionen Sinneszellen, welche auf die Wahrnehmung von Duftmolekülen in der Luft spezialisiert sind. Eine Sinneszelle besitzt in der Membran der Außenseite etwa 20 bis 30 Cilien, die in den Schleim der Regio olfactoria hineinreichen und mit den Duftmolekülen in Kontakt kommen. Die Axone der Riechsinneszellen leiten die Erregung der Sinneszellen direkt zum Riechhirn weiter. Der Riechsinn ist damit der einzige Sinn, der seine Impulse direkt und ungefiltert an das Gehirn leitet. Er besitzt auch eine direkte Verbindung zum limbischen System, einer entwicklungsgeschichtlich sehr alten Region des Gehirns, der unter anderem eine zentrale Rolle bei der Entstehung von Emotionen zugesprochen wird.

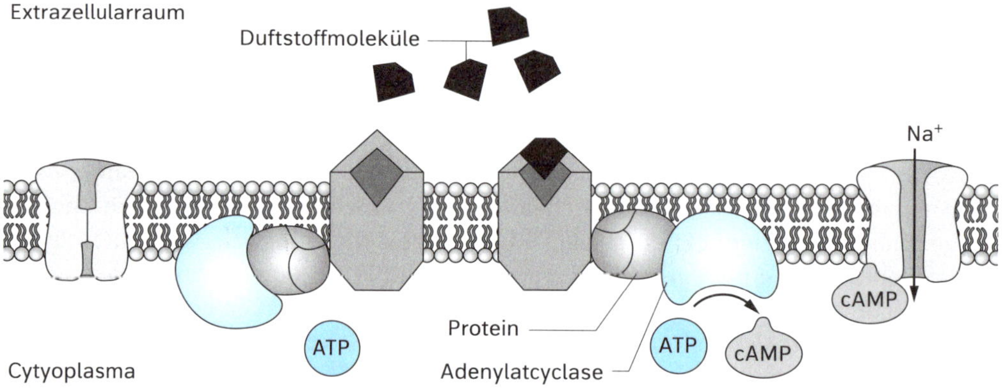

M1 Signaltransduktion in Riechsinneszellen

In den Zellwänden der Cilien der Riechsinneszellen sind zahlreiche Rezeptoren verankert, die nach dem Kotakt mit dem passenden Duftmolekül eine Signalkaskade in Gang setzen an. Dabei reicht ein einziges Duftmolekül aus, um die Bildung von 2000 cAMP-Molekülen zu induzieren. Wissenschaftler haben bisher Gene für 350 verschiedene Riechrezeptoren identifiziert.

M2 Basisinformationen über den Cholera-Erreger

Das Cholera-Bakterium *Vibrio cholerae* wird häufig über verunreinigtes Trinkwasser aufgenommen. Es produziert einen Giftstoff (Choleratoxin), welches in die Zellen des Darmepithels eindringt. Etwa zwei bis drei Tage nach der Infektion mit dem Bakterium kommt es zu sehr plötzlich auftretenden Durchfällen (Diarrhoe). Pro Tag können Patienten – je nach Schwere der Erkrankung – bis zu 25 l Flüssigkeit verlieren. Charakteristisch für die Cholera ist neben der starken Diarrhö ein trüber („reiswasserfarbener") flüssiger Stuhl mit einer erhöhten Konzentration verschiedener Ionen.

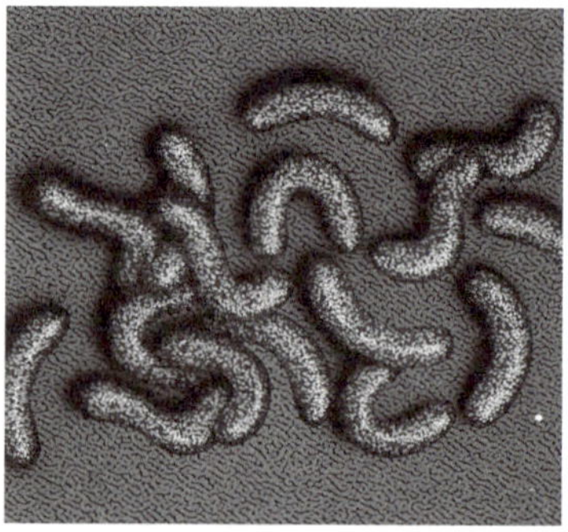

M2 Cholera-Bakterium in 10 000-facher Vergrößerung

M3 Veränderung der Ionenkonzentration im Darm infizierter Personen

M3 zeigt die Veränderung der Ionenkonzentration im Darmlumen infizierter Personen, wobei der Verlauf der Krankheit sehr unterschiedlich sein kann und vom gesundheitlichen Zustand der infizierten Person abhängt. Die Werte sind Durchschnittswerte.

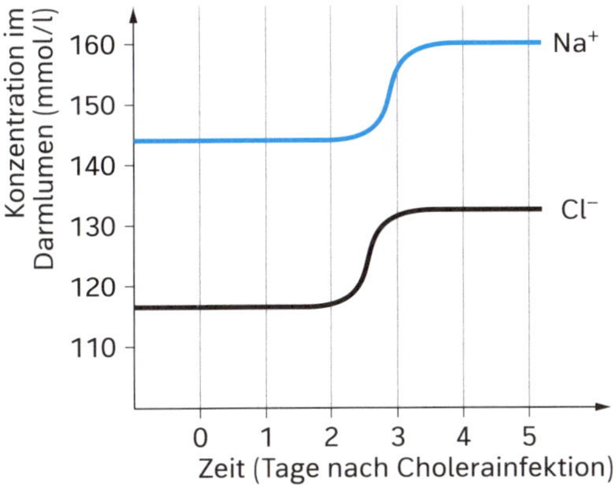

M3 Konzentrationsänderungen von Cl^-- und Na^+-Ionen im Darmlumen infizierter Personen

M4 Die Wirkung des Choleratoxins

Die folgende Abbildung stellt die Wirkung des Choleratoxins in den Zellen des Darmepithels schematisch dar.

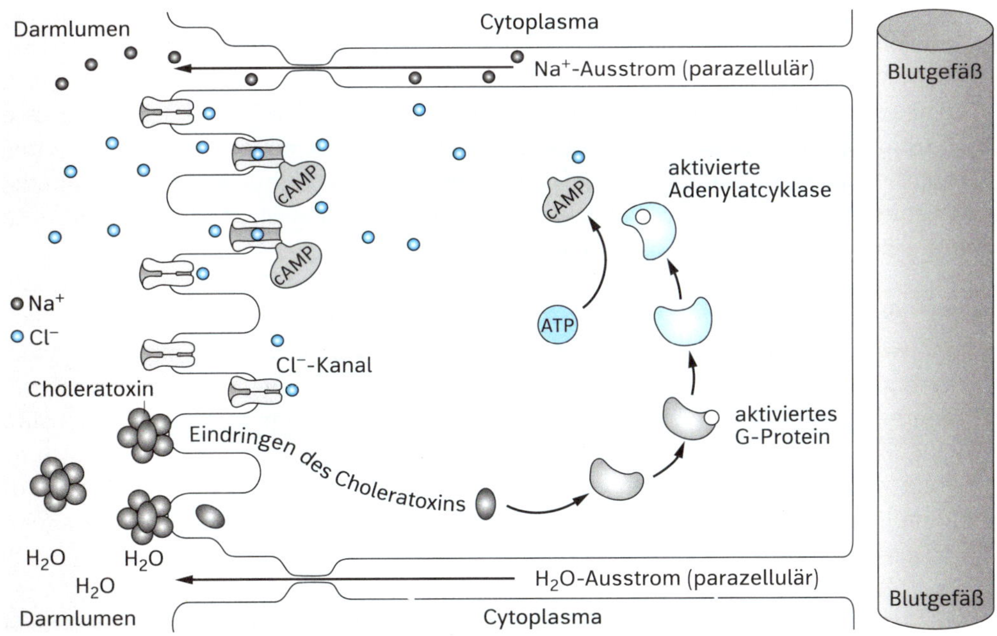

M4 Schema der Wirkung des Choleratoxins in den Epithelzellen des Darmlumens

Benötigte Fachkenntnisse

Signalentstehung und Signalweiterleitung, Signalwirkketten, Transportprozesse durch Biomembranen, Diffusion und Osmose (S. 38 f.)

Benötigte Methodenkenntnisse

Beschreiben, Erklären und Vergleichen biologischer Phänomene, Umgang mit komplexen Modellen (S. 29), Hypothesen bilden und überprüfen (S. 28 f.)

Lösungen

1. Duftmoleküle in der Luft erreichen über die Nasenhöhlen die Riechschleimhaut. Dort treffen sie auf Rezeptoren in den Zellmembranen der Cilien der Riechsinneszellen. Trifft ein passendes Duftmolekül auf einen Rezeptor, beginnt eine G-Protein vermittelte Signalkaskade, an deren Ende ein starker Anstieg der intrazellulären cAMP-Konzentration steht. Dabei wird zunächst über den Kontakt des Duftmoleküls mit dem Rezeptor ein G-Protein aktiviert, welches wiederum die Adenylatcyclase aktiviert. Die aktivierte Adenylatcyclase wandelt ATP in cAMP um. Ein Duftmolekül reicht aus, um die Umwandlung von 2000 ATP-Molekülen in cAMP-Moleküle zu induzieren. Die cAMP-Moleküle docken an Natriumionen-Kanäle an. Dadurch werden selektiv Natriumionen-Kanäle geöffnet und Natriumionen strömen in die Zelle ein. Durch die enorme Verstärkung des Signals (um den Faktor 2000) wird ein schneller Anstieg der intrazellulären cAMP-Konzentration erreicht, der wiederum zu einer schnellen Öffnung sehr vieler Natriumionen-Kanäle führt. Positiv geladene Natriumionen können schnell in die Zelle einströmen und die Zelle depolarisieren. Diese Depolarisation löst in den Riechsinneszellen ein Aktionspotenzial aus, welches über die Axone der Riechsinneszellen direkt zum Gehirn weitergeleitet wird und einen Sinneseindruck hervorruft.

2. M3 zeigt die Konzentrationsänderung von Chlorid- und Natriumionen im Darmlumen während einer Cholerainfektion. Zwei Tage nach der Infektion mit dem Choleraerreger steigt zunächst die Chloridionen-Konzentration im Darmlumen stark an. Innerhalb eines Tages erreicht sie einen Wert von ca. 130 mmol/l im Vergleich zum Ausgangswert von 117 mmol/l. Zeitlich etwas verzögert steigt auch die Natriumionen-Konzentration im Darmlumen von ca. 144 mmol/l auf ca. 158 mmol/l an. In den folgenden Tagen bleiben die Konzentrationen von Chlorid- und Natriumionen im Darmlumen konstant auf einem hohen Niveau.

3. M3 stellt die Wirkungsweise des Choleratoxins schematisch dar. Das Choleratoxin dockt an der Zellwand der Darmepithelzellen an. Ein Teil des Choleratoxins dringt in die Zelle ein. Im Cytoplasma aktiviert dieser Teil des Choleratoxins ein G-Protein. Das aktivierte G-Protein wiederum aktiviert die Adenylatcyclase, die ATP zu cAMP umwandelt. Das Signal wird durch diese Signalkette verstärkt. Die hohe intrazel-

luläre cAMP-Konzentration führt dazu, dass selektiv durch das Andocken eines cAMP-Moleküls Chloridionen-Kanäle geöffnet werden (M4 Schema der Wirkung des Choleratoxins in den Epithelzellen des Darmlumens). Durch die geöffneten Chloridionen-Kanäle strömen negativ geladene Chloridionen in das Darmlumen. Dadurch liegt im Darmlumen ein Überschuss an negativ geladenen Teilchen vor. Dies führt zur Erhöhung des osmotischen Gradienten. Natriumionen diffundieren entlang dieses Gradienten parazellulär nach. Natrium- und Chloridionen sind osmotisch stark wirksam, sodass Wasser parazellulär (und transzellulär) nachströmt. Dadurch kommt der enorme Flüssigkeitsverlust von bis zu 25 l pro Tag zustande.
Die Inkubationszeit bei einer Infektion mit dem Choleraerreger beträgt ca. zwei Tage (M2). Die beschriebene Wirkungsweise des Choleratoxins erklärt auch den zeitlichen Ablauf der Ionenkonzentrationsänderung im Darmlumen betroffener Personen (M3). So lässt sich die im Stuhl nachweisbare erhöhte Ionenkonzentration erklären (M2), die die Diarrhoe zur Folge hat.

4. Sowohl bei der Signaltransduktion des Riechens als auch bei der Umkehr des osmotischen Gradienten in Darmepithelzellen mit dem Cholera-Erreger infizierter Menschen kommt der Adenylatcyclase eine Schlüsselrolle zu. Entscheidend ist in beiden Fällen der Anstieg des intrazellulären cAMP-Spiegels. Bei der Cholera führt dieser Anstieg zur Öffnung cAMP-sensitiver Chloridkanäle, sodass Chloridionen entlang ihres elektrochemischen Gradienten aus den Zellen in das Darmlumen strömen. Infolge dessen wird das osmotische Potenzial umgekehrt und Wasser strömt aus den Zellen und parazellulär ins Darmlumen. Bei der Signaltransduktion der Riechsinneszellen bewirkt ein hoher intrazellulärer cAMP-Spiegel eine Öffnung cAMP-sensitiver Natriumionen-Kanäle. Durch den Natriumeinstrom wird eine Depolarisation ausgelöst, die zu einem Aktionspotenzial führt. Die Erregung wird an das Gehirn weitergeleitet. Die Erhöhung der intrazellulären cAMP-Konzentration führt in beiden Fällen zu entscheidenden molekularen Veränderungen in Zellen. Die Adenylatcyclase spielt eine entscheidende Rolle bei der Weiterleitung und Verstärkung von Signalen und ist daher ein wichtiges Element zellulärer Signalwirkketten.

Selbstdiagnosebogen

Aufgabe Nr.	Kernkompetenzen	AFB	Punkte	erreicht	Förderung
1	Beschreibung der Signaltransduktion bei Riechsinneszellen unter Berücksichtigung der Fachsprache Hypothesenbildung über die Depolarisation der Riechsinneszelle	I II	6 4		Signalwirkketten und differenziertes Beschreiben von Schemata Erregungsbildung und Hypothesenbildung (S. 28 f.)
2	differenzierte Beschreibung der Abbildung in M2	I	3		Methodenschwerpunkt: Beschreiben von Tabellen und Grafiken (S. 19 ff.)
3	differenzierte Beschreibung der physiologischen Vorgänge bei einer Cholerainfektion unter Berücksichtigung der Fachsprache mithilfe eines Wirkschemas Erläuterung physiologischer Zusammenhänge der Cholerainfektion	II II	6 4		genaue Beschreibung verschiedener biologischer Zusammenhänge auf Basis von Tabellen, Diagrammen und Grafiken (S. 19 ff.) Erläuterung komplexer Zusammenhänge
4	Entwicklung einer Hypothese auf Basis vorher analysierter Zusammenhänge	III	7		Hypothesenbildung und Begründung der Hypothesen (S. 28)

Gesamtpunkte: 30, davon AFB I: 9 Punkte (30 %); AFB II: 14 Punkte (46,7 %); AFB III: 7 Punkte (23,3 %)

Materialgrundlage:

Chadhauri K., Chatterjee S.N.: Cholera Toxins (CT): Structure. In: Chadhauri, K. (Hrsg.): Cholera Toxins. Chapter 7, S. 105 – 123. Springer-Verlag, Berlin, Heidelberg. 2009

Gianella R.A.: Pathogenesis of acute bacterial diarrheal disorders. In: Annual Reviews in Medicine Nr. 32 S. 341-357, Palo Alto. 1981

Menon P.-M. et al.: Cholera. In: Evans, A.S., Brachmann, P.S. (Hrsg.): Bacterial Infections of Humans, Chapter 12, S. 249 – 272. Springer Science & Business Media LLC, Philadelphia. 2009

Schmidt R. und Langf. (Hrsg.): Physiologie des Menschen mit Pathophysiologie. 30., neu bearbeitete und aktualisierte Auflage. Springer Medizin Verlag, Heidelberg. 2007

Aufgabe 6: Die Erdnuss – ein lebensgefährlicher Snack (nur Leistungsfach)

Immunbiologie: Entstehung einer Allergie; Biomembranen; humorale Immunantwort; ELISA-Test

Einleitung

Nahrungsmittelallergien sind ein stetig wachsendes Problem. Eine besonders schwere Form ist die Erdnussallergie. Bereits kleine Mengen bestimmter Proteine der Hülsenfrucht *(Arachis hypogaea)* reichen aus, um schwere Reaktionen bis hin zu einem anaphylaktischen Schock auszulösen. Besonders weit verbreitet ist die Erdnussallergie in den USA und in Großbritannien, aber auch in Deutschland steigt die Zahl der Betroffenen. In den USA sterben jährlich rund 120 Menschen an schweren Schockreaktionen. Neuste Studien zeigen, dass auch immer mehr Kinder davon betroffen sind.

Aufgabenstellung

1. (a) Erstellen Sie eine schematische **Zeichnung** eines Antikörpers und beschriften Sie diese.
   (b) **Beschreiben** Sie unter Verwendung der Materialien M1 und M2 die Entstehung einer Erdnussallergie. Gehen Sie dabei ausführlich auf die humorale Immunantwort ein.
   (c) **Begründen** Sie, warum eine Erdnussallergie so gefährlich ist.
2. (a) **Vergleichen** Sie den Aufbau eines Chylomikrons mit dem Flüssig-Mosaik-Modell einer Biomembran.
   (b) **Überprüfen** Sie, warum Chylomikronen besonders geeignet sind, Fette aufzunehmen und zu transportieren.
3. Entwickeln Sie eine **Hypothese**, warum es bei Menschen mit einer Erdnussallergie zu allergischen Reaktionen auf andere Hülsenfrüchtler (Leguminosen) kommen kann. Solche „Kreuzreaktionen“ kennt man mit Erbsen, Linsen oder Sojabohnen, aber auch mit Tomaten, die zu den Nachtschattengewächsen (Solanaceae) gehören.
4. (a) **Beschreiben** und **begründen** Sie die Funktionsweise des ELISA-Tests anhand der Abbildung in M3.
   (b) **Beurteilen** Sie die Aussagekraft eines positiven Testergebnisses.
   (c) **Erläutern** Sie einen möglichen Versuchsaufbau eines ELISA-Tests, mit dem man statt der Antikörper, im Blut befindliche Antigene nachweisen könnte.

Material

M1 Wie eine Erdnussallergie entsteht; Die Rolle der Chylomikronen

Man unterscheidet, je nach Dauer zwischen Allergenkontakt und Reaktion, verschiedene Allergietypen. Die Erdnussallergie gehört, zusammen mit Heuschnupfen, Insektenstichallergien, Tierhaarallergien u. a. zum Typ 1, dem „Soforttyp". Eine solche Allergie unterteilt man in zwei Schritte, die Sensibilisierungsphase und die Effektorphase. Kommt es zu einem Erstkontakt mit dem Allergen (= Antigen einer allergischen Reaktion), beginnt die Sensibilisierungsphase. Sie läuft nach dem Prinzip der humoralen Immunantwort ab. Kommt es zu einem erneuten Allergenkontakt, setzt die Effektorphase ein. Dazu genügt es bereits, Mengen im Mikrogrammbereich zu sich zu nehmen. Es kommt zur Ausschüttung von Histamin. Histamin ist ein Botenstoff, der bei Entzündungsreaktionen eine entscheidende Rolle spielt. Bei einer „Überdosis" Histamin können die Symptome in unterschiedlich starker Form am ganzen Körper auftreten (vgl. M2).
Man vermutet, dass die allergenen Erdnussproteine durch Chylomikronen ins Blut gelangen könnten. Chylomikronen sind Lipoproteine, Makromoleküle die aus Proteinen und Lipiden bestehen. Sie werden in den Zellen der Darmschleimhaut gebildet und ermöglichen die Aufnahme und den Transport von Fetten. Die Hülle ist aus Phospholipiden und sog. Apoproteinen aufgebaut, im Kern befinden sich die zu transportierenden Nahrungsfette. Die in der Nahrung enthaltenen Lipide können auf diese Weise über die Lymphe ins Blut und zu den Fett abbauenden oder Fett speichernden Geweben transportiert werden.

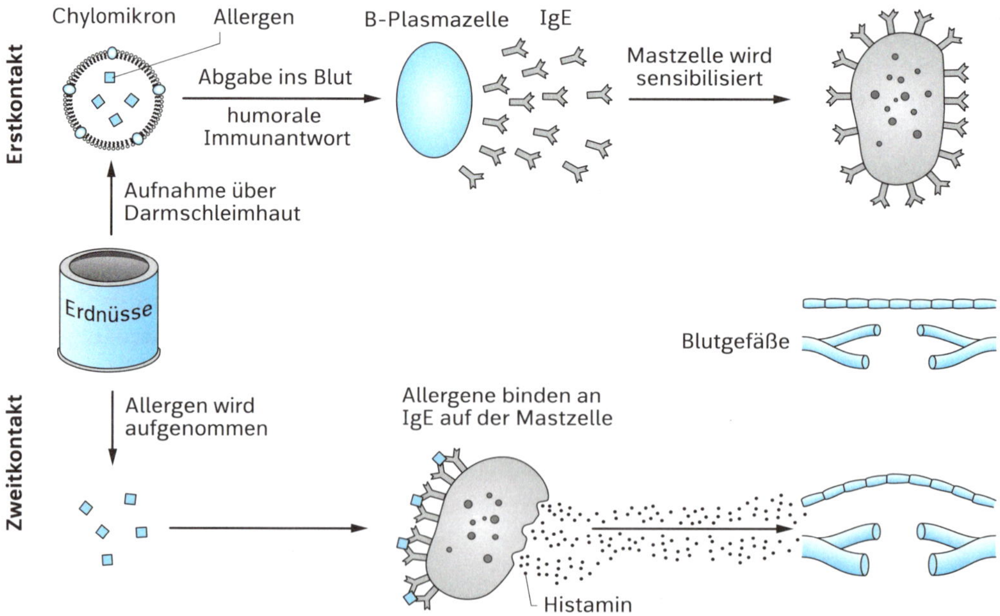

M1 a Schematische Darstellung der Erdnussallergie

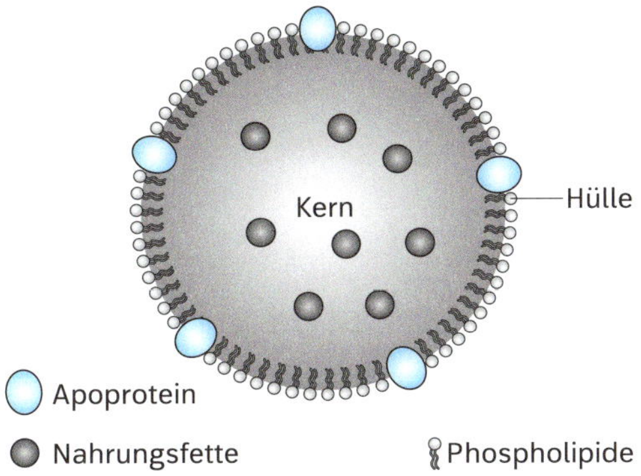

M1 b Aufbau eines Chylomikrons

M2 Allergische Reaktionen werden nach vier Schweregraden eingeteilt

Schweregrad 1	Juckreiz, Rötung und Schwellung der Haut
Schweregrad 2	Übelkeit, Bauchkrämpfe, Atemnot, beschleunigter Herzschlag, Blutdruckabfall
Schweregrad 3	Erbrechen und Durchfall, Asthmaanfall, Schock und Bewusstlosigkeit
Schweregrad 4	Atem- und Kreislaufstillstand, ggf. mit Todesfolge (= anaphylaktischer Schock)

M3 Der ELISA-Test zum Nachweis spezifischer IgE

Neben dem bekannten Pricktest, bei dem Allergene auf die durch einen kleinen Stich verletzte Haut aufgetragen werden, gibt es etliche weitere Verfahren, mögliche Lebensmittelallergien zu testen. Ein Testverfahren, das auch bei anderen immunologischen Tests, beispielsweise dem HIV-Test, angewandt wird, ist der ELISA-Test (Abk. für engl. „**e**nzyme **l**inked **i**mmuno **s**orbent **a**ssay"). Die nachfolgende Abbildung zeigt den Aufbau und die Durchführung eines solchen ELISA-Tests. Testverfahren wie der ELISA-Test wurden erst durch die Entwicklung monoklonaler Antikörper, für deren Entdeckung der Freiburger Forscher Georges Köhler 1984 den Nobelpreis erhielt, möglich. Dazu spritzt man einer Maus die entsprechenden Antigene, beispielsweise allergene Nahrungsbestandteile und wartet bis sie die passenden B-Plasmazellen gebildet hat. Anschließend werden der Maus die Plasmazellen entnommen und mit bestimmten Tumorzellen (Myelomzellen) fusioniert. Die so entstehenden Hybridomzellen vereinen die Eigenschaften beider Ursprungszellen, die Fähigkeit einen ganz bestimmten Antikörper zu produzieren und sich permanent teilen zu können und damit nahezu unsterblich zu sein.

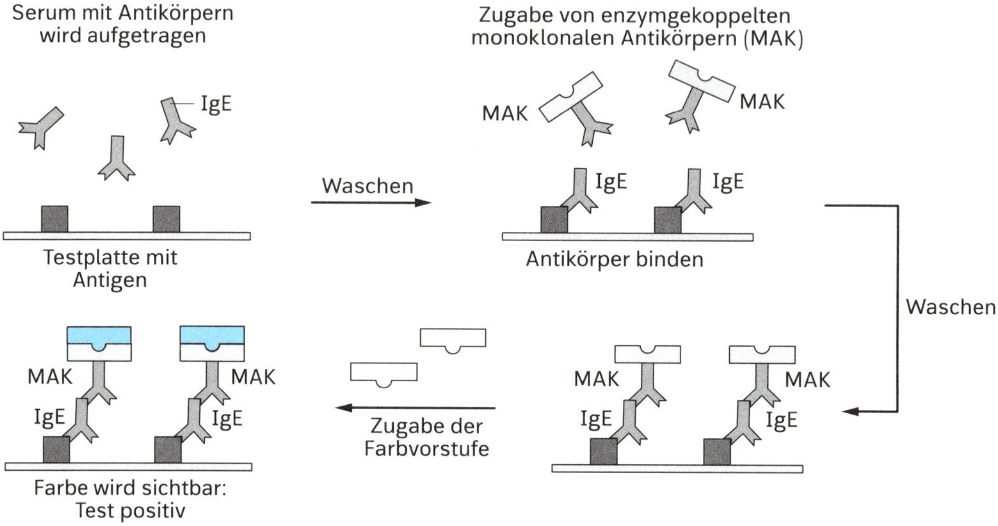

M3 Schema eines ELISA-Tests zum Nachweis von Antikörpern

Benötigte Fachkenntnisse

Aufbau der Biomembran (S. 37 f.), Struktur und Funktion von Antikörpern, Ablauf der humoralen Immunantwort (S. 64 f.)

Benötigte Methodenkenntnisse

Umgang mit Texten, schematischen Abbildungen, Experimenten und Hypothesen.

Lösungen

1. (a) Siehe S. 63.
   (b) Wenn man Erdnüsse isst, werden die als Allergene in Frage kommenden Proteine vermutlich zusammen mit den in den Nüssen enthaltenen Fetten in der Darmschleimhaut in Chylomikronen verpackt, aufgenommen und ins Blut transportiert. Dort werden die Lipoproteine abgebaut und die Allergene frei. Sie werden von Makrophagen und passenden B-Lymphocyten phagocytiert. Die Makrophagen präsentieren Allergenfragmente auf ihrem MHC-II Komplex. T-Helferzellen docken an und verbinden sich über ihren CD4-Rezeptor mit dem MHC-II Komplex, wodurch sie aktiviert werden. Die T-Helferzellen teilen sich vielfach und schütten Interleukin 2 aus, was die B-Plasmazellen, die das Allergen ebenfalls aufgenommen haben, aktiviert und zur Teilung anregt. Einige dieser Klone werden zu B-Plasmazellen, die den zum Allergen passenden Antikörper von Typ IgE bilden. Diese Antikörper verankern sich in der Membran von Mastzellen, die dadurch sensibilisiert werden.

Kommt es zu einem erneuten Allergenkontakt, binden die Allergenepitope an die auf den Mastzellen sitzenden IgE. Der Zeichnung in M1 a ist zu entnehmen, dass die Bindung eines Allergens mit zwei Antikörpern erfolgt, wodurch es zur Ausschüttung von dem in Vesikeln gespeicherten Histamin kommt. M1 a und M1 b ist zu entnehmen, dass Histamin die Gefäße weitet, was die Rötungen und Schwellungen der Haut erklärt. Werden zu viele Gefäße auf einmal geweitet, führt das zu einem Absinken des Blutdrucks, was im schlimmsten Fall zur Ohnmacht oder dem Tod durch Atemstillstand und Organversagen führen kann.
(c) Mehrere Faktoren machen eine Erdnussallergie besonders gefährlich. So reichen bereits kleinste Mengen aus, um einen anaphylaktischen Schock zu verursachen. Dadurch ist es unter Umständen schwer zu erkennen, auf was die Betroffenen allergisch reagieren. Spuren von Erdnüssen können in vielen Nahrungsmitteln enthalten sein. Gefährlich macht die Erdnussallergie auch, dass sie zu allen vier Schweregraden einer allergischen Reaktion führen kann, also auch zum Tod. Leiden Kinder unter der Allergie, besteht akute Gefahr, wenn sie unbeaufsichtigt erdnusshaltige Snacks verzehren, ohne es zu wissen.

2. (a) Gemeinsamkeiten: Grundaufbau der Membran aus Phospholipiden und (integralen) Proteinen. Unterschiede: In der Biomembran liegt eine doppelte Phospholipidschicht vor, sodass auf beiden Seiten ein hydrophiler Teil entsteht, die Chylomikronhülle besteht nur aus einer einfachen Schicht.
(b) Die äußere Seite der Chylomikronschicht wird von den hydrophilen Köpfchen der Phospholipide gebildet, wodurch sie sich besser zum Transport eigenen als wasserunlösliche Fette, die u. U. aufgrund ihrer Hydrophobie sogar die Blutbahnen verstopfen könnten. Die Innenseite der Membran wird von den hydrophoben Lipidschwänzchen gebildet, wodurch ein Milieu entsteht, in dem Fette ohne Problem transportiert werden können.

3. Die IgE Antikörper auf der Membran der Mastzellen sind, wie alle anderen Antikörper auch, epitopspezifisch und dürften daher eigentlich nur auf die Erdnussproteine reagieren. Zu einer Kreuzreaktion mit anderen Pflanzenproteinen könnte es dadurch kommen, dass sich die entsprechenden Epitope von ihrer chemischen Struktur sehr ähnlich sind. Für diese These würde die Tatsache sprechen, dass es Kreuzreaktionen mit sehr nahen Verwandten der Erdnüsse gibt. Wie die Kreuzallergie mit der Tomate zu erklären ist, ist unklar. Auch hier wäre eine Ähnlichkeit der Epitope denkbar, aufgrund der fehlenden direkten Verwandtschaft aber unwahrscheinlicher. Zur Klärung der Frage müsste man auf molekularer Ebene weiterforschen und die Epitope und deren chemische Struktur möglichst exakt bestimmen.

4. (a) Man gibt das Blutserum der Testperson auf eine Testplatte, auf der entsprechende Allergene verankert sind. Befinden sich allergenspezifische Antikörper im Blutserum, binden sie an die Antigene. Anschließend wird das Gefäß gespült, um andere im Blut enthaltene IgE zu entfernen. Nun gibt man auf die Testplatte monoklonale Antikörper, die an die ggf. anhaftenden IgE Antikörper binden. Anschließend wird abermals gespült. Die monoklonalen Antikörper sind außerdem mit einem Enzym

versehen, das eine unsichtbare Farbvorstufe in einen Farbstoff umwandelt. Kommt es nach der Zugabe der Farbvorstufe zu einer Färbung, so ist das Ergebnis positiv, d. h. das untersuchte Blut enthält Antikörper gegen das Allergen.
(b) Ein positives Testergebnis zeigt lediglich, dass im Blut Antikörper gegen das entsprechende Allergen vorhanden sind. Das muss aber noch nicht automatisch heißen, dass es auch sensibilisierte Mastzellen gibt, also eine Allergie vorliegt. Das können nur weiterführende Tests klären.
(c) Der Aufbau eines solchen Tests könnte sehr ähnlich sein, allerdings müsste der Boden des Testgefäßes nicht das gesuchte Antigen, sondern passende Antikörper dazu enthalten. Nach der Zugabe des Testserums und einem ersten Waschgang würde man einen zweiten Antikörper dazugeben, der ebenfalls an das Antigen bindet, idealerweise an ein anderes Epitop. Dieser Antikörper könnte wiederum mit einem Enzym markiert sein. Nach einem weiteren Waschgang kann durch Zugabe der Farbvorstufe geprüft werden, ob der zweite Antikörper gebunden hat. Kommt es zum Farbumschlag, war das Antigen im Testserum vorhanden, der Test wäre positiv.
Anmerkung: Dieses Testverfahren gibt es tatsächlich und wird aufgrund des entstehenden Antikörper-Antigen-Antikörper-Komplexes auch „Sandwich-ELISA-Test“ genannt.

Selbstdiagnosebogen

Aufgabe Nr.	Kernkompetenz	AFB	Punkte	erreichte Punkte	Förderung
1(a) 1(b) 1(c)	Struktur eines Antikörpers Beschreibung der humoralen Immunantwort und der allergischen Reaktion Zusammentragen und bewerten von Informationen aus diversen Quellen	I I II	2 5 3		Struktur und Funktion eines Antikörpers; Entstehung und Bedeutung der variablen Abschnitte; unspezifische vs. spezifische Immunabwehr; humorale und zellvermittelte Immunantwort (S. 63 ff.) Methodentrainig: Umgang mit verschiedenen Quellen (S. 18 ff.)
2(a) 2(b)	Vergleich Biomembran und Chylomikron anhand einer schematischen Zeichnung Aufbau und Hydrophobie von Lipiden in Zusammenhang bringen mit Struktur und Funktion der Chylomikronen	I II	2 4		Struktur und Funktion von Biomembranen (S. 37 f.) Aufbau von (Phospho-) Lipiden (S. 37)

Aufgabe Nr.	Kernkompetenz	AFB	Punkte	erreichte Punkte	Förderung
3	Erstellen einer Hypothese aufgrund beschriebener Zusammenhänge und dem Wissen aus der Immunbiologie	III	5		Humorale Immunantwort; Methodenkompetenz Umgang mit Hypothesen (S. 28 f.)
4(a)	Beschreiben und begründen eines möglicherweise unbekannten Tests anhand einer schematischen Zeichnung und den Inhalten der Immunbiologie	II	4		Struktur und Funktion von Antikörpern; Methodentraining Umgang mit schematischen Zeichnungen (S. 24 f.) Entstehung einer Allergie; Aufbau und Aussage eines ELISA-Tests Unterschied zwischen beschriebenem ELISA-Test und dem Sandwichtest
4(b)	Beurteilung eines Tests mit eigener Stellungnahme	III	2		
4(c)	Abwandlung eines bestehenden Versuchsaufbaus	III	3		

Gesamtpunkte: 30, davon AFB I: 9 Punkte (30 %); AFB II: 11 Punkte (37 %); AFB III: 10 Punkte (33 %)

Materialgrundlage:

http://www.yazio.de/ernaehrungslexikon/erdnussallergie.html
http://www.allum.de/krankheiten/erdnussallergie/haeufigkeit
http://www.pm-magazin.de/a/krankmacher-erdnuss
www.students.informatik.uni-luebeck.de/zhb/ediss88.pdf
http://www.medizin-blog.net/allgemeines/lipoproteine/
http://de.wikipedia.org/wiki/Chylomikron

Stammbaumanalyse, Evolutionshinweise und Evolutionstheorie, Methoden der Biologie

Aufgabe 7: Großbär oder Kleinbär? Einordnung des Großen Pandas und des kleinen Pandas in den Stammbaum der Bären (nur Leistungsfach)

Einleitung

Aufgrund einiger Besonderheiten der Pandas hinsichtlich ihrer Morphologie und ihres Verhaltens haben Zoologen lange Zeit gestritten, in welche Familie die Pandas einzuordnen sind. Seit der Entdeckung des großen Pandas *Ailuropoda melanoleuca* im Jahre 1869 sind mehr als 40 wissenschaftliche Abhandlungen nur über die systematische Einordnung dieser Art erschienen. Teils wurde der große Panda zu den Großbären, teils zu den Kleinbären gerechnet, einige Zoologen schlugen sogar eine eigene Familie vor.

Aufgabenstellung

1. In den Materialien M1 – M4 sind Verbreitung, Morphologie und die Verhaltensweisen der beiden Pandaarten und jeweils von einem Vertreter der Großbären und der Kleinbären dargestellt. **Werten** Sie diese Materialien im Hinblick auf die Einordnung der beiden Pandas in den Stammbaum der Bären **aus**.
2. Die Materialien M5 zeigen die Ergebnisse einer Analysemethode aus der Molekulargenetik (DNA-Hybridisierung).
   (a) **Beschreiben** Sie Ablauf und Funktionsweise der DNA-Hybridisierung und **erläutern** Sie, inwiefern sich Ergebnisse aus molekulargenetischen Untersuchungen zur Analyse von Verwandtschaftsverhältnissen eignen.
   (b) **Deuten** Sie die Ergebnisse der DNA-Hybridisierung im Hinblick auf eine Einordnung der Pandas in den Stammbaum der Bären.
3. M6 zeigt eine Skelettrekonstruktion eines ausgestorbenen Säugetieres. Diese Entdeckung wurde von Forschern als 'missing link' der Evolution der Pandabären gefeiert. Analysieren Sie die Handrekonstruktion dieses Uhrzeiträubers und **stellen** Sie eine **Hypothese auf**, wie die beiden Pandas, unter Berücksichtigung aller Ihnen vorliegender Untersuchungen, in den Stammbaum der Bären eingeordnet werden können. **Begründen** Sie Ihre Entscheidung.
4. **Erläutern** Sie vor dem Hintergrund ihrer Einordnung der Pandas und mithilfe von M1 und M6, wie es bei beiden Arten zu einer Ausprägung des „falschen“ Daumens kommen konnte.

Material

M1 Großer Panda

Das Verbreitungsgebiet des großen Pandas *Ailuropoda melanoleuca* liegt in der gebirgigen Region im Westen Chinas. Verteilt auf mehrere kleinere Habitate leben dort ca. 2500 – 3000 Tiere in freier Wildbahn. Der große Panda besitzt einige biologische Merkmale, die eine eindeutige phylogenetische Einordnung in den Stammbaum der Bären erschweren. Eine Besonderheit des großen Pandas ist der ausgeprägte Handwurzelknochen der Vorderpfoten, der zum sogenannten Pseudodaumen (auch „falscher" Daumen genannt) ausgebildet ist. Diesem Pseudodaumen liegt der Daumen gegenüber und ermöglicht ein besseres Abgreifen der Blätter der Bambusstengel.

Überwinterung: kein Winterschlaf
Nahrung: Bambus
Laute: blöken, zischen

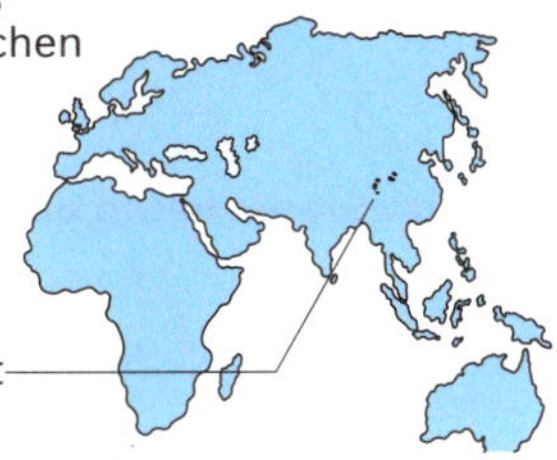

M1 Steckbrief des großen Pandas

M2 Kleiner Panda

Der kleine Panda oder Katzenbär *Ailurus fulgens* lebt im Osten Asiens und ist ebenfalls ein Pflanzenfresser. Auch der kleine Panda besitzt einen Pseudodaumen und ernährt sich – wenn auch nicht ausschließlich – von Bambusschösslingen. Die phylogenetische Einordnung des kleinen Pandas in den Stammbaum der Bären war lange Zeit äußerst umstritten.

Überwinterung: kein Winterschlaf
Nahrung: Bambus
Laute: blöken, zischen

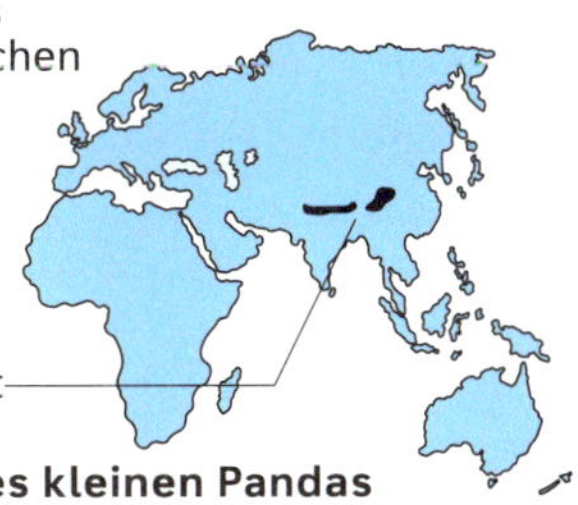

M2 Steckbrief des kleinen Pandas

M3 Stammbaum der Bären und Verbreitungsgebiete von Groß- und Kleinbär

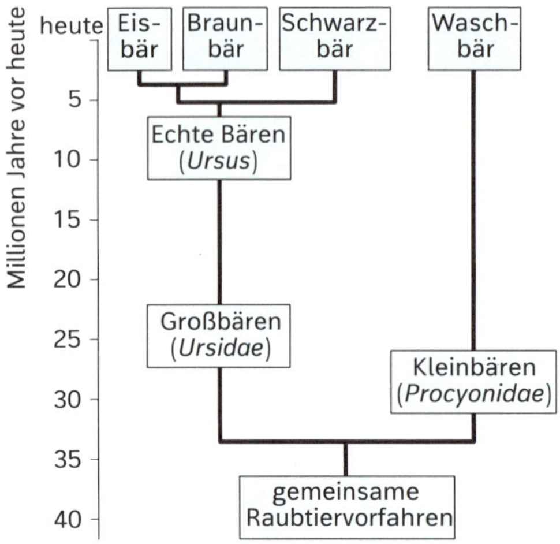

M3 a Der Stammbaum der Bären

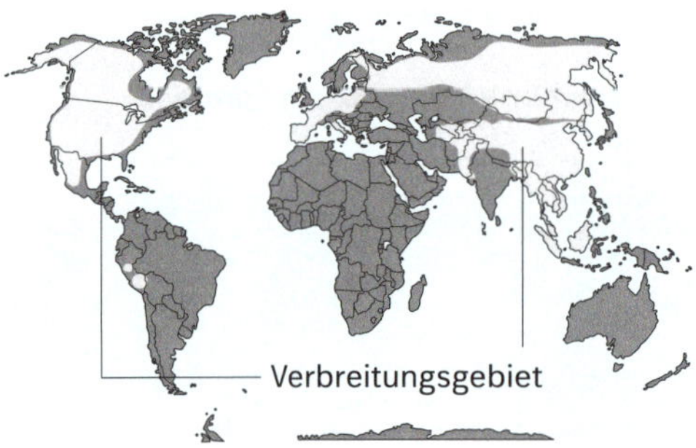

M3 b Verbreitungsgebiet der Großbären

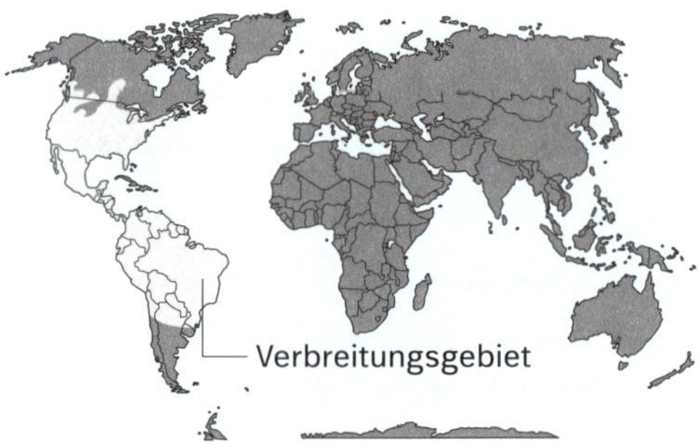

M3 c Verbreitungsgebiet der Kleinbären

M4 Vergleich anatomischer und morphologischer Merkmale und einiger Verhaltensweisen des großen und kleinen Pandas mit Braunbär und Waschbär als Vertreter der Groß- und Kleinbären

Im Rahmen zahlreicher wissenschaftlicher Studien wurden morphologische Merkmale und Verhaltensweisen der Pandas mit Vertretern der Groß- und Kleinbären verglichen. Die Ergebnisse sind in der folgenden Tabelle dargestellt.

Merkmal	Großer Panda	Kleiner Panda	Waschbär als Vertreter der Kleinbären	Braunbär als Vertreter der Großbären
Schädel	knöcherner Teil der Schnauze verkürzt	knöcherner Teil der Schnauze verkürzt	knöcherner Teil der Schnauze verkürzt	ausgeprägter knöcherner Teil der Schnauze
Vorderpfoten	sechster Finger als „Pseudodaumen“ (den anderen Fingern gegenübergestellt)	sechster Finger als „Pseudodaumen“ (den anderen Fingern gegenübergestellt)	fünf Finger, von dem einer als Daumen genutzt wird	fünf Finger, von denen keiner als Daumen gegenübergestellt ist
Gebiss	Abflachung der Vorderbackenzähne als Mahlfläche; mäßig entwickelte Reißzähne	Backenzähne mit großen Mahlflächen; stark unterentwickelte Reißzähne	leicht vergrößerte Oberfläche der Backenzähne; mäßig entwickelte Reißzähne	geringe Anpassung an herbivore (pflanzliche) Ernährungsweise; kräftige Reißzähne
Gang	Sohlengänger	Sohlengänger	Sohlengänger	Sohlengänger
Laute	blöken; zischen	blöken; zischen	zischen	brummen; brüllen
Harn-, Kotmarkierungen	Reviermarkierung durch Harnen und Koten	Reviermarkierung durch Harnen und Koten	Reviermarkierung durch Harnen und Koten	Keine Reviermarkierung
Winterschlaf	kein Winterschlaf	kein Winterschlaf	kein echter Winterschlaf	Winterschlaf

M5 Untersuchung des Erbguts verschiedener Bärenarten mithilfe der DNA-DNA-Hybridisierung

Ergebnisse aus molekulargenetischen Untersuchungen verschiedener Bärenarten lassen ebenfalls Rückschlüsse auf deren Verwandtschaft zu.

Braunbär	80,2
Eisbär	80,3
Schwarzbär	83,4
Kleiner Panda	74
Waschbär	72,4
native DNA des großen Panda	99

M6 a Schmelzpunkt in °C von der nativen DNA und von DNA-Hybriden des großen Pandas

Braunbär – Eisbär	0,55
Braunbär – Schwarzbär	1,4
Braunbär – Waschbär	7,1
Braunbär – kleiner Panda	7,1
Kleiner Panda – Waschbär	6,3

M6 b Schmelzpunkterniedrigungen im Vergleich zu artgleichen Doppelsträngen in °C

M6 Skelettfund klärt Stammbaum der Pandas

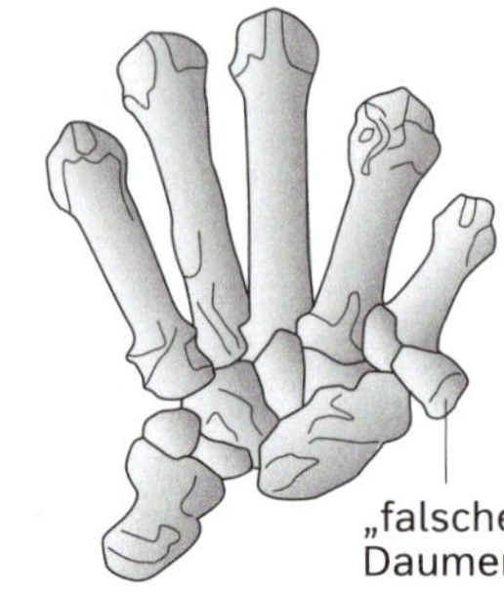

Im Jahre 2005 wurde ein spektakulärer Fossilienfund in der Nähe von Madrid gemeldet, ein sehr gut erhaltenes, fossiles Skelett eines *Simocyon batalleri*, dem längst ausgestorbenen, fleischfressenden Urahn der Katzenbären (*Ailuridae*).
Der carnivore Räuber war etwa so groß wie ein Puma und ein hervorragender Kletterer. Das Besondere bei diesem Fund ist der Pseudodaumen, den ***S. batalleri*** an seinen Pranken, neben bzw. gegenüber dem Daumen, besitzt. Dieser Pseudodaumen findet sich heute noch sowohl beim kleinen als auch dem großen Panda. Beim großen Panda ist der „falsche" Daumen eine große Hilfe beim Abgreifen der Bambusstangen. Auch dem kleinen Panda bringt dieser Pseudodaumen Vorteile bei der Nahrungsaufnahme. Für den kürzlich entdeckten *S. batalleri* war der Pseododaumen eine große Hilfe beim Klettern und Jagen auf Bäumen.

Benötigte Fachkenntnisse

Grundlagen evolutiver Veränderungen, Evolutionshinweise und Belege für Evolution (Homologie, Analogie und Konvergenz), Molekulargenetische Verwandtschaftsnachweise (S. 71, 74 ff.)

Benötigte Methodenkenntnisse

Analyse von Texten, Diagrammen, Bildern und schematischen Zeichnungen (S. 18 ff.); Umgang mit Hypothesen (S. 28 f.)

Lösungen

1. Der Steckbrief des großen Pandas (M1) zeigt ein sehr kleines Verbreitungsgebiet im Westen Chinas. Der kleine Panda kommt ebenfalls nur in Asien vor, lebt aber in zwei etwas größeren Verbreitungsgebieten im Osten Asiens. Beide Pandas zeigen Ähnlichkeiten in der Überwinterungsstrategie, beide halten keinen Winterschlaf. Auch die Hauptnahrungsquelle des kleinen und des großen Pandas ist identisch, wobei der Steckbrief die Schlussfolgerung nahe legt, dass der große Panda sich fast ausschließlich von Bambus ernährt, während der kleine Panda auf andere Nahrung ausweichen kann. Die Lautäußerungen sind ebenfalls identisch: Beide blöken und zischen. Überwinterungsstrategie, Nahrungsaufnahme und Lautäußerungen legen den Schluss nahe, dass es sich bei den beiden Pandaarten um nahe verwandte Arten handeln könnte. M3 zeigt den Stammbaum der Bären. Ausgehend von einem gemeinsamen Raubtiervorfahren vor ca. 40 Mio. Jahren haben sich vor ca. 32 Mio. Jahren die Familien der Kleinbären und der Großbären voneinander getrennt. Als heutiger Vertreter der Kleinbären ist der Waschbär dargestellt, als Vertreter der Großbären Eisbär, Braunbär und Schwarzbär. Ein erster Blick auf das Aussehen von

großem und kleinem Panda könnte den Schluss nahelegen, dass der große Panda den Großbären, der kleine Panda den Kleinbären zuzuordnen ist.
M3 b zeigt das heutige Verbreitungsgebiet der Großbären. Nach dem Verbreitungsgebiet kann der große Panda zu den Großbären gezählt werden. Die Verbreitungsgebiete des kleinen Pandas stimmen nicht mit den Verbreitungsgebieten der Kleinbären in M3 c überein. Er lebt im Verbreitungsgebiet der Großbären. Nach Analyse der Verbreitungsgebiete könnte der große Panda eher den Großbären zugeordnet werden. M4 zeigt einen Vergleich anatomischer und morphologischer Merkmale der beiden Pandaarten im Vergleich zum Waschbären als Vertreter der Kleinbären und dem Braunbär als Vertreter der Großbären. In den Kategorien Gebiss, Schädel, Reviermarkierung und Winterschlaf sind Ähnlichkeiten beim großen Panda, kleinen Panda und Waschbären zu erkennen (verkürzter knöcherner Teil des Schädels, eher an pflanzliche Nahrung angepasstes Gebiss, zischende Laute, Reviermarkierung, kein Winterschlaf). Die Gangart aller vier dargestellten Vertreter ist identisch (Sohlengänger). Die Vorderpfoten vom großen und kleinen Panda weisen beide einen Pseudodaumen als sechsten Finger aus, während Waschbär und Braunbär nur fünf Finger besitzen. Aufgrund der aufgeführten morphologischen und anatomischen Merkmale und einiger Verhaltensweisen der Tiere sind sowohl der große Panda als auch der kleine Panda den Kleinbären zuzuordnen, da große Ähnlichkeiten zum Waschbären als Vertreter der Kleinbären bestehen. Zudem deuten das Vorhandensein eines Pseudodaumens beim großen und kleinen Panda und die Nahrungsaufnahme, Überwinterungsstrategie und Lautäußerungen (M1 und M2) auf eine enge Verwandtschaft hin, was die Einordnung in eine Familie (in diesem Fall die der Kleinbären) stützen würden.

2. Die DNA-Hybridisierung kann ebenfalls zur Analyse von Verwandtschaftsverhältnissen genutzt werden. Dabei wird die DNA einer Spezies zunächst so geschmolzen (denaturiert), dass sich die Wasserstoffbrückenbindungen zwischen den Basenpaaren trennen, das Zucker-Phosphat-Rückgrat aber noch stabil bleibt. Die DNA zweier, verschiedener Arten werden im darauffolgenden Schritt miteinander vermischt. Dabei paaren sich beim Abkühlen die Einzelstränge der beiden verschiedenen Arten, es entsteht eine Hybrid-DNA. Es können sich dabei nur diejenigen Basen über Wasserstoffbrücken paaren, die komplementär zueinander sind. Wird diese Hybrid-DNA dann erneut erwärmt, lässt die Schmelzpunkttemperatur Rückschlüsse darauf zu, wie viele Basenpaare ausgebildet wurden. Je weniger komplementäre Basenpaare es gibt, umso niedriger fällt die Schmelzpunkttemperatur im Vergleich zu artreiner DNA aus. Die komplementären Übereinstimmungen zweier Arten sind auf DNA-Ebene umso höher, je näher die beiden Arten miteinander verwandt sind. Somit lässt sich auch über die Schmelzpunkttemperatur hybrider DNA ein Verwandtschaftsverhältnis ausdrücken. Diese Methode ist genauer als der Präzipitintest, da indirekt Ähnlichkeiten der DNA-Sequenz zweier Arten untersucht werden.
M6 zeigt die Ergebnisse einer DNA-Hybridisierung zur Klärung der Verwandtschaftsverhältnisse der Pandas. Mit jeweils 80 % bzw. 83 % der Schmelzpunkttemperatur von DNA-Hybriden des großen Pandas mit Vertretern der Großbären im Vergleich zur nativen DNA des großen Pandas, ist die Schmelzpunkttempera-

tur verhältnismäßig hoch, was auf eine relativ enge Verwandtschaft des großen Pandas mit den Großbären hindeutet. Diese Ergebnisse stützen die Ergebnisse aus dem Präzipitintest (M5). Damit wird die Hypothese, dass der große Panda der Familie der Großbären zuzuordnen ist, gestützt. Da es sich um einen indirekten DNA-Sequenzvergleich handelt, ist dem Ergebnis eine relativ hohe Genauigkeit im Vergleich z. B. zu morphologischen Analysen zuzuschreiben. Beim kleinen Panda werden ebenfalls die Ergebnisse des Präzipitintests gestützt. Bei DNA-Hybriden der DNA des kleinen Pandas mit der DNA des Braunbären ist eine deutliche Verringerung der Schmelzpunkttemperatur (im Vergleich zur artreiner DNA) festzustellen (7,1 °C). Damit ist eine Verwandtschaft von kleinem Panda und Großbären sehr unwahrscheinlich. Ähnlich sieht es bei DNA-Hybriden der DNA des kleinen Pandas und der DNA des Waschbären als Vertreter der Kleinbären aus (Schmelzpunkterniedrigung von 6,3 °C). Damit ist auch eine Verwandtschaft des kleinen Pandas mit den Kleinbären unwahrscheinlich. Wobei nach der DNA-Hybridisierung der kleine Panda den Kleinbären immer noch ähnlicher ist als den Großbären (6,3 °C Schmelzpunkttemperaturerniedrigung im Vergleich zu 7,1 °C).

3. Nach den vorliegenden Ergebnissen kann der große Panda mit sehr hoher Wahrscheinlichkeit in die Familie der Großbären eingeordnet werden. Der hohe Schmelzpunkt der Hybrid-DNA des großen Pandas mit dem Schwarzbär (83,4 °C) unterstützt diese Hypothese. Die morphologischen Analysen zeigen zwar keine große Ähnlichkeit des großen Pandas mit dem Braunbären als Vertreter der Großbären; die molekularbiologischen Befunde aus M5 sind aber stärker zu gewichten. Beim kleinen Panda kann zwar aus morphologischer Sicht eine Ähnlichkeit mit den Kleinbären beschrieben werden, die molekularbiologischen Befunde (M5) weisen aber auf keine nahe Verwandtschaft zwischen dem kleinen Panda und den Kleinbären hin. Der molekularbiologische Befund der DNA-Hybridisierung zeigt eine nähere Verwandtschaft des kleinen Pandas zu den Kleinbären als zu den Großbären. M6 zeigt eine Skelettrekonstruktion des ausgestorbenen, fleischfressenden Simocyon batalleri, einem Urahn des Katzenbären. Entscheidend ist, dass S. batalleri einen Pseudodaumen besaß. Auf morphologischer Ebene lässt sich also eine Verwandtschaft sowohl zum kleinen als auch zum großen Panda erkennen. Da der kleine Panda weder zu den Groß- noch zu den Kleinbären gezählt werden kann, lässt sich vermuten, dass er in eine ganz andere Familie eingeordnet werden muss. Die Tatsache, dass S. batalleri einen Pseudodaumen besitzt und ihn Wissenschaftler als Urahn der Katzenbären identifizierten, unterstützt diese These. Der kleine Panda könnte somit der einzige noch lebende Vertreter der Familie der Katzenbären sein.

4. Der Pseudodaumen des großen und des kleinen Pandas lässt sicht nicht durch eine nahe Verwandtschaft der beiden Pandas erklären. Er muss durch eine konvergente Entwicklung entstanden sein. Dem kleinen Panda hilft der Pseudodaumen, wie auch seinem Vorfahren, dem *Simocyon batalleri*, beim Klettern. Dem großen Panda ist der Pseudodaumen ein großer Vorteil bei der Nahrungsaufnahme, da er auf ein effizientes Abgreifen der Blätter von Bambusstangen, seiner Hauptnahrungsquelle, angewiesen ist.

Selbstdiagnosebogen

Aufgabe Nr.	Kernkompetenzen	AFB	Punkte	erreicht	Förderung
1	Analyse der Verbreitungsgebiete und Verhaltensweisen auf Basis der Steckbriefe Erste hypothetische Einordnung in den Stammbaum der Bären (M3) Analyse der Morphologie und Verhaltensstrategien (M4) Hypothese: Beide Pandas sind den Kleinbären zuzuordnen Beleg der Hypothese auf Basis von M1 – M4	I II I II III	3 2 3 3 2		Analyse verschiedener Materialien mit mittlerer Komplexität Übungen zum Entnehmen der Hauptaussage aus verschiedenen Materialien und zur Fokussierung auf die Themenstellung Hypothesenbildung und deren Beleg (S. 28 f.)
2	Beschreibung des Präzipitintests Erläuterung der Aussagekraft der molekularbiologischen Befunde Auswertung der Ergebnisse der DNA-DNA-Hybridisierung (M6) Hypothetische Einordnung: Großer Panda ➔ Großbären Kleiner Panda ➔ weder Großbär noch Kleinbär Geeignete Belege der Hypothesen auf Basis von M6	I II II III III	2 2 3 2 2		Fachwissen: Serum-Präzipitintest, Belege für Evolution (S. 74 ff.) Vergleich mit anderen Analysemethoden Auswertung von Diagrammen und Tabellen (S. 19 ff.) Hypothesen bilden auf Basis einer Tabelle oder eines Diagramms (S. 28 f.)
3	zusammenfassende Einordnung auf Basis von M1 bis M7: Der Panda kann mit sehr hoher Wahrscheinlichkeit den Großbären zugeordnet werden (Belege im Material). M7 zeigt deutlich, dass die vorherigen Hypothesen stimmen: der kleine Panda ist weder Großbär noch Kleinbär und kann in eine eigene Familie eingeordnet werden Beleg dieser Hypothese mit M7 (und M5 – M6).	III III III	2 2 1		Zusammenfassung verschiedener Materialien mit hoher Komplexität (hier: M1 bis M6) Strukturierte Hypothesenbildung und Beleg der Hypothese auf Basis der ausgewerteten Materialien (S. 28 f., Hauptaussagen)

Aufgabe Nr.	Kernkompetenzen	AFB	Punkte	erreicht	Förderung
4	Erläuterung der Entwicklung der Pseudodaumen der Pandas mit dem Konzept der konvergenten Entwicklung	II	3		Fachwissen: Konzept der Analogie und Konvergenz

Gesamtpunkte: 42, davon AFB I: 10 Punkte (23,8 %); AFB II: 18 Punkte (42,9 %); AFB III: 14 Punkte (33,3 %)

Materialgrundlage:

Anton M. et al.: Implications of the funtional anatomy of the hand and forearm of Ailurus fulgens (Carnivore, Ailuridae) for the evolution of the 'false-thumb' in pandas. In: J.Anat. No. 209, S. 757 – 764, Anatomical Society of Great Britain and Ireland, London, 2006

Fischer R. E. et al.: The phylogeny of the red panda (Ailurus fulgens): evidence from the hindlimb. In: J.Anat. No. 213, S. 607 – 628, Anatomical Society of Great Britain and Ireland, London, 2008

Förster H., Kattmann U.: Bambus fressender Harlekin. In: Unterricht Biologie, Heft Nr. 222, S. 42 – 48, Seelze, 1997

Salesa M. et al.: Evidence of a false thumb in a fossil carnivore clarifies the evolution of pandas. In: PNAS, Vol. 103 No. 2 S. 379 – 382, Washington D.C., 2006

Walory M. et al.: Fit fürs Abi – Aufgabentrainer. S. 76 – 79 Schroedel Verlag, Hannover, 2000

http://hopsea.mnhn.fr/pc/thesis/Diploma_Hartmann_2004.pdf

http://schuetz.sc.ohost.de/Biologie/Evolution/DNA-Hybridisierung.pdf

http://www.morgenpost.de/printarchiv/wissen/article335676/Fossilienfund_klaert_Stammbaum_der_Pandas.html

7 Original-Prüfungsaufgaben

Einführung

Mit der Einführung des neuen Abiturs ab dem Schuljahr 2020/21 haben sich etliche Dinge geändert, unter anderem wurden Basis- und Leistungsfächer eingeführt. Für das fünfstündige Leistungsfach in Biologie behalten für dieses Schuljahr aber sowohl der bisherige Bildungsplan von 2004 als auch die daraus abgeleiteten Anforderungen in der schriftlichen Prüfung ihre Gültigkeit. Für Sie bedeutet das: die Prüfung wird sowohl vom Umfang als auch vom Anspruch her so sein wie in den vergangenen Jahren.

Tipps zur Aufgabenauswahl

Ihnen werden vier Aufgaben vorgelegt, von denen Sie drei auswählen und bearbeiten müssen. Es ist entscheidend diese Auswahl mit Bedacht zu treffen, da ein späterer Wechsel zu einer anderen Aufgabe Sie zu viel Zeit kosten würde. Sie können zum Beispiel nach folgenden Gesichtspunkten auswählen:

1. Lassen Sie sich nicht vom ersten Eindruck abschrecken und dazu verleiten, eine Aufgabe voreilig abzuwählen. Jedes Jahr kann man in den Abituraufgaben etwas finden, dass selbst die Besten unter Ihnen überraschen dürfte. Alle diese Aufgaben sind aber so konzipiert, dass Sie sie mit den im Unterricht behandelten Grundlagen und dem richtigen Umgang mit den Materialen bearbeiten können.
2. Jede der vier Aufgaben hat in der Regel einen **thematischen Schwerpunkt**, der aber durch ein oder mehrere Stoffgebiete ergänzt werden kann. So wurden von den 20 Verrechnungspunkten (VP) der Aufgabe 4 aus dem Jahr 2018 beispielsweise 15 für die Neurobiologie und die restlichen 5 VP unter anderem für Inhalte der Gentechnik vergeben (s. Seite 151 ff.). Machen Sie sich also zunächst klar, welche Schwerpunkte in den Aufgaben gesetzt wurden und welche Ihnen liegen.
3. Die echten Herausforderungen stecken in den Details der einzelnen Teilaufgaben. Schauen Sie sich die einzelnen Teilaufgaben unter folgenden Aspekten genauer an: Welche **Operatoren** enthalten sie? Wie viele VP geben jeweils die für Sie sicheren Aufgaben? Wie gut lassen sich Informationen aus den angegebenen Materialien ziehen? usw. Addieren Sie die sicheren Punkte und vergleichen Sie so die Aufgaben.

Wenn Sie einmal eine Auswahl getroffen haben, dann hinterfragen Sie diese nicht mehr, sondern richten Sie Ihre ganze Aufmerksamkeit auf das Lösen dieser Aufgaben.

Bearbeitungszeit

Die Bearbeitungszeit beträgt inklusive Auswahlzeit 270 Minuten. Nehmen Sie sich für die Auswahl der drei Aufgaben ruhig 30 Minuten Zeit, es lohnt sich! Die verbleibenden vier Stunden können Sie so aufteilen, dass Sie pro Aufgabenblock etwa eine Stunde rechnen (also etwa 3 Minuten pro VP). Die letzte Stunde kann dann zur Nachkontrolle, zum Korrekturlesen und/oder für die noch ungelösten Aufgabenteile verwendet werden.

Zugelassene Hilfsmittel sind:

- Codesonne (ist den Aufgaben beigefügt)
- Wörterbuch zur deutschen Rechtschreibung und
- wissenschaftlicher Taschenrechner.

Nutzen Sie die zugelassenen Hilfsmittel: Schlagen Sie nicht nur bei Unsicherheiten in der Orthografie im Wörterbuch nach, auch wenn Sie Unsicherheiten in der Wortbedeutung haben, hilft häufig das Wörterbuch weiter. Gelegentlich muss in Biologieklausuren etwas gerechnet werden. Auch wenn Sie die Rechnung im Kopf leicht durchführen können, schafft der Griff zum Taschenrechner Sicherheit.

Tipps zur Bearbeitung der Aufgaben

Neben dem Inhalt zählt auch die Darstellungsform Ihrer Lösungen. Gewertet wird (außer bei offensichtlichen Übertragungsfehlern) nur das, was in der Reinschrift steht. Für schwere sprachliche und darstellerische Mängel können Ihnen bis zu zwei Notenpunkte abgezogen werden! Beachten Sie daher unbedingt folgende Tipps:

- Schreiben Sie eher in kurzen als in langen verschachtelten Sätzen. Begründen Sie Ihre Ausführungen. Vermeiden Sie Gedankensprünge.
- Strukturieren Sie Ihren Text durch Absätze und Überschriften, unterstreichen Sie Reizwörter mit dem Lineal. Beziehen Sie sich klar auf das Material, indem Sie mit der entsprechenden Bezeichnung darauf verweisen.
- Benutzen Sie Fachbegriffe treffsicher. Falls Sie in der Schreibweise oder der Bedeutung von Fachausdrücken unsicher sind, schauen Sie im ausliegenden Wörterbuch nach. Häufig kann es Ihnen weiterhelfen.
- Versuchen Sie möglichst alle Fachbegriffe einzubauen, die zu einer Antwort „passen". Nennen Sie, wenn Sie beispielsweise etwas im Sinne der synthetischen Evolutionstheorie erklären müssen, also nicht nur einen, sondern möglichst viele Evolutionsfaktoren.
- Schreiben Sie auf den Linien und nicht über den Rand. Verwenden Sie ein Lineal, um gerade Linien z. B. in einem Diagramm zu ziehen.
- Achten Sie darauf, dass Ihre Skizzen oder Diagramme groß genug sind (mind. ½ Seite). Entwerfen Sie diese unbedingt vorher auf dem Konzeptpapier!

Hinweise zu den Aufgaben und nicht amtlichen Lösungen

Die Original-Abituraufgaben wurden mit freundlicher Genehmigung des Regierungspräsidiums Stuttgart veröffentlicht. Die Musterlösungen entstammen der Feder des Autors und spiegeln das wider, was in etwa von Ihnen erwartet wird. Manche Aufgaben lassen mehr als nur eine richtige Lösung zu. In diesem Fall finden Sie mehrere mögliche Lösungsvorschläge. Diese Lösungsvorschläge erheben keine Anspruch darauf, die einzigen oder besten zu sein, auch andere sind möglich! Sind Sie sich nicht sicher, ob auch Ihre Lösung zutreffend ist, sprechen Sie sich mit Ihrer Fachlehrerin/Ihrem Fachlehrer ab.

Prüfungsaufgaben 2018

Aufgabe 1: Das Ebola-Virus

Teil 1

Ende des Jahres 2013 brach in Westafrika das Ebolafieber aus. Fast 24.000 Menschen erkrankten, die Überlebensrate lag bei etwa 50 Prozent. Vermutlich infizieren sich Menschen durch den Verzehr von infiziertem Säugetierfleisch oder den Kontakt mit Erkrankten. Das Virus gelangt über Schleimhäute oder winzige Wunden in den Körper.

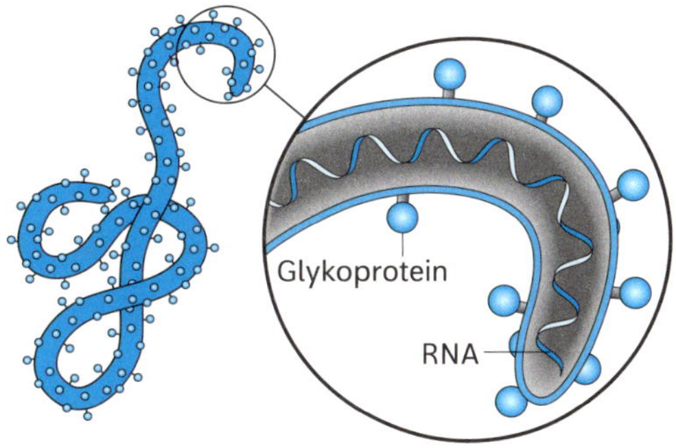

Abbildung 1: Ebola-Virus (schematisch)

Abbildung 1 zeigt die Struktur des Ebola-Virus. Das Virus-Genom enthält die Information für sieben virale Proteine, darunter das Glykoprotein (GP) in der Außenhülle des Virus, mit welchem das Virus an ein Membranprotein der Wirtszelle bindet. Über den Vorgang der rezeptorvermittelten Endocytose infiziert das Virus zunächst Makrophagen, in welchen es vermehrt und durch welche es im Körper verbreitet wird. In der Folge infizieren die Viren unter anderem Zellen der Blutgefäße, der Leber und des Nervensystems. Der Tod tritt durch multiples Organversagen ein.

1 Stellen Sie den Vorgang der rezeptorvermittelten Endocytose auf der Grundlage des Flüssig-Mosaik-Modells in zwei beschrifteten Zeichnungen dar. Dabei sollen das Andocken des Virus sowie das Ergebnis der Endocytose erkennbar werden. (3 VP)

Teil 2

Das Ebola-Virus ist deshalb so gefährlich, weil es in der Lage ist, die Immunantwort des Patienten in ihrer Effektivität zu beeinträchtigen. Abbildung 2 zeigt die Freisetzung von Ebola-Viren aus einem Makrophagen.

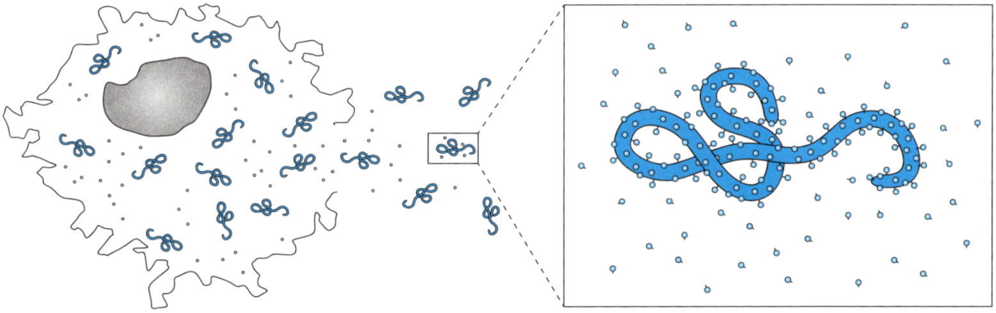

Abbildung 2: Freisetzung von Ebola-Viren aus einem Makrophagen; rechts: Detail

2 Erläutern sie mithilfe von Abbildung 2 zwei Mechanismen, wie der Befall mit Ebola-Viren die Wirksamkeit der Immunantwort beeinträchtigt. (3 VP)

Teil 3

Am weitesten fortgeschritten ist die Prüfung eines Impfstoffs gegen Ebola mit dem Namen rVSV-ZEBOV. Dieser Impfstoff besteht aus einem abgeschwächten, für Menschen unbedenklichen Virus, das Wissenschaftler mit dem Gen für das Glykoprotein aus der Virushülle des Zaire-Ebola-Virus (aus dem Jahr 1976) ausgestattet haben. Bei der Vermehrung des abgeschwächten Virus werden im Körper geimpfter Personen auch Glykoproteine des Zaire-Ebola-Virus (1976) produziert. Gegen diese erfolgt eine Immunantwort.

3.1 Stellen Sie die immunologischen Abläufe nach erstmaliger Verabreichung des Impfstoffes bis zur Bildung von Antikörpern gegen das Glykoprotein in Form eines Verlaufsschemas dar. (4 VP)

3.2 Geben Sie eine mögliche Erklärung, warum durch die einmalige Impfung mit rVSV-ZEBOV ein lang anhaltender Impfschutz erreichbar ist, während bei einer Impfung mit Glykoproteinen hierfür mehrmals geimpft werden muss. (2 VP)

Teil 4

Das Zaire-Ebola-Virus, aus dem das Glykoprotein-Gen für den Impfstoff stammte, hatte 1976 die erste Ebola-Epidemie ausgelöst. Forscher konnten nachweisen, dass die Virus-RNA, die für dieses Glykoprotein codiert, seither mutiert ist. Abbildung 3 zeigt Ausschnitte aus der Virus-RNA des Zaire-Ebola-Virus von 1976 sowie einer 2014 entdeckten Variante. Die Virus-RNA wird bei der Expression in einem ersten Schritt durch das Enzym L-Polymerase in komplementäre RNA umgeschrieben, die dann translatiert wird.

Zaire-Ebola-Virus (1976)	3‘	**CGU UCU CGU GAC UGA AGG**	5‘
Zaire-Ebola-Virus (2014)	3‘	**CAU UCU CGC GAC UGA GGG**	5‘

Abbildung 3: Ausschnitt aus der Virus-RNA verschiedener Ebola-Viren

4.1 Ermitteln Sie mithilfe der Codesonne (siehe Seite 33) die durch die dargestellten Ausschnitte der Virus-RNA kodierten Aminosäuresequenzen.
Erklären Sie, weshalb der Impfstoff rVSV-ZEBOV gegen das Zaire-Ebola-Virus (2014) keine Wirksamkeit zeigt. (4 VP)

4.2 Erstellen Sie ein Diagramm, das den zeitlichen Verlauf der Antikörperkonzentration im Blut einer mit rVSV-ZEBOV geimpften Person zeigt, die sich mit dem Zaire-Ebola-Virus (1976) infiziert hat. Begründen Sie den Kurvenverlauf.
Erläutern Sie die zu erwartenden Unterschiede im Verlauf der Antikörperkonzentration im Blut einer mit rVSV-ZEBOV geimpften Person, die sich mit dem Zaire-Ebola-Virus (2014) infiziert hat. (4 VP)

Lösungen

1 *Stellen Sie den Vorgang der rezeptorvermittelten Endocytose auf der Grundlage des Flüssig-Mosaik-Modells in zwei beschrifteten Zeichnungen dar. Dabei sollen das Andocken des Virus sowie das Ergebnis der Endocytose erkennbar werden.*

Lösungshinweis: Auch wenn es sich bei dieser Aufgabe vordergründig um die Standardaufgabe „Zeichnen der Biomembran nach dem Flüssig-Mosaik-Modell" handelt, gibt es einige wesentliche Details zu beachten. Zum einen müssen das Andocken und das Ergebnis der Endocytose dargestellt werden, zum anderen ist dem Text zu entnehmen, wie das Virus an die Membran andockt. Daraus geht aber nicht klar hervor, ob das Virus direkt an das Membranprotein andockt oder möglicherweise an die Kohlenhydratkette eines Glykoproteins. Beide Lösungen sind also denkbar.

1 Virus dockt an Membranprotein an

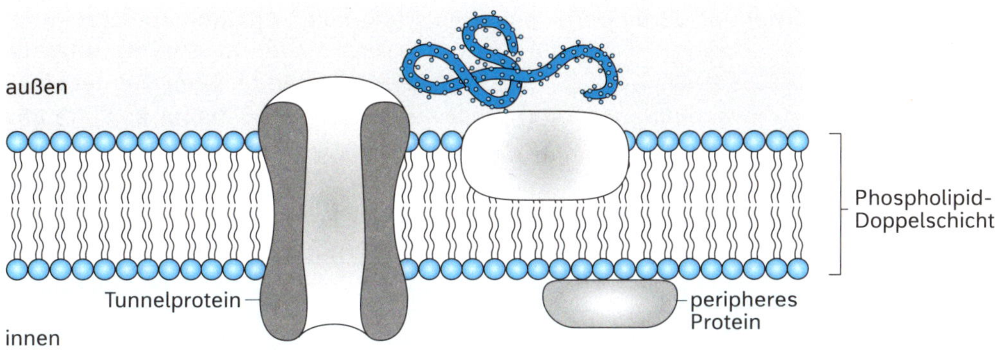

2 Virus ist in einem Vesikel (Endosom) eingeschlossen

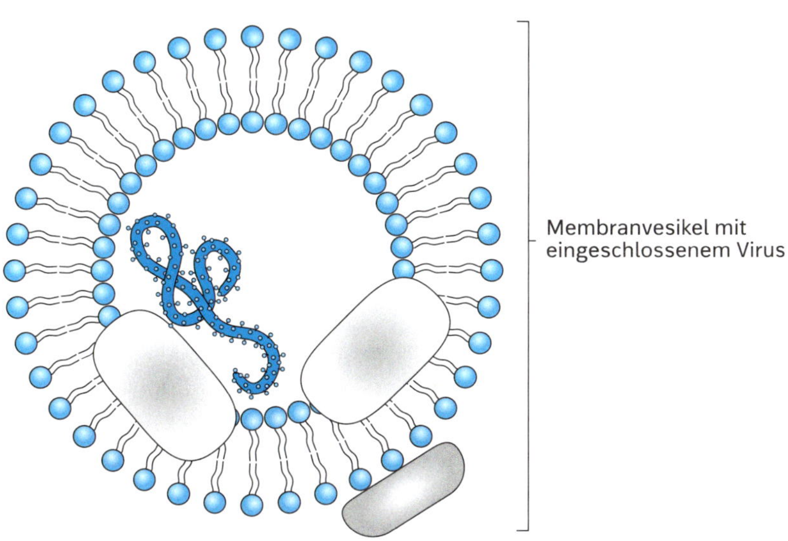

2 *Erläutern sie mithilfe von Abbildung 2 zwei Mechanismen, wie der Befall mit Ebola-Viren die Wirksamkeit der Immunantwort beeinträchtigt.*

Lösungshinweis: Diese Aufgabe hat es in sich, da nur einer der beiden Mechanismen, die Zerstörung der Makrophage, aus der Abbildung sofort ersichtlich wird. Der zweite ergibt sich, wenn Sie sich klar machen, dass nicht nur Viren sondern auch freie Viren-Glykoproteine freigesetzt werden. Überlegen Sie sich, welche Rolle diese spielen könnten.

Dem Text vor Aufgabe 1 und Abbildung 2 ist zu entnehmen, dass das Virus Makrophagen befällt und zerstört. Reduziert sich die Anzahl der Makrophagen, ist die Immunantwort geschwächt, da unter anderem auch die Anzahl Antigen präsentierender Makrophagen und damit die Aktivierung der spezifischen Immunantwort reduziert ist. Des Weiteren sieht man in Abbildung 2, dass auch freie Viren-Glykoproteine in verhältnismäßig großer Zahl freigesetzt werden. Diese binden die von den B-Plasmazellen gebildeten Antikörper und verhindern damit das erfolgreiche Agglutinieren der Viren.

3.1 *Stellen Sie die immunologischen Abläufe nach erstmaliger Verabreichung des Impfstoffes bis zur Bildung von Antikörpern gegen das Glykoprotein in Form eines Verlaufsschemas dar.*

Lösungshinweis: Hier handelt es sich um eine typische „Standardaufgabe" – Sie müssen den Ablauf der humoralen Immunantwort (vgl. Seite 64 ff.) in Form eines Verlaufsschemas wiedergeben.

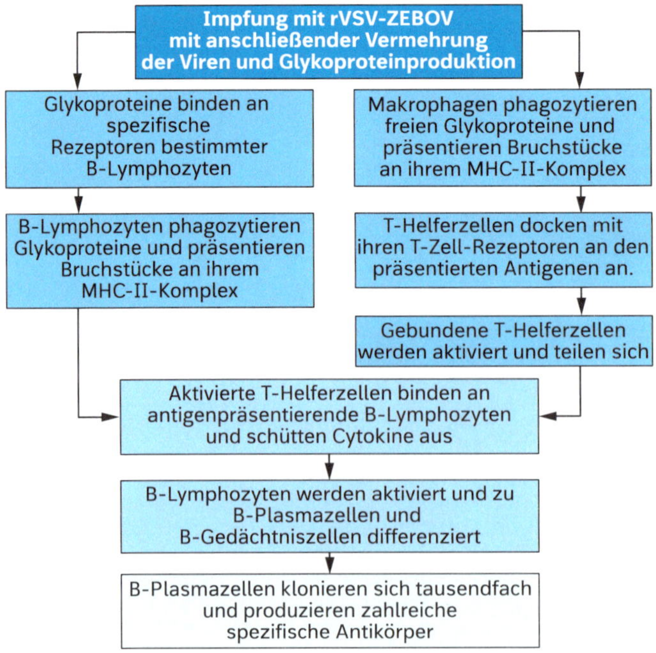

3.2 Geben Sie eine mögliche Erklärung, warum durch die einmalige Impfung mit rVSV-ZEBOV ein lang anhaltender Impfschutz erreichbar ist, während bei einer Impfung mit Glykoproteinen hierfür mehrmals geimpft werden muss.

Lösungshinweis: Der langanhaltende Impfschutz wird erreicht, wenn sich B-Gedächtniszellen in ausreichender Zahl bilden. Überlegen Sie sich eine schlüssige Erklärung, warum das bei einmaliger Impfung nur mit Viren möglich ist. Denkbar sind mehrere Lösungen, die nachfolgende ist nur ein Beispiel.

Werden nur Glykoproteine injiziert, werden diese durch die Immunantwort möglicherweise beseitigt, bevor sich eine ausreichende Zahl von B-Gedächtniszellen bilden kann. Injiziert man dagegen den Impfstoff rVSV-ZEBOV, vermehren sich die darin enthaltenen Viren im Körper und produzieren über einen längeren Zeitraum eine große Menge an Glykoproteinen, sodass es letztlich zur Bildung von Gedächtniszellen kommt.

4.1 Ermitteln Sie mithilfe der Codesonne (siehe Seite 33) die durch die dargestellten Ausschnitte der Virus-RNA codierten Aminosäuresequenzen.
Erklären Sie, weshalb der Impfstoff rVSV-ZEBOV gegen das Zaire-Ebola-Virus (2014) keine Wirksamkeit zeigt.

Lösungshinweis: Der erste Teil der Aufgabe gehört zu den Grundlagen der Genetik und dürfte Sie kaum vor größere Herausforderungen stellen. Andernfalls schauen Sie sich den Umgang mit der Codesonne nochmals an (Seite 32 f.). Achten Sie aber darauf, dass die Virus-RNA, nicht die mRNA angegeben ist! Aus den Ergebnissen des ersten Teils der Aufgabe lässt sich eine mögliche Erklärung für die Unwirksamkeit des Impfstoffes gegen die 2014-Variante des Virus ableiten.

Zaire-Ebola-Virus (1976)	RNA	3'	CGU	UCU	CGU	GAC	UGA	AGG	5'
	mRNA	5'	GCA	AGA	GCA	CUG	ACU	UCC	3'
	AS-Seq.		Ala	Arg	Ala	Leu	Thr	Ser	
Zaire-Ebola-Virus (2014)	RNA	3'	CAU	UCU	CGC	GAC	UGA	GGG	5'
	mRNA	5'	GUA	AGA	GCG	CUG	ACU	CCC	3'
	AS-Seq.		Val	Arg	Ala	Leu	Thr	Pro	

Die dargestellte Aminosäuresequenz des Zaire-Ebola-Virus von 2014 unterscheidet sich in zwei Aminosäuren im Vergleich zur Variante von 1976. Die Folge dieser Mutationen wird eine veränderte Tertiärstruktur der Glykoproteine sein, wodurch die Antikörper, die durch die Impfung mit der Variante von 1976 gebildet werden, nicht mehr „passen" und die Viren nicht mehr binden können. Außerdem könnte es sein, dass auf das gesamte Genom gesehen weitere Veränderungen aufgetreten sind, als nur die beiden in dem gegebenen Ausschnitt dargestellten.

4.2 *Erstellen Sie ein Diagramm, das den zeitlichen Verlauf der Antikörperkonzentration im Blut einer mit rVSV-ZEBOV geimpften Person zeigt, die sich mit dem Zaire-Ebola-Virus (1976) infiziert hat. Begründen Sie den Kurvenverlauf.*
Erläutern Sie die zu erwartenden Unterschiede im Verlauf der Antikörperkonzentration im Blut einer mit rVSV-ZEBOV geimpften Person, die sich mit dem Zaire-Ebola-Virus (2014) infiziert hat.

Lösungshinweis: Wenn Sie aus Ihrem Unterricht oder ihrem Schulbuch die Grafiken zur Antikörperkonzentration bei der primären und der sekundären Immunantwort kennen, dürfte Ihnen die Antwort nicht sonderlich schwer fallen. Achten Sie für den zweiten Teil der Aufgabe darauf, mehr als nur einen Unterschied zu erläutern. Kennen Sie die Grafik nicht, überlegen Sie sich, welchen Unterschied es für die Anzahl der Antikörper und die benötigte Zeit bis zur Ausschüttung macht, ob das Immunsystem den Erreger schon kennt (Impfung; sekundäre Immunreaktion) oder ihm das erste Mal ausgesetzt ist (primäre Immunreaktion). Die in der nachfolgenden Grafik eingezeichnete Kurve zur primären Immunantwort ist nicht als Lösung gefordert, sie dient hier lediglich der Veranschaulichung.

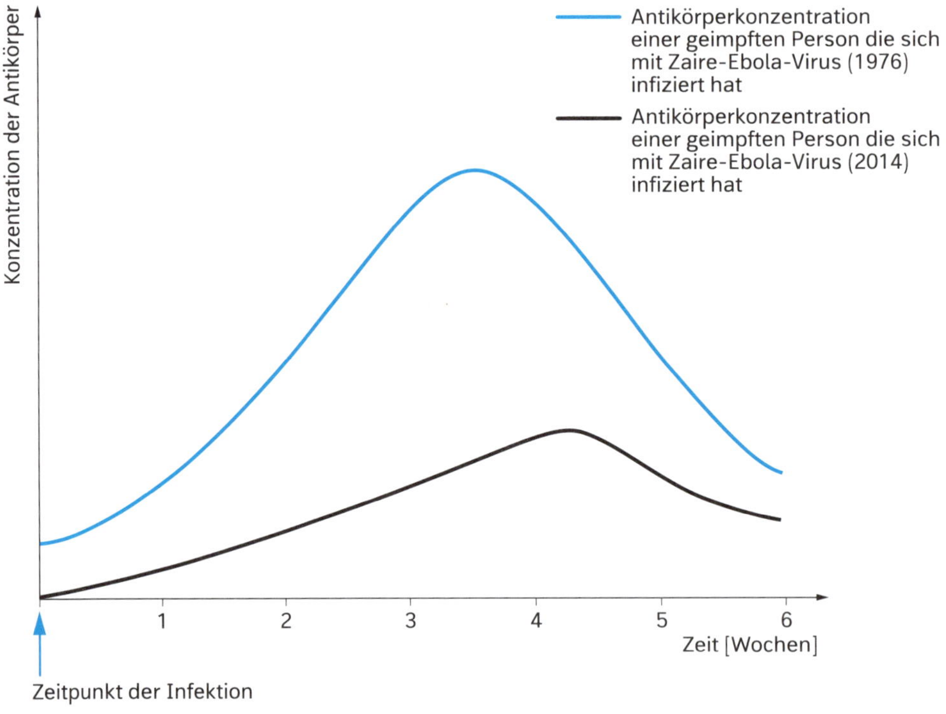

Begründung für den Kurvenverlauf: Der Kurvenverlauf entspricht dem der sekundären Immunantwort. Zum Zeitpunkt der Infektion ist bereits eine gewisse Anzahl von Antikörpern vorhanden, da durch die Impfung mit dem passenden Impfstoff Gedächtniszellen vorhanden sind. Durch die schnelle Differenzierung von B-Gedächtnis- zu B-Plasmazellen erfolgt ein relativ rascher Anstieg auf ein Maximum der Antikörperkonzentration. Nach erfolgreicher Immunantwort nimmt die Konzentration der Antikörper wieder ab, da sie einerseits durch Makrophagen in Form von Antigen-Antikörper-Komplexen phagocytiert werden und andererseits die Immunreaktion durch Suppressorzellen wieder heruntergefahren wird.

Unterschiede im Verlauf der Antikörperkonzentration: Da eine Person, die mit dem Impfstoff rVSV-ZEBOV geimpft wurde, keine passenden Gedächtniszellen für das Virus von 2014 hat, entspricht der Verlauf der Antikörperkonzentration dem einer primären Immunantwort. Zum Zeitpunkt der Infektion sind demnach noch keine (passenden) Antikörper vorhanden. Außerdem erfolgt der Anstieg der Antikörperkonzentration langsamer, da zunächst die Erkennungs- und Aktivierungsphase der Immunantwort ablaufen müssen. Außerdem ist die maximale Antikörperkonzentration geringer, da in diesem Fall die Antigenkonzentration höher ist und daher viele Antikörper an Antigene gebunden und nicht mehr frei sind.
(Zusätzlicher Hinweis: als Grund für den unterschiedlichen Maximalwert der Antikörperkonzentration können auch andere schlüssige Argumente zählen. Tatsächlich ist es so, dass bei einem Erstkontakt vor allem Antikörper vom Typ IgM (vgl. Seite 64) gebildet werden und bei einem Zweitkontakt die spezifischeren Antikörper vom Typ IgG und das in deutlich höherer Zahl.)

Aufgabe 2: Das Jakobskreuzkraut kann Honig vergiften

Teil 1

Das Jakobskreuzkraut (Abbildung 1) ist eine einheimische Pflanzenart, die sich seit einigen Jahren sehr stark entlang von Wegrändern, auf Böschungen und auf extensiv genutzten Wiesen und Weiden ausgebreitet hat. Die Pflanze ist für viele Säugetiere und Insekten giftig. Die Giftigkeit beruht auf dem Vorkommen sogenannter Pyrrolizidin-Alkaloide (PA), die die Pflanze in allen Pflanzenorganen einlagert. Bei Säugetieren werden diese Alkaloide im Verdauungstrakt aufgenommen. In Leberzellen (Abbildung 2) werden sie abgebaut. Dabei entstehen giftige Substanzen, die Leberzellen schädigen.

Abbildung 1: Jakobskreuzkraut (*Senecio jacobaea*)

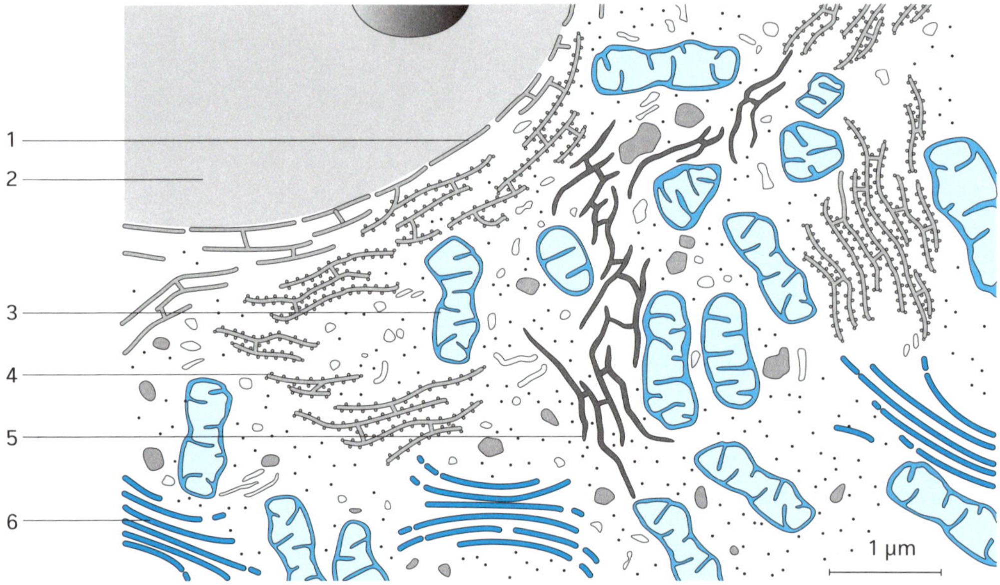

Abbildung 2: Schema des elektronenmikroskopischen Bildes einer Leberzelle (Ausschnitt)

1.1 Benennen Sie die in Abbildung 2 mit Ziffern bezeichneten Strukturen.
Nennen Sie die Funktion der Struktur 4 und erklären Sie ihr in Leberzellen gehäuftes Auftreten. (3 VP)

1.2 Geben Sie zwei mögliche Erklärungen, wie es zur Schädigung von Leberzellen durch Pyrrolizidin-Alkaloid-Abbauprodukte kommen könnte. (2 VP)

Teil 2

Bienen nehmen Pyrrolizidin-Alkaloide (PA) bei Blütenbesuchen am Jakobskreuzkraut mit Pollen und Nektar auf. Die Pyrrolizidin-Alkaloide gelangen so in den Honig. Mithilfe des sogenannten ELISA-Tests (Enzym-Linked Immunosorbent Assay; enzymgekoppelter Immunabsorptionstest) können sie nachgewiesen und ihre Konzentration bestimmt werden. Beim ELISA-Test wird ein Testgefäß mit am Boden fixierten Antikörpern verwendet, in welches die zu untersuchende verdünnte Honigprobe eingefüllt wird (Abbildung 3a). Nach kurzer Einwirkzeit werden die nicht gebundenen Inhaltsstoffe der Probe ausgewaschen.
Nun werden Antikörper mit gekoppeltem Enzym zugegeben, die auch spezifisch an PA binden (3b). Nach erneutem Waschen wird eine Lösung mit farbloser Farbstoffvorstufe in das Testgefäß gegeben. Das an den Antikörper gekoppelte Enzym katalysiert die Umwandlung der Farbstoffvorstufe in einen Farbstoff (3c).

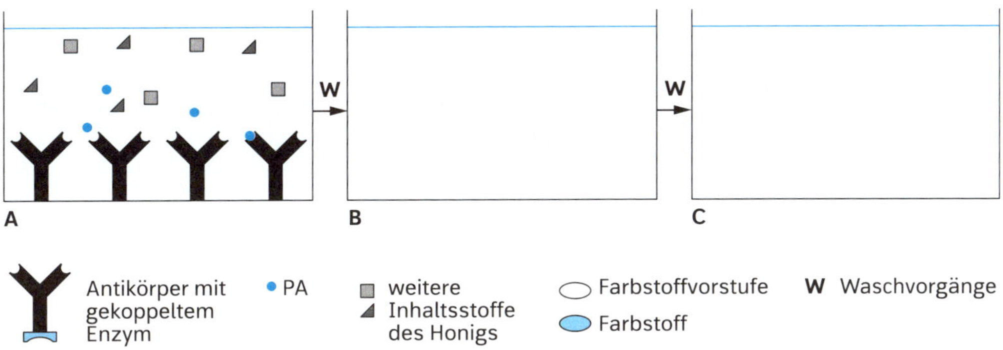

Abbildung 3: ELISA-Test mit einer verdünnten Honigprobe

2.1 Übertragen sie die Abbildung der „leeren“ Testgefäße (Abbildung 3b und 3c) in Ihre Reinschrift und ergänzen Sie die darin ablaufenden Vorgänge unter Verwendung der in der Legende vorgegebenen Symbole. (2 VP)

2.2 Erläutern Sie, wie durch diesen ELISA-Test quantitative Aussagen über die Konzentration der Pyrrolizidin-Alkaloide (PA) im Honig möglich sind und wie man PA-Konzentrationen ermitteln kann. (4 VP)

2.3 Erstellen Sie eine beschriftete Schemazeichnung eines Antikörpers (Größe ca. ½ Seite).
Erläutern Sie, warum die Funktion der Antikörper im ELISA-Test trotz der Fixierung im Gefäßboden oder der Enzymkopplung in vollem Umfang gegeben ist. (3 VP)

Teil 3

Einige Insekten, darunter die in Südostasien und Australien vorkommende Nachtfalterart *Creatonotos gangis*, können die Pyrrolizidin-Alkaloide in Pheromone umwandeln. Pheromone sind Duftstoffe, die der Kommunikation zwischen den Individuen einer Art dienen. Bei *Creatonotos gangis* setzen die Männchen diese Pheromone frei und locken damit Weibchen an. Raupen von *Creatonotos gangis* nehmen die Pyrrolizidin-Alkaloide mit der Nahrung auf. Männliche Raupen entwickeln während der Metamorphose zum geschlechtsreifen Insekt Duftorgane im Hinterleib. Bei den Faltern sind diese Duftorgane tagsüber in den Hinterleib eingezogen. In der Dämmerung werden sie ausgestülpt und geben die Pheromone ab. Bei manchen Männchen sind die Duftorgane größer als die Flügelspannweite (Abbildung 4). Im Laufe der Evolution sind die Duftorgane aus kleinen Darmanhängen entstanden.

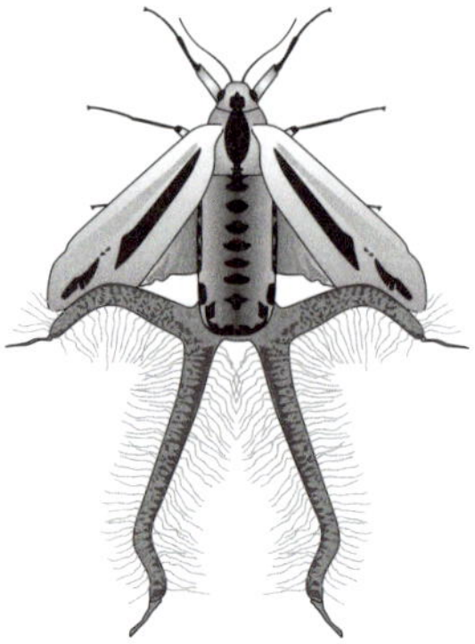

Abbildung 4: Männchen von *Creatonotos gangis* mit Duftorganen

3.1 Erläutern Sie die Entstehung von Duftorganen aus kleinen Darmanhängen im Sinne der Synthetischen Evolutionstheorie. (4 VP)

3.2 Die Ausbildung großer Duftorgane bei *Creatonotos gangis* kann als evolutionärer Kompromiss gesehen werden. Erläutern Sie diese Aussage. (3 VP)

Lösungen

1.1 Benennen Sie die in Abbildung 2 mit Ziffern bezeichneten Strukturen. Nennen Sie die Funktion der Struktur 4 und erklären Sie Ihr in Leberzellen gehäuftes Auftreten.

Lösungshinweis: Diese Aufgabe sollte Sie vor keine allzu großen Probleme stellen. Ansonsten schauen Sie sich die entsprechenden Grundlagen der Zellbiologie ab Seite 35 nochmal an.

1 Kernhülle (Kernmenbran) 2 Chromatin (auch möglich: Zellkern; Kernplasma)
3 Mitochundrium 4 raues ER 5 glattes ER 6 Dictyosom (Golgi-Apparat)
Die Aufgaben des rauen Endoplasmatischen Retikulums sind die Synthese, die Weiterverarbeitung und der Transport von Proteinen. Da in der Leber zahlreiche Stoffwechselprozesse ablaufen, wird eine Vielzahl von Enzymen benötigt, die unter anderem im ER synthetisiert werden.

1.2 Geben Sie zwei mögliche Erklärungen, wie es zur Schädigung von Leberzellen durch Pyrrolizidin-Alkaloid-Abbauprodukte kommen könnte.

Lösungshinweis: Da aus dem einleitenden Text keinerlei weiteren Informationen hervorgehen, um welche Stoffe es sich bei diesen Abbauprodukten handelt, oder wie sie wirken, können Sie sich hier zwei Lösungen frei überlegen, die in sich schlüssig sind.

Mögliche Erklärungen: Die entstehenden Giftstoffe stören den Stoffwechsel der Leberzellen, beispielsweise indem sie die Funktion der Mitochondrien beeinträchtigen

(Hemmung der an der Zellatmung beteiligten Enzyme). Damit würde den Zellen zu wenig Energie zur Verfügung stehen. Eine zweite Möglichkeit wäre, dass die Giftstoffe die Proteinbiosynthese stören (Hemmung der RNA-Polymerase, Hemmung der Ribosomen). Damit stünden nicht genügend Enzyme für die Funktion der Leberzellen zur Verfügung. Auch eine (Zer-)Störung des Erbgutes ist denkbar.

2.1 *Übertragen sie die Abbildung der „leeren" Testgefäße (Abbildung 3b und 3c) in Ihre Reinschrift und ergänzen Sie die darin ablaufenden Vorgänge unter Verwendung der in der Legende vorgegebenen Symbole.*

Lösungshinweis: Die Erläuterung des ELISA-Test gehört mittlerweile zu den fast jedes Jahr abgefragten Grundlagen des schriftlichen Biologieabiturs. Sollten Sie ihn noch nicht sicher beherrschen, finden Sie auf Seite 118 ein vollständiges Schema des Testverfahrens. Achten Sie auf die Details, also zeichnen Sie die Symbole genau wie angegeben und zeichnen Sie nur Stoffe, die nach dem jeweiligen Waschvorgang noch vorhanden sind!

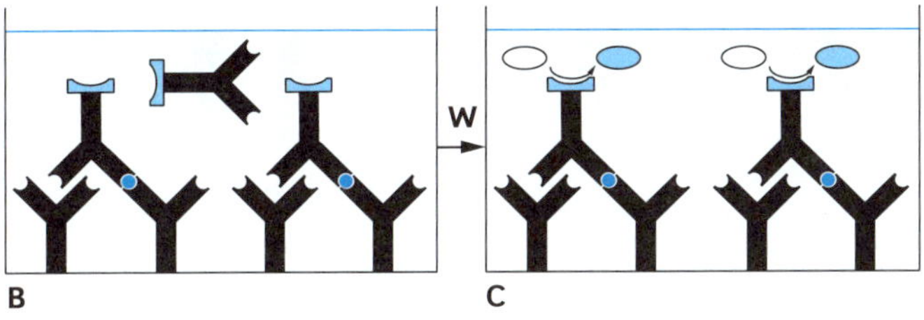

2.2 *Erläutern Sie, wie durch diesen ELISA-Test quantitative Aussagen über die Konzentration der Pyrrolizidin-Alkaloide (PA) im Honig möglich sind und wie man PA-Konzentrationen ermitteln kann.*

Lösungshinweis: Auch diese Aufgabe müsste sich mit dem Wissen über den ELISA-Test lösen lassen. Ein Tipp: Der Farbstoffumschlag wird dazu nach einer definierten Zeit gemessen.

Um eine quantitative Aussage über die PA-Konzentration im Honig treffen zu können, muss die Farbstoffkonzentration im Gefäß c zu einem definierten Zeitpunkt gemessen werden. Je höher die PA-Konzentration im Honig ist, desto mehr PA-Moleküle werden an die festsitzenden monoklonalen Antikörper binden (Bild a). Je mehr PA-Moleküle an diesen Antikörpern anhaften, desto mehr enzymgekoppelte Antikörper können wiederum im zweiten Testschritt an diese PA-Moleküle binden (Bild b) und desto höher ist die Anzahl der Enzyme, die Moleküle der Farbstoffvorstufe umsetzen können. Je höher die PA-Konzentration im Honig war, desto mehr Farbstoffmoleküle können pro Zeiteinheit umgesetzt werden und desto intensiver zeigt sich der Farbumschlag.

Um die tatsächliche PA-Konzentration ermitteln zu können, benötigt man mittels bekannter PA-Konzentrationswerte geeichte Farbskalen, mit denen man das eigene Messergebnis vergleichen kann.

2.3 Erstellen Sie eine beschriftete Schemazeichnung eines Antikörpers (Größe ca. ½ Seite).
Erläutern Sie, warum die Funktion der Antikörper im ELISA-Test trotz der Fixierung im Gefäßboden oder der Enzymkopplung in vollem Umfang gegeben ist.

Lösungshinweis: Sollte Ihnen der Aufbau eines „typischen" Antikörpers (IgG) nicht mehr geläufig sein, finden Sie ihn auf Seite 63. Machen Sie sich zur Beantwortung des zweiten Teil der Aufgabe klar, mit welchem Teil der Antikörper im Gefäß befestigt ist, bzw. wo das Enzym angekoppelt ist.

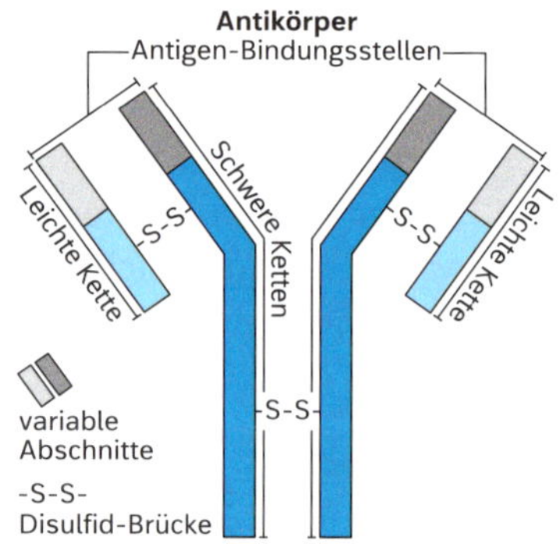

Sowohl bei den am Gefäßboden fixierten als auch den enzymgekoppelten Antikörpern sind die beiden variablen Bereiche mit den jeweiligen Antigen-Bindungsstellen frei. Die Antigen-Spezifität und die Funktion der Antikörper sind daher nicht beeinträchtigt.

3.1 Erläutern Sie die Entstehung von Duftorganen aus kleinen Darmanhängen im Sinne der Synthetischen Evolutionstheorie.

Lösungshinweis: Auch diese Aufgabe taucht nahezu jedes Jahr auf und gehört damit zu den Grundlagen, die Sie beherrschen müssen. Wichtig ist, dass Sie versuchen so viele (passende) „typische Elemente" der Synthetischen Evolutionstheorie (vgl. Seite 68 ff.) wie möglich in Ihre Lösung einzubauen.

Durch Mutation und/oder Rekombination kam es dazu, dass in einer Population von Nachtfaltern einige männliche Individuen entstanden, bei denen sich aus kleinen Darmanhängen Duftorgane entwickelten. Diese Männchen waren in der Lage (besser) Pheromone freizusetzen, was ihnen eine höhere reproduktive Fitness bescherte. Sie hatten dadurch einen Selektionsvorteil und setzten sich in der Konkurrenz um die Weibchen durch, hatten den größeren Fortpflanzungserfolg. Mit der Zeit nahm dadurch die Häufigkeit der Allele für die Duftorgane in der Population zu (Verschiebung der Allelfrequenz) und damit auch die Zahl der Männchen mit Duftorganen. Nach dem gleichen Prinzip lässt sich erklären, warum die Duftorgane im Laufe der Evolution immer größer und damit effektiver wurden.

3.2 Die Ausbildung großer Duftorgane bei Creatonotos gangis kann als evolutionärer Kompromiss gesehen werden. Erläutern Sie diese Aussage.

Lösungshinweis: Überlegen Sie sich, welche Vor- aber auch Nachteile so große Duftorgane mit sich bringen und warum sie deshalb als Kompromiss gesehen werden können.

Je größer die Oberfläche eines solchen Duftorgans ist, desto besser können Pheromone nach dem Prinzip der Oberflächenvergrößerung an die Umgebungsluft abgegeben werden. Ein größeres (verzweigtes) Duftorgan stellt also einen Selektionsvorteil dar. Gleichzeitig sind Männchen mit einem großen Duftorgan aber auch weniger gut flugfähig und werden von Fressfeinden leichter gesehen als solche mit kleineren Duftorganen, was ein eindeutiger Nachteil der großen Duftorgane ist. Daher kann die Entstehung dieser Organe durchaus als evolutionärer Kompromiss zwischen diesen Vor- und Nachteilen gesehen werden.

Aufgabe 3: Mitochondriopathien beruhen auf Fehlfunktionen der Mitochondrien

Teil 1

Mitochondrien und Chloroplasten verfügen über ein eigenes Genom und eigene Ribosomen. Beim mitochondrialen Genom handelt es sich um ein ringförmiges DNA-Molekül aus etwa 16.000 Basenpaaren. Es kodiert für 13 Proteine der Zellatmung sowie für mitochondriale RNA-Moleküle (zum Beispiel tRNA). Dadurch ist das Organell genetisch nicht völlig vom Zellkern abhängig und kann selbstständig Proteinbiosynthese betreiben. Abbildung 1a zeigt den Aufbau eines mitochondrialen tRNA-Moleküls, Abbildung 1b die Bindung einer Aminosäure an diese tRNA durch das Enzym Aminoacyl-tRNA-Synthetase.

.

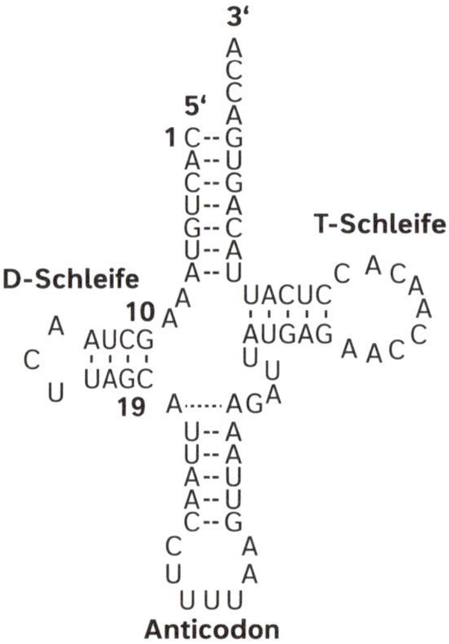

Abbildung 1a:
Struktur eines mitochondralen tRNA-Moleküls

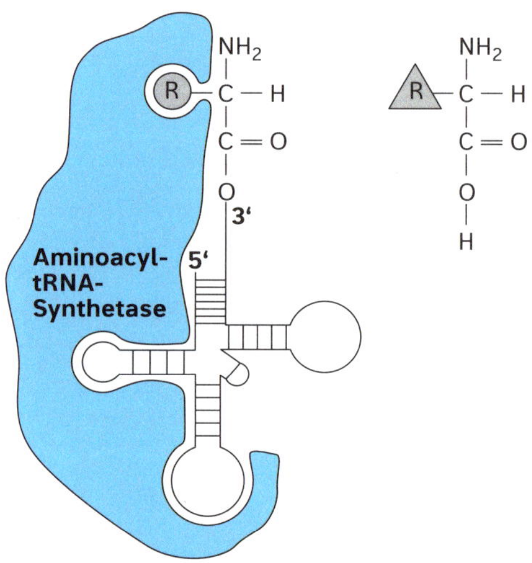

Abbildung 1b:
Verknüpfung der tRNA aus Abbildung 1a mit einer Aminosäure durch das Enzym Aminoacyl-tRNA-Synthetase sowie eine andere, freie Aminosäure

1.1 Formulieren Sie die Reaktionsgleichung der Zellatmung in Summenformeln. Erklären Sie am Beispiel der Mitochondrien die Bedeutung der Kompartimentierung sowie der Oberflächenvergrößerung. (3 VP)

1.2 Erläutern sie mithilfe der Abbildungen 1a und 1b wie im Prozess der Proteinbiosynthese eine eindeutige Übersetzung einer RNA-Sequenz in die entsprechende Aminosäuresequenz sichergestellt wird.
Bestimmen Sie mithilfe der Code-Sonne (siehe Seite 33) die Aminosäure, mit welcher die tRNA in Abbildung 1a beladen wird. (4 VP)

Teil 2

Seit einigen Jahren geraten Krankheiten, die auf einer Fehlfunktion der Mitochondrien beruhen, verstärkt in den Fokus der Wissenschaft. Solche Erkrankungen nennt man Mitochondriopathien. Die Ursache einiger Mitochondriopathien sind Mutationen in mitochondrialen Genen, die für die tRNA-Moleküle codieren. Zum Beispiel führt eine häufig auftretende Mutation bei der in Abbildung 1a dargestellten tRNA zum Austausch der Base G durch die Base A an Position 19. Sofern diese Mutation vererbt wurde, können bereits im Kindes- und Jugendalter Symptome, wie zum Beispiel fortschreitende Muskelschwäche und eine verzögerte körperliche und geistige Entwicklung, auftreten.

2.1 Formulieren Sie unter Verwendung der Abbildungen 1a und 1b eine Hypothese zur molekularen Wirkung der im Vortext beschriebenen Mutation und erläutern Sie welche Auswirkungen diese Mutation auf die Bildung eines mitochondrialen Proteins haben könnte. (3 VP)

2.2 Erläutern Sie den Zusammenhang zwischen der Mutation, der Funktion des Organells und den im Text beschriebenen Symptomen. (3 VP)

Teil 3

Eine von Mitochondriopathie betroffene Frau brachte in Mexiko im April 2016 einen gesunden Jungen zur Welt, der mithilfe eines neuen Verfahrens der künstlichen Befruchtung gezeugt wurde, der „Three-parent in vitro fertilization". Abbildung 2 zeigt dieses Verfahren.

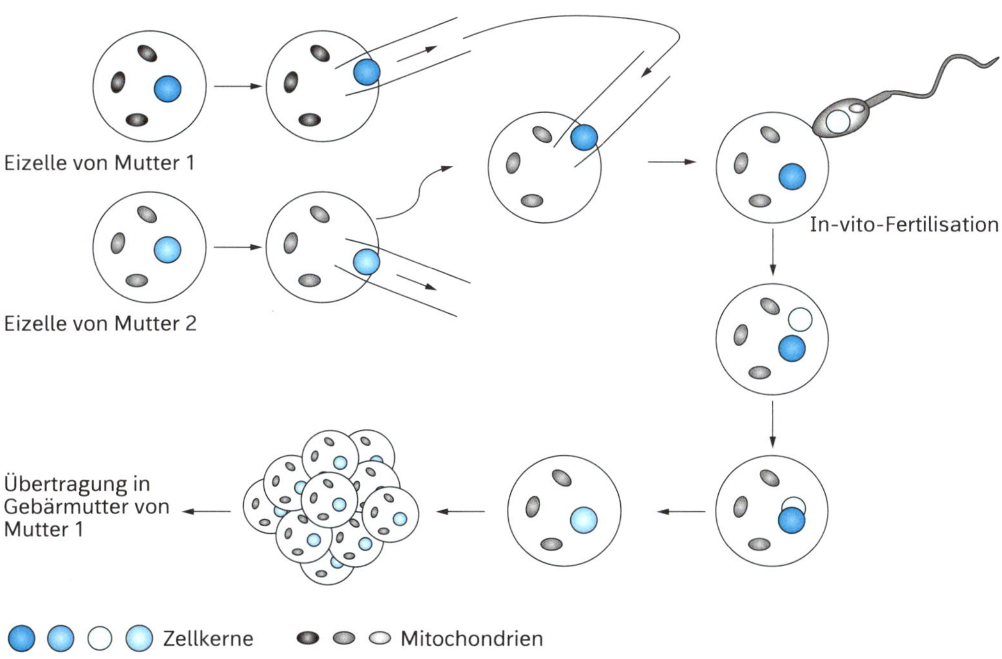

Abbildung 2: Verfahren der „Three-parent in vitro fertilization" (vereinfacht)

3.1 Beschreiben Sie den Ablauf dieser Methode.
Begründen Sie, weshalb von erblicher Mitochondriopathie betroffene Frauen mit dieser Methode gesunde Kinder zur Welt bringen können. (4 VP)

3.2 In Deutschland ist das Verfahren bisher verboten. Nennen Sie drei Probleme, die sich bei einer Zulassung ergeben könnten und geben Sie jeweils eine kurze Begründung. (3 VP)

Lösungen

1.1 Formulieren Sie die Reaktionsgleichung der Zellatmung in Summenformeln.
Erklären Sie am Beispiel der Mitochondrien die Bedeutung der Kompartimentierung sowie der Oberflächenvergrößerung.

Lösungshinweis: Die Summenformel der Zellatmung sollte (wie die der Fotosynthese) zu Ihrem Grundwissen gehören. Übertragen Sie für den zweiten Teil der Aufgabe das allgemeine Prinzip der Kompartimentierung und Oberflächenvergrößerung auf die Funktion und den Bau des Mitochondriums.

Zellatmung: $C_6H_{12}O_6 + 6\ O_2 \rightarrow 6\ H_2O + 6\ CO_2$ + Energie

Durch die Kompartimentierung entstehen unterschiedliche Reaktionsräume, in denen die Teilschritte der Zellatmung getrennt voneinander ablaufen können. In den einzelnen Reaktionsräumen können verschiedene Bedingungen herrschen (z. B. andere Enzyme).
Durch die starke Faltung der inneren Mitochondrienmembran entsteht eine vergrößerte Oberfläche und damit Platz für mehr Reaktionen der Zellatmung, da wesentliche Schritte an Proteinkomplexen ablaufen, die in der inneren Membran sitzen. Außerdem ergibt sich aus der größeren Oberfläche ein effektiverer Stoffaustausch zwischen den einzelnen Kompartimenten.

1.2 Erläutern sie mithilfe der Abbildungen 1a und 1b wie im Prozess der Proteinbiosynthese eine eindeutige Übersetzung einer RNA-Sequenz in die entsprechende Aminosäuresequenz sichergestellt wird.
Bestimmen Sie mithilfe der Code-Sonne (siehe Seite 33) die Aminosäure, mit welcher die tRNA in Abbildung 1a beladen wird.

Lösungshinweis: Finden Sie zwei Faktoren durch die sichergestellt wird, dass es zu einem Basentriplett auf der mRNA nur genau eine passende Aminosäure gibt. Beide finden Sie in den Abbildungen dargestellt.

Jede tRNA verfügt über ein Anticodon (im Beispiel UUU, S. Abb. 1a), das zu einem entsprechenden Basentriplett der mRNA (Codon; im Beispiel AAA) komplementär ist. Dadurch wird sichergestellt, dass sich nur die passende tRNA auf den entsprechenden mRNA-Abschnitt in die P-Stelle des Ribosoms setzt. Die Substratspezifität der jeweiligen Aminoacyl-tRNA-Synthetase stellt sicher, dass jedes tRNA-Molekül mit der richtigen Aminosäure beladen wird (Abb. 1b). Im Beispiel wäre es die Aminosäure Lysin, die auf die angegebene tRNA passt (vgl. Code-Sonne, S.33).

2.1 *Formulieren Sie unter Verwendung der Abbildungen 1a und 1b eine Hypothese zur molekularen Wirkung der im Vortext beschriebenen Mutation und erläutern Sie welche Auswirkungen diese Mutation auf die Bildung eines mitochondrialen Proteins haben könnte.*

Lösungshinweis: Überlegen Sie sich, was ein Basenaustausch für die Struktur der tRNA vermutlich bedeutet und was das wiederum für den in 1b dargestellten Prozess vor dem Hintergrund der in Aufgabe 1.2 beschriebenen Spezifität bedeutet. Bedenken Sie, dass auch die tRNA über eine dreidimensionale Tertiärstruktur verfügt, die „klassische" Kleeblattdarstellung, die auch hier verwendet wird, entspricht lediglich der Sekundärstruktur!

Ein Basenaustausch (G durch A) an der Position 19 wird vermutlich eine Änderung der räumlichen Struktur (Tertiärstruktur) der tRNA nach sich ziehen. Dadurch wird die tRNA nicht mehr in „ihre" Aminoacyl-tRNA-Synthetase passen und damit nicht mehr beladen werden. In der Proteinbiosynthese wird es zu schwerwiegenden Fehlern kommen, da immer dann, wenn die mRNA das Codon AAA zeigt, die eigentlich nötige Aminosäure Lysin nicht mehr in die Aminosäurekette eingebaut werden kann, was einen Kettenabbruch zur Folge haben dürfte. Denkbar wäre auch, dass die veränderte tRNA in eine andere Aminoacyl-tRNA-Synthetase passt und dadurch mit einer falschen Aminosäure beladen wird. Die Folgen wären vergleichbar mit denen einer Missense-Punktmutation.

2.2 *Erläutern Sie den Zusammenhang zwischen der Mutation, der Funktion des Organells und den im Text beschriebenen Symptomen.*

Lösungshinweis: Dem Text können Sie entnehmen, welche Organe hauptsächlich betroffen sind, beziehungsweise welche Symptome auftreten. Machen Sie sich klar, welche Rolle die Mitochondrien für eben diese Organe spielen und der gesuchte Zusammenhang dürfte sich ergeben.

Die Mutation betrifft die mitochondriale tRNA und bedingt ein verändertes oder funktionsloses Protein (vgl. Antwort zu 2.1). Die Mitochondrien synthetisieren hauptsächlich Proteine der Zellatmung (vgl. Text vor Aufgabe 1). Die Folge der Mutation ist eine gestörte Zellatmung und damit eine nicht mehr ausreichende Bereitstellung von Energie in Form von ATP. Energieaufwändige Lebensprozesse, wie beispielsweise Wachstum, Muskel- und Nerventätigkeit sind eingeschränkt. Die beschriebenen Symptome die logische Konsequenz.

3.1 Beschreiben Sie den Ablauf dieser Methode.
Begründen Sie, weshalb von erblicher Mitochondriopathie betroffene Frauen mit dieser Methode gesunde Kinder zur Welt bringen können.

Lösungshinweis: Machen Sie sich zunächst klar, welche der beiden angegebenen Mütter die von der Mitochondriopathie betroffene ist. Wenn Sie das geklärt haben, dürfte die Lösung der Aufgabe keine besondere Herausforderung mehr darstellen.

Beschreibung des Verfahrens: Einer Eizelle der betroffenen Frau („Mutter 1", Kernspenderin) wird der Zellkern entnommen und in eine vorher entkernte Spendereizelle von „Mutter 2" (Eizell-Spenderin) injiziert. Die so entstandene gesunde Eizelle wird in vitro mit einem Spermium des Vaters befruchtet und der Keim nach einigen Zellteilungen in die Gebärmutter von „Mutter 1" übertragen.

Begründung: Die Mitochondriopathien betreffen nur das Erbgut der Mitochondrien und können so auch nur über diese übertragen werden. Alle Mitochondrien entstammen ausschließlich der Eizelle der Mutter. Spendet die erkrankte Frau wie im beschriebenen Verfahren lediglich den Zellkern der Eizelle die befruchtet wird, wird ihr Gendefekt nicht an das Kind weitergegeben, es ist gesund. Allerdings stammen die mitochondrialen Gene des Kindes von der zweiten Mutter, weshalb man auch von der „Drei-Eltern in vitro Fertilisation" spricht.

3.2 In Deutschland ist das Verfahren bisher verboten. Nennen Sie drei Probleme, die sich bei einer Zulassung ergeben könnten und geben Sie jeweils eine kurze Begründung.

Lösungshinweis: Eine sehr offene Aufgabe, bei der es viele individuelle Lösungen geben kann. Die nachfolgenden sind lediglich als Beispiele zu verstehen. Überlegen Sie sich welche Problematiken Sie im Zusammenhang mit künstlicher Befruchtung generell kennen. Viele lassen sich übertragen.

1. Medizinische Problematik: Generell sind die Erfolgsraten bei künstlicher Befruchtung nicht sonderlich hoch. Durch die zusätzlich nötigen Kerntransfers sinkt diese Quote weiter. Es bedarf einer hohen Anzahl von Eizellen, die wiederum nur durch eine entsprechend starke Hormontherapie gewonnen werden kann.
2. Ethische Problematik: Es wäre nicht ausgeschlossen, dass Eizell-Spenderinnen gefunden werden, die nicht aus freien Stücken sondern aus finanziellen Nöten heraus ihre Eizellen „verkaufen".
3. Problem der drei Eltern: Für das Kind könnten sich Identitätsprobleme daraus ergeben, dass es in gewissem Sinne zwei Mütter hat und gegebenenfalls seine zweite Mutter kennen lernen möchte. Vergleichbares tritt bekanntlich bei anonymen Samenspenden immer wieder auf.

Aufgabe 4: Morphin lindert starke Schmerzen

Teil 1

Der Wirkstoff Morphin gehört zu den wichtigsten Mitteln zur Behandlung starker Schmerzen. Er ist ein Bestandteil des Opiums, des getrockneten Milchsaftes der Kapselfrüchte des Schlafmohns. Morphin bindet an Opioidrezeptoren in der präsynaptischen Membran von Nervenzellen der Schmerzbahn. Dadurch wird die Erregungsweiterleitung zwischen Nervenzellen der Schmerzbahn eingeschränkt und das Schmerzempfinden des Patienten gesenkt. Als Nebenwirkung treten Atem- und Kreislaufbeschwerden auf.

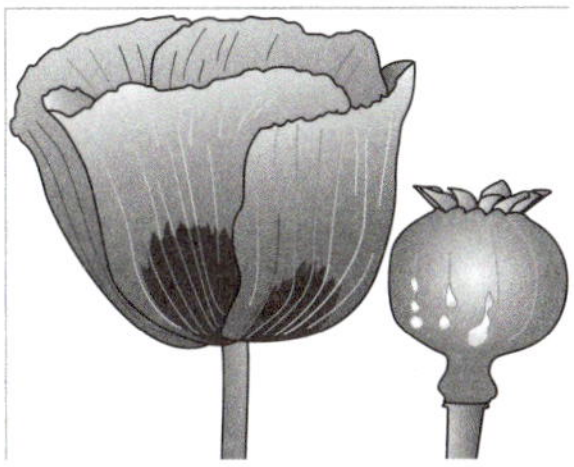

Abbildung 1: Schlafmohn

1. Beschreiben Sie die Prozesse, die bei der Erregungsübertragung an einer Synapse ablaufen vom Eintreffen eines Aktionspotenzials bis zur Erregung der nachgeschalteten Zelle. (3 VP)

Teil 2

Um den Wirkmechanismus des Morphins zu verstehen, wurden Experimente an Nervenzellen durchgeführt. Hierbei entdeckten die Forscher, dass bei der Wirkung des Morphins das membrangebundene Enzym Adenylatcyclase und die Menge an cAMP (cyclisches Adenosinmonophosphat) eine entscheidende Rolle spielen. Abbildung 2 zeigt schematisch die Vorgänge an der präsynaptischen Membran des Endknöpfchens ohne und mit Morphin.

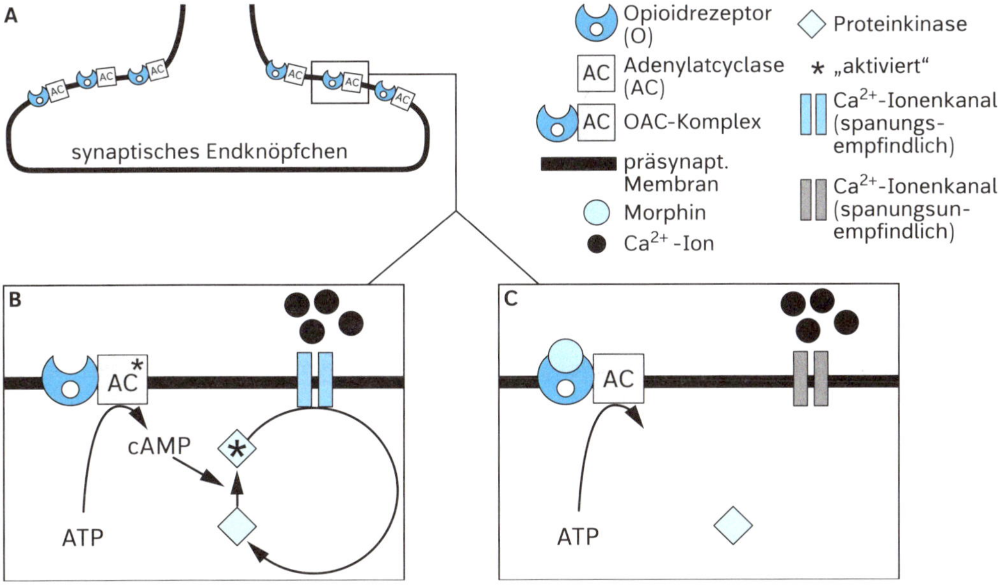

Abbildung 2: a) Synaptisches Endköpfchen mit OAC-Komplexen; b) und c) Vorgänge an der präsynaptischen Membran einer Nervenzelle ohne und mit Morphin (vereinfacht)

2 Erläutern sie unter Berücksichtigung von Abbildung 2 die schmerzstillende Wirkung des Morphins. (3 VP)

Teil 3

Bei länger andauernder Morphingabe stellt sich bei den Konsumenten bald eine Toleranz gegenüber dem Medikament ein. Das bedeutet, dass bei gleicher Morphindosis zunehmend weniger schmerzunterdrückende Wirkung erreicht wird. Um trotzdem eine Wirkung zu erreichen, muss die Dosis erhöht werden, was zur Abhängigkeit von Morphin führen kann.
Diese Abhängigkeit macht sich besonders dann bemerkbar, wenn Morphin abrupt abgesetzt wird. Dabei treten Entzugserscheinungen auf, wie zum Beispiel das Empfinden starker Schmerzen ohne entsprechend starke Schmerzreize.
Abbildung 3 zeigt, wie sich die Konzentration im Cytoplasma und die Anzahl der Opioidrezeptor-Adenylatcyclase-Komplexe (OAC-Komplexe) in der Zellmembran des Endknöpfchen bei Morphingabe und Morphinentzug verändern.

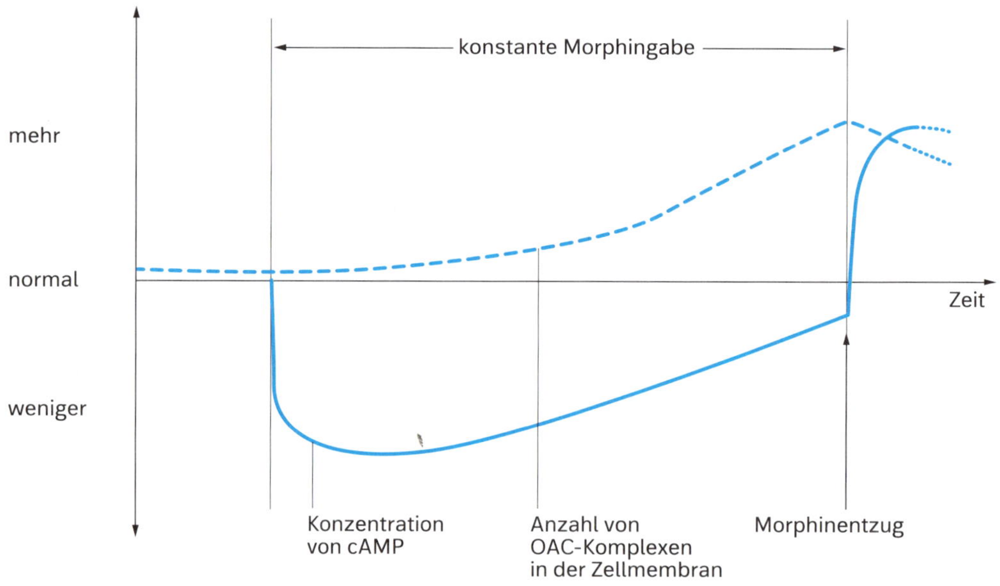

Abbildung 3: Konzentration con cAMP und Anzahl OAC-Komplexe bei Morphingabe und Morphinentzug

3.1 Erklären Sie mithilfe der Abbildung 3 die Entwicklung der Toleranz bei der konstanten Gabe von Morphin. (3 VP)

3.2 Erläutern sie mithilfe der Abbildung 3 das Zustandekommen der starken Schmerzen beim plötzlichen Entzug von Morphin. (3 VP)

Teil 4

Bei einer Schmerzbehandlung kann es zu einer Überdosierung und damit zu einer Vergiftung durch Morphin kommen. Hierbei kommt es zu starken Nebenwirkungen,

die lebensbedrohlich werden können. Der Betroffene fällt in tiefe Bewusstlosigkeit, der Blutdruck sinkt und es kommt zum tödlichen Atemstillstand.
Mithilfe des Medikaments Naloxon kann einer Morphinvergiftung entgegengewirkt werden. Abbildung 4 zeigt die Strukturformeln und die Wirkdauer von Naloxon und Morphin.

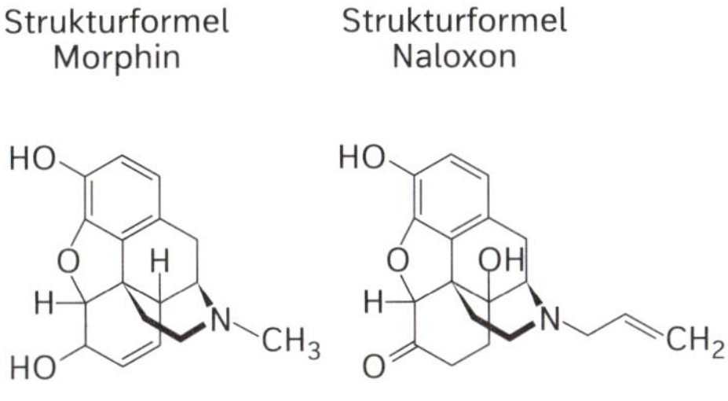

Abbildung 4a:
Strukturformel von Morphinund Naloxon

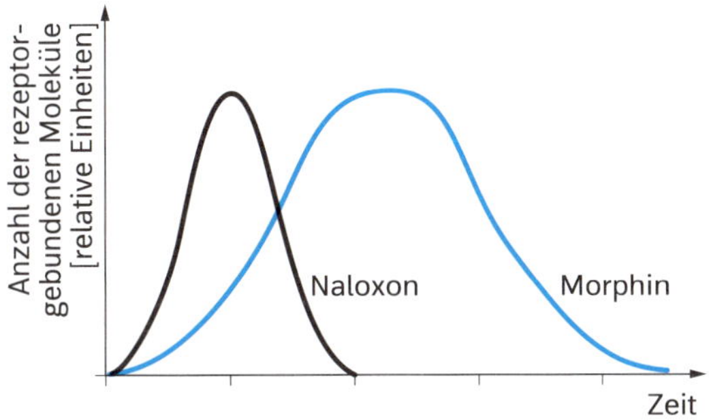

Abbildung 4b:
Bindung von Naloxon und Morphin an Opioid-rezeptoren in Abhängigkeit von der Zeit

4.1 Beschreiben Sie mithilfe von Abbildung 4a einen möglichen molekularen Mechanismus, der die Wirkung von Naloxon erklärt. (2 VP)

4.2 Begründen Sie mithilfe von Abbildung 4b weshalb Naloxon bei einer Morphinvergiftung als Medikament eingesetzt werden kann und hierbei mehrmals verabreicht werden muss. (3 VP)

Teil 5

Die Gewinnung von Morphin aus dem Milchsaft des Schlafmohns ist sehr aufwendig. Deshalb versucht man seit langem Vorstufen des Morphins gentechnisch zu erzeugen. Wissenschaftlern ist es vor wenigen Jahren gelungen, *E. coli*-Bakterien gentechnisch so zu verändern, dass sie eine Vorstufe des Morphins, das Reticulin, synthetisieren. Um die fremden Gene in die Bakterienzellen einzufügen, haben sie rekombinante Plasmide hergestellt, die eine DNA-Sequenz mit den Genen enthalten, welche für notwendige Enzyme der Biosynthese von Reticulin codieren.

5 Beschreiben Sie, wie das rekombinante Plasmid aufgebaut sein muss, um damit eine Selektion der rekombinanten Bakterien zu ermöglichen. Erklären Sie ein entsprechendes Selektionsverfahren. (3 VP)

Lösungen

1. *Beschreiben Sie die Prozesse, die bei der Erregungsübertragung an einer Synapse ablaufen vom Eintreffen eines Aktionspotenzials bis zur Erregung der nachgeschalteten Zelle.*

Lösungshinweis: Auch wenn es nicht explizit dabei steht, ist hier eine chemische Synapse gemeint. Sollten Sie sich über deren Funktion nicht ganz sicher sein, finden Sie ab Seite 58 die entsprechenden Erklärungen.

Erreichen Aktionspotenziale das Endknöpfchen, kommt es zu einer Depolarisation der Membran. Spannungsgesteuerte Ca^{2+}-Kanäle öffnen sich kurzfristig und Ca^{2+}-Ionen strömen in das Endknöpfchen ein. Der Ca^{2+}-Einstrom bewirkt, dass synaptische Vesikel, die mit Neurotransmittern gefüllt sind, mit der präsynaptischen Membran verschmelzen und die Neurotransmitter per Exocytose in den synaptischen Spalt ausschütten. Die Neurotransmitter diffundieren zur postsynaptischen Membran und setzen sich dort, im Falle einer erregenden Synapse, nach dem Schlüssel-Schloss-Prinzip an ligandengesteuerte Na^{+}-Kanäle. Diese Kanäle öffnen sich und es kommt zu einem Na^{+}-Einstrom entlang des Konzentrationsgefälles in die postsynaptische Zelle. Die Membran der postsynaptischen Zelle wird depolarisiert (erregendes postsynaptisches Potenzial; EPSP).

2 *Erläutern sie unter Berücksichtigung von Abbildung 2 die schmerzstillende Wirkung des Morphins.*

Lösungshinweis: Wenn Sie die vorherige Aufgabe lösen konnten, oder sich die Funktionsweise einer Synapse nochmal angeschaut haben, ist die Lösung der Aufgabe gut aus den Abbildungen herzuleiten.

Setzt sich das Morphin nach dem Schlüssel-Schloss-Prinzip an den Opioidrezeptor eines OAC-Komplexes, wird die Adenylatcyclase deaktiviert. Daraufhin kann sie kein ATP mehr in cyclisches AMP umwandeln. Das wiederum hat eine Deaktivierung der Proteinkinase zur Folge. Ohne die Aktivität der Proteinkinase werden die Ca^{2+}-Kanäle spannungsunempfindlich und lassen sich durch eintreffende Aktionspotenziale nicht mehr öffnen. Die Ausschüttung der Neurotransmitter und damit die Weiterleitung des Schmerzreizes sind unterbunden.

3.1 *Erklären Sie mithilfe der Abbildung 3 die Entwicklung der Toleranz bei der konstanten Gabe von Morphin.*

Lösungshinweis: Schauen Sie sich zunächst den cAMP-Spiegel vom Moment der ersten Morphingabe an und vergleichen Sie die Kurve mit Ihrer Lösung zur vorherigen Aufgabe. Wenn Ihnen der Zusammenhang klar ist, setzen Sie die cAMP-Konzentration ins Verhältnis zur Anzahl der OAC-Komplexe. Damit dürfte sowohl die Lösung für diese, als auch für die nächste Aufgabe klar sein.

Zu Beginn der Morphingabe sinkt der cAMP-Spiegel durch die in der vorherigen Aufgabe beschriebenen Prozesse. Mit der Zeit bildet die Zelle eine immer größer werdende Zahl von OAC-Komplexen in der Zellmembran, wodurch – bei gleichbleibender Morphindosis – die cAMP-Konzentration wieder steigt, vermutlich weil nicht alle OAC-Komplexe ausreichend besetzt werden können. Eine steigende cAMP-Konzentration bewirkt aber auch eine zunehmende Aktivierung der Proteinkinase (vgl. Aufgabe 2), was die Ca^{2+}-Kanäle wieder spannungsabhängig macht und die Schmerzreizweiterleitung wieder ermöglicht. Der Patient wird zunehmend tolerant gegen das Morphin. Der zunehmenden Anzahl an OAC-Komplexen kann nur mit einer erhöhten Morphindosis entgegengewirkt werden.

3.2 Erläutern sie mithilfe der Abbildung 3 das Zustandekommen der starken Schmerzen beim plötzlichen Entzug von Morphin.

Lösungshinweis: Schauen Sie sich die beiden Kurven in Abbildung 3 nach Beendigung der Morphingabe an und vergleichen Sie sie mit der Situation vor der ersten Morphingabe. Damit lässt sich das starke Schmerzempfinden erklären.

Die erhöhte Anzahl aktiver OAC-Komplexe nach einer konstanten Morphingabe hat einen erhöhten cAMP-Spiegel zur Folge (vgl. Abbildung 3). Der im Vergleich zur Normalsituation vor der konstanten Morphingabe deutlich höhere cAMP-Spiegel wird eine höhere Anzahl aktivierter Proteinkinasen zur Folge haben. Die wiederum sorgen dafür, dass viele Ca^{2+}-Kanäle spannungssensitiv sind und sich bei eintreffenden Aktionspotenzialen öffnen. Der daraus resultierende starke Ca^{2+}-Einstrom bewirkt eine überhöhte Neurotransmitterausschüttung, was eine stärkere Reizweiterleitung zur Folge hat. Die Synapse wirkt wie eine Art Verstärker, so dass es im Gehirn zu einem verstärkten Schmerzempfinden kommt.

4.1 Beschreiben Sie mithilfe von Abbildung 4a einen möglichen molekularen Mechanismus, der die Wirkung von Naloxon erklärt.

Lösungshinweis: Der Abbildung 4a ist zu entnehmen, dass Morphin und Naloxon nahezu die gleiche chemische Struktur haben. Aus der Enzymatik sollte Ihnen ein darauf beruhender Hemmmechanismus bekannt sein,den Sie auch hier als Erklärung verwenden können.

Die sehr ähnliche Struktur des Naloxons ermöglicht dem Wirkstoff eine Bindung an den Opioidrezeptor. Da die Struktur aber nicht genau gleich ist, wird der Komplex nicht deaktiviert, lediglich der Rezeptor besetzt, vergleichbar einer kompetitiven Hemmung von Enzymen.

4.2 Begründen Sie mithilfe von Abbildung 4b weshalb Naloxon bei einer Morphinvergiftung als Medikament eingesetzt werden kann und hierbei mehrmals verabreicht werden muss.

Lösungshinweis: Damit Naloxon wirkt, muss es während der gesamten Zeit, in der sich das Morphin im Blut befindet, jederzeit die OAC-Komplexe besetzten. Vor diesem Hintergrund liefert die Abbildung 4b die nötigen Informationen zur Lösung der Aufgabe.

Der Abbildung 4b ist zu entnehmen, dass die Naloxon-Moleküle schneller an die Opioidrezeptoren binden als das Morphin. Dadurch verhindert es das Binden des Morphins an die Rezeptoren und damit dessen Wirkung. Allerdings nimmt die Anzahl der rezeptorgebundenen Moleküle auch schneller wieder ab, was vermutlich darin begründet ist, dass das Naloxon schneller abgebaut wird. Damit die Wirkung des Gegenmittels lange genug anhält, muss es mehrfach gespritzt werden.

5 *Beschreiben Sie, wie das rekombinante Plasmid aufgebaut sein muss, um damit eine Selektion der rekombinanten Bakterien zu ermöglichen. Erklären Sie ein entsprechendes Selektionsverfahren.*

Lösungshinweis: Ein Verfahren zur Herstellung transgener Bakterien gehört zu den Grundlagen der angewandten Biologie. Sollte es Ihnen nicht mehr geläufig sein, finden Sie auf den Seiten 51 f. eine ausführliche Erklärung. Vergessen Sie nicht, den Bezug zur Aufgabe (*E. coli*, Reticulin etc.) herzustellen. Achten Sie darauf, dass Sie laut Aufgabe vor allem den Aufbau des Plasmids und das damit zusammenhängende Selektionsverfahren beschreiben sollen. Je nach Schulbuch und Unterricht wird eine etwas andere Variante des Verfahrens beschrieben. Die nachfolgende Lösung muss also nicht zu 100 % mit Ihrer übereinstimmen. Vergewisserns Sie sich zur Not bei Ihrer Lehrerin/Ihrem Lehrer.

Neben den Genen die für die erforderlichen Enzyme codieren, muss das Plasmid Resistenzgene gegen zwei verschiedene Antibiotika (z. B. Ampicillin und Tetracyclin). enthalten. Dabei wird der DNA-Abschnitt mit den erforderlichen Genen in das Resistenzgen gegen eines der beiden Antibiotika, z. B. Tetracyclin, eingebaut. Nun werden die *E. coli*-Bakterien, bei denen man einen Plasmidtransfer versucht hat, auf einen Nährboden gebracht der mit Ampicillin versetzt ist. Damit können nur die Bakterien überleben, die ein Plasmid aufgenommen haben. Da nicht bei allen verwendeten Plasmiden auch der Einbau des erforderlichen DNA-Abschnittes erfolgreich war, werden unter den überlebenden Bakterien solche sein, die lediglich das Plasmid mit den beiden Resistenzen ohne eingebauten DNA-Abschnitt enthalten. Um die erfolgreich transformierten Bakterien zu selektionieren, wird nun mit der Stempeltechnik ein Abbild der Bakterienkolonien auf einen Tetracyclin-Nährboden übertragen. Hier werden die Bakterien, die das geforderte Plasmid enthalten, nicht mehr überleben können, da der erfolgreiche DNA-Transfer die Tetracyclin-Resistenz zerstört hat. Ein Vergleich der Kolonien der beiden Nährböden bringt die gesuchten Bakterien zu Tage.

Prüfungsaufgaben 2019

Aufgabe 1: Der Grüne Knollenblätterpilz ist tödlich

Teil 1

Alljährlich sterben in Deutschland Menschen nach dem Verzehr des Grünen Knollenblätterpilzes (*Amanita phalloides*, Abbildung 1). Bereits ein einziger Pilz kann tödlich sein. Der Grüne Knollenblätterpilz enthält unter anderem das Gift α-Amanitin, ein kleines Peptid, bestehend aus nur acht Aminosäuren (Abbildung 2). α-Amanitin wird weder beim Kochen zerstört noch durch die Proteasen des Verdauungstraktes abgebaut.

Abbildung 1: Grüner Knollenblätterpilz

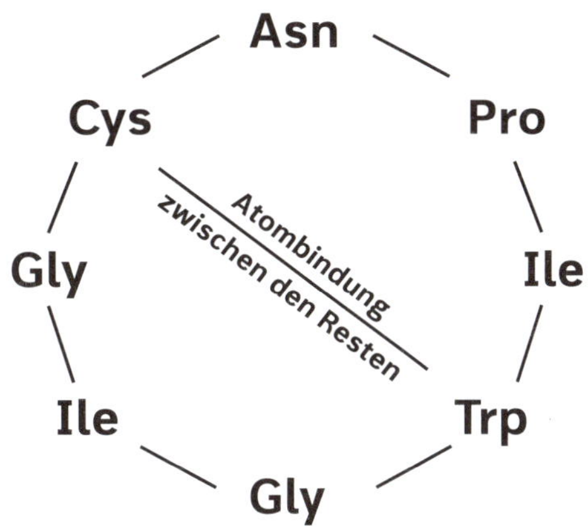

Abbildung 2: Struktur von α-Amanitin (schematisch)

1.1 Zeichnen Sie die Strukturformel eines möglichen Dipeptids, das aus den Aminosäuren Cystein (Rest–CH_2–SH) und Glycin (Rest: –H) besteht. (2 VP)

1.2 Erläutern Sie die Hitzedenaturierung von Proteinen und geben Sie unter Berücksichtigung von Abbildung 2 eine Erläuterung für die Hitzebeständigkeit von α-Amanitin. (2 VP)

Teil 2

α-Amanitin verhindert die Transkription in Zellen des menschlichen Organismus. Acht bis zwölf Stunden nach dem Verzehr kommt es zunächst zu Übelkeit, Erbrechen und Durchfall. Im schlimmsten Fall führt die Vergiftung nach mehreren Tagen zum Tod durch Leberversagen.

2.1 Beschreiben Sie den Ablauf der Transkription. (3 VP)

2.2 Erläutern Sie zwei mögliche Mechanismen, wie α-Amanitin die Transkription verhindern könnte. (2 VP)

2.3 Erklären Sie, warum die tödliche Wirkung von α-Amanitin erst nach mehreren Tagen eintritt. (2 VP)

Teil 3

Wissenschaftler des Deutschen Krebsforschungszentrums versuchen die Giftwirkung des α-Amanitins in der Krebstherapie einzusetzen. Es gelang ihnen im Experiment mit Mäusen, Tumore der Bauchspeicheldrüse effektiv zu bekämpfen. Abbildung 3 zeigt das Prinzip dieser gezielten Bekämpfung einer Krebszelle mit α-Amanitin-gekoppelten Antikörpern.

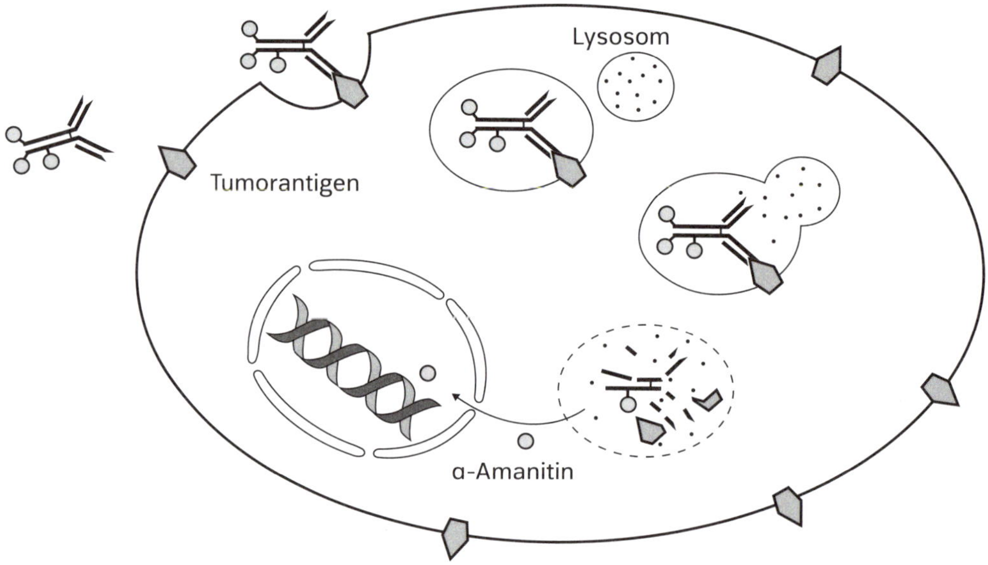

Abbildung 3: Bekämpfung einer Krebszelle mit α-Amanitin-gekoppelten Antikörpern (stark vereinfacht)

3 Erläutern Sie unter Berücksichtigung von Abbildung 3 und der Informationen aus den Vortexten das spezifische Absterben von Krebszellen bei dieser Therapie. (3 VP)

Teil 4

Die ersten in dieser Krebstherapie bei Mäusen eingesetzten Antikörper stammten von Ratten. Diese therapeutischen Ratten-Antikörper führten nur kurzzeitig zu einem Therapieerfolg, da sie eine Immunantwort bei den Mäusen auslösten.

4.1 Beschreiben Sie die humorale Immunantwort im Körper der Maus nach einer Injektion therapeutischer Ratten-Antikörper und erläutern Sie, warum die Wirksamkeit der Therapie nach mehreren Behandlungen mit therapeutischen Ratten-Antikörpern stark nachlässt. (4 VP)

Neben einem möglichen Wirkungsverlust treten bei der Krebstherapie mit α-Amanitin-gekoppelten Antikörpern manchmal erhebliche Nebenwirkungen auf.

4.2 Erläutern Sie unter Berücksichtigung von Abbildung 3 eine mögliche Nebenwirkung beim Einsatz von α-Amanitin-gekoppelten Antikörpern in der Krebstherapie. (2 VP)

Lösungen

1.1 Zeichnen Sie die Strukturformel eines möglichen Dipeptids, das aus den Aminosäuren Cystein (Rest $-CH_2-SH$) und Glycin (Rest: $-H$) besteht.

Lösungshinweis: Sollte Ihnen sie chemische Grundstruktur einer Aminosäure oder die Bildung eines Dipeptids nicht mehr klar sein, finden Sie die entsprechende Erklärung auf Seite 40. Die Reihenfolge der Aminosäuren spielt keine Rolle.

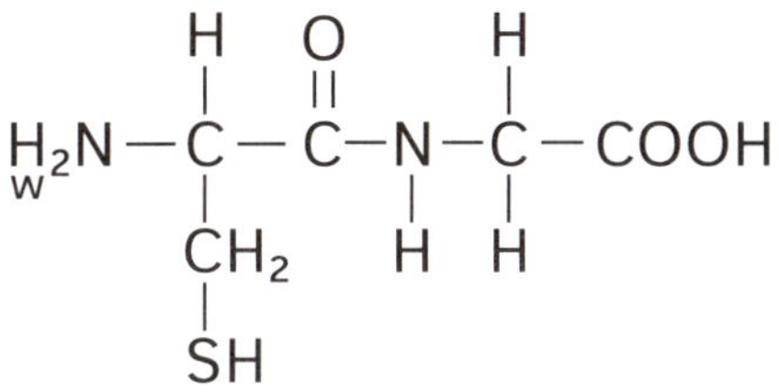

1.2 Erläutern Sie die Hitzedenaturierung von Proteinen und geben Sie unter Berücksichtigung von Abbildung 2 eine Erläuterung für die Hitzebeständigkeit von α-Amanitin.

Lösungshinweis: Hier müssen Sie die Denaturierung durch Hitze nicht nur beschreiben, sondern auch erläutern. Schauen Sie sich vor dem Hintergrund Ihrer Erläuterung Abbildung 2 gut an und überlegen Sie sich dann, warum dieses Molekül hitzebeständiger ist.

Mit zunehmender Temperatur steigt auch die Teilchenbewegung. Ab einer bestimmten Temperatur ist diese BROWN'sche Bewegung so hoch, dass Wasserstoffbrücken oder andere Bindungskräfte der Tertiärstruktur aufgebrochen werden, was eine Veränderung der Tertiärstruktur zur Folge hat.

Das α-Amanitin ist ein sehr kleines und ringförmiges Molekül, das durch eine zusätzliche Atombindung zwischen den Resten von Cystein und Tryptophan stabilisiert ist. Dies alles führt dazu, dass der o. g. Effekt nicht so leicht eintritt und das Molekül damit hitzebeständiger ist.

2.1 Beschreiben Sie den Ablauf der Transkription.

Lösungshinweis: Sollte Ihnen dieser erste Teil der Proteinbiosynthese nicht mehr geläufig sein, finden Sie auf den Seiten 43 f. die entsprechenden Erläuterungen.

Die RNA-Polymerase, ein Multienzymkomplex, bindet an den Promotor (Startsequenz) der DNA und beginnt anschließend einen Teil des Doppelstrangs zu öffnen. Nach dem Öffnen liest die RNA-Polymerase den codogenen Strang der DNA vom 3' zum 5'-Ende ab und setzt komplementäre RNA-Nukleotide an. Diese verbindet sie von 5' in 3'-Richtung zur (prä-)mRNA. Erreicht die RNA-Polymerase den Terminator (Stoppsequenz), löst sie sich von der DNA und die Transkription ist beendet.

2.2 Erläutern Sie zwei mögliche Mechanismen, wie α-Amanitin die Transkription verhindern könnte.

Lösungshinweis: Es gibt in den Aufgabentexten keinerlei Hinweise auf einen möglichen Wirkungsmechanismus. Sie dürfen sich also zwei sinnvolle Möglichkeiten ausdenken. Die folgenden Lösungen sind daher nur beispielhaft zu verstehen.

<u>1. Möglichkeit</u>: Das α-Amanitin wirkt wie ein Repressor (vgl. Genregulation bei Prokaryoten, S. 47 f.) und setzt sich in der Promotorregion an die DNA und verhindert so die Bindung der RNA-Polymerase. Dadurch kann es nicht zur Transkription kommen.
<u>2. Möglichkeit</u>: Das α-Amanitin wirkt wie ein allosterischer Inibitor, setzt sich an die RNA-Polymerase und verändert ihre Tertiärstruktur. Dadurch kann die Transkription nicht mehr normal ablaufen.

2.3 Erklären Sie, warum die tödliche Wirkung von α-Amanitin erst nach mehreren Tagen eintritt.

Lösungshinweis: Machen Sie sich zunächst nochmal klar, wann in einer Zelle die Transkription (und Translation) ablaufen müssen. Daraus sollte sich eine mögliche Antwort ergeben.

In den meisten Körperzellen sind die lebensnotwendigen Proteine in ausreichender Zahl vorhanden. Erst wenn neue Proteine gebildet werden müssen, kommt es zur Proteinbiosynthese und damit zur Transkription. Nun kommt die Giftwirkung zum Tragen. Mit zunehmender Dauer fehlen immer mehr lebenswichtige Proteine, da sie nicht mehr nachgebildet werden können, sodass nach einigen Tagen der Tod eintritt.

3 Erläutern Sie unter Berücksichtigung von Abbildung 3 und der Informationen aus den Vortexten das spezifische Absterben von Krebszellen bei dieser Therapie.

Lösungshinweis: Diese Aufgabe ist etwas komplexer. Sie müssen zunächst anhand der Abbildung 3 die Wirkungsweise α-Amanitin-gekoppelter Antikörper verstehen und dann mit der in den vorigen Aufgaben besprochenen Wirkung von α-Amanitin das Absterben von Krebszellen erläutern.

α-Amanitin-gekoppelte Antikörper binden spezifisch an Tumorantigene der Krebszellen und werden anschließend von diesen phagocytiert. Dabei verschmilzt ein Lysosom mit dem Vesikel, das den α-Amanitin-gekoppelten Antikörper enthält. Die Verdauungsenzyme des Lysosoms zersetzen den Antigen-Antikörper-Komplex und lösen dabei das gekoppelte α-Amanitin ab, was daraufhin in den Zellkern gelangt und dort seine Wirkung entfaltet. Wie in den Aufgaben 2.2 und 2.3 erläutert, hemmt das α-Amanitin die Transkription der Krebszelle, woraufhin diese nach einigen Tagen an einem Proteinmangel stirbt.

4.1 Beschreiben Sie die humorale Immunantwort im Körper der Maus nach einer Injektion therapeutischer Ratten-Antikörper und erläutern Sie, warum die Wirksamkeit der Therapie nach mehreren Behandlungen mit therapeutischen Ratten-Antikörpern stark nachlässt.

Lösungshinweis: Im ersten Teil geht es um den typischen Ablauf der humoralen Immunantwort, wie Sie ihn auf Seite 64 f. nochmal erklärt finden. Vergessen Sie nicht, den Bezug zur Aufgabe (Ratten-Antikörper; Maus) herzustellen. Den zweiten Teil der Aufgabe können Sie mithilfe des immunologischen Gedächtnisses begründen.

Werden der Maus therapeutische Ratten-Antikörper injiziert, werden diese von Makrophagen der Maus als fremdes Antigen erkannt und phagocytiert. Daraufhin präsentiert der Makrophage Bruchstücke der Ratten-Antikörper auf seinem MHC-II-Komplex. Ruhende, spezifische T-Helferzellen docken mit ihrem T-Zell-Rezeptor an das Epitop des präsentierten Bruchstückes an. Die entstandene Verbindung zwischen den Zellen wird durch den CD4-Rezeptor verstärkt. Der Makrophage schüttet nun Interleukin 1 aus, was die T-Helferzelle zur Reifung anregt. Zeitgleich phagocytiert ein B-Lymphozyt, der über die zum Epitop des Ratten-Antikörpers passenden B-Zell-Rezeptoren verfügt, die Antikörper und präsentiert ebenfalls Bruchstücke an seiner Oberfläche. An diese dockt nun die zuvor aktivierte T-Helferzelle an und schüttet Interleukin 2 aus, was den B-Lymphocyten zur Differenzierung und Teilung anregt. Es entstehen zahlreiche B-Plasmazellen und B-Gedächtniszellen. Die B-Plasmazellen bilden Antikörper, die die injizierten Ratten-Antikörper agglutinieren, sodass die dadurch entstehenden Antigen-Antikörper-Komplexe von Fresszellen phagocytiert werden können.
Kommt es zu einer erneuten Injektion derselben Ratten-Antikörper (Zweitkontakt), werden diese direkt von den zuvor gebildeten B-Gedächtniszellen erkannt und gebunden. Daraufhin differenzieren sich diese Gedächtniszellen zu B-Plasmazellen, die ihrerseits eine große Anzahl passender Antikörper bilden und ausschütten. Dadurch werden die Ratten-Antikörper sehr effektiv bekämpft und beseitigt, ehe sie die gewünschte Wirkung entfalten können. Die Wirkung der Therapie lässt stark nach.

4.2 *Erläutern Sie unter Berücksichtigung von Abbildung 3 eine mögliche Nebenwirkung beim Einsatz von α-Amanitin-gekoppelten Antikörpern in der Krebstherapie.*

Lösungshinweis: Auch hier gibt es im Vortext keinerlei Hinweise auf eine Lösung. Sie dürfen also wieder sinnvoll kreativ sein. Die nachfolgende Lösung ist damit nur ein Beispiel.

Stirbt die Krebszelle durch die Giftwirkung ab, wird sie vom Körper lysiert und abgebaut. Dabei könnte es passieren, dass das noch in der abgestorbenen Zelle vorhandene α-Amanitin freigesetzt wird und in andere Zellen eindringt und diese entsprechend schädigt.

Aufgabe 2: Pflanzen können gegen Glyphosat unempfindlich werden

Teil 1

Glyphosat ist eines der weltweit am häufigsten verwendeten und am meisten umstrittenen Herbizide in der Landwirtschaft. Es wird eingesetzt, um das Wachstum unerwünschter Pflanzen zu unterbinden. Nur gentechnisch veränderte Nutzpflanzen sind gegen dieses Herbizid unempfindlich.
Glyphosat hemmt in der Pflanzenzelle das Enzym EPSP-Synthase. Dieses Enzym katalysiert die Reaktion von Shikimat-3-phosphat zu 5-Enolpyruvyl-shikimat-3-phosphat (EPSP). Dies ist ein spezifisch in Pflanzenzellen ablaufender Reaktionsschritt im Biosyntheseweg der Aminosäuren Phenylalanin, Tyrosin und Tryptophan (Abbildung 1).

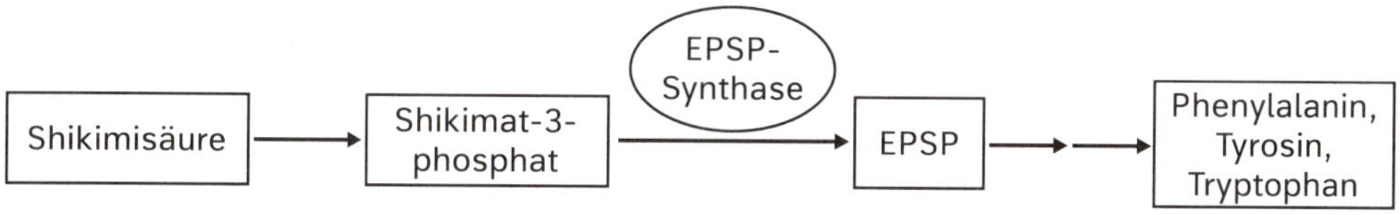

Abbildung 1: Biosyntheseweg

1.1 Erklären Sie, weshalb Pflanzen nach Behandlung mit Glyphosat absterben. (2 VP)

Pflanzen mit und Pflanzen ohne Glyphosat-Behandlung wurden auf ihren Gehalt an Shikimat-3-phosphat untersucht (Abbildung 2).

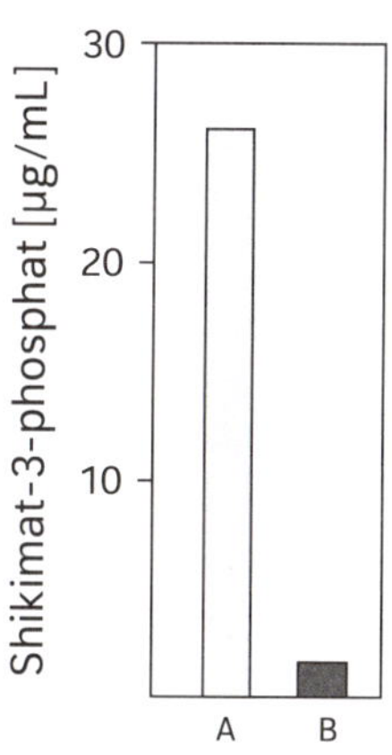

Abbildung 2: Gehalt an Shikimat-3-phosphat

1.2 Erstellen Sie beschriftete Skizzen, welche
  a) die durch EPSP-Synthase katalysierte Reaktion veranschaulichen sowie
  b) einen möglichen Mechanismus der Hemmung von EPSP-Synthase durch Glyphosat aufzeigen. (3 VP)

1.3 Ordnen Sie die Pflanzen mit und die Pflanzen ohne Glyphosat-Behandlung den Ergebnissen in Abbildung 2 begründet zu. (2 VP)

Teil 2

Seit Kurzem beobachtet man, dass bei intensivem Glyphosat-Einsatz zunehmend Pflanzen auftreten, die gegen dieses Herbizid unempfindlich sind. Bei der näheren Untersuchung dieses Phänomens wurden zwei Hypothesen überprüft.

Hypothese 1 besagt, dass Pflanzen eine veränderte EPSP-Synthase bilden, die gegenüber Glyphosat unempfindlich ist.

2.1 Erklären Sie, welche Veränderung des EPSP-Synthase-Moleküls nach dieser Hypothese eine Unempfindlichkeit gegen Glyphosat bewirken könnte. (2 VP)

In der Basensequenz des EPSP-Synthase-Gens Glyphosat-empfindlicher und Glyphosat-unempfindlicher Pflanzen zeigen sich nur die in Abbildung 3 dargestellten Unterschiede.

Glyphosat-empfindliche Pflanzen	3'...CG**C** CG**T** CA**G** TT**A** CCT...5'
Glyphosat-unempfindliche Pflanzen	3'...CG**T** CG**C** CA**A** TT**G** CCT...5'

Abbildung 3: Ausschnitte des codogenen Stranges des EPSP-Synthase-Gens

2.2 Ermitteln Sie mithilfe der Codesonne (siehe Seite 33) die zugehörigen Aminosäuresequenzen und prüfen Sie die Gültigkeit von Hypothese 1. (3 VP)

Teil 3

Hypothese 2 besagt, dass Pflanzen über eine „normale“ EPSP-Synthase verfügen, die gegenüber Glyphosat empfindlich ist. Dieses Enzym liegt in stark erhöhter Konzentration in den Zellen vor.

3.1 Erklären Sie, weshalb Pflanzen gegen Glyphosat unempfindlich werden können, wenn die Konzentration der „normalen“ EPSP-Synthase in ihren Zellen stark erhöht ist. (2 VP)

3.2 Erläutern Sie zwei Möglichkeiten, wie es infolge einer Mutation zu einer Erhöhung der Konzentration des Enzyms EPSP-Synthase in den Zellen kommen könnte. (3 VP)

Teil 4

Zur Überprüfung von Hypothese 2 wurde die EPSP-Synthase-Aktivität in Pflanzenzellen unter dem Einfluss von Glyphosat bestimmt. In Abbildung 4 sind die Ergebnisse dieser Untersuchungen für Glyphosat-empfindliche und Glyphosat-unempfindliche Pflanzen dargestellt.

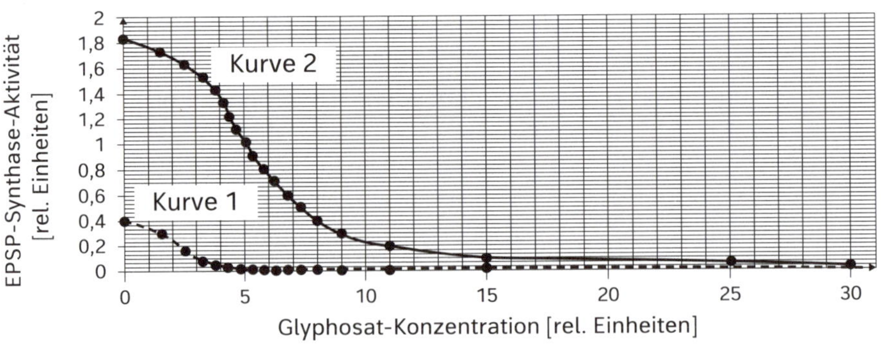

Abbildung 4: EPSP-Synthase-Aktivität in Abhängigkeit von der intrazellulären Glyphosat-Konzentration bei Glyphosat-empfindlichen und Glyphosat-unempfindlichen Pflanzen

4 Erläutern Sie die in Abbildung 4 dargestellten Kurvenverläufe und prüfen Sie, ob die Untersuchungsergebnisse die Hypothese 2 bestätigen. (3 VP)

Lösungen

1.1 Erklären Sie, weshalb Pflanzen nach Behandlung mit Glyphosat absterben.

Lösungshinweis: Anhand des Vortextes und der Abbildung 1 können Sie sich die Wirkung von Glyphosat klar machen. Überlegen Sie sich nun, warum diese Wirkung für Pflanzen tödlich ist.

Durch die Hemmung der EPSP-Synthase ist der Syntheseweg wesentlicher Aminosäuren gestört, die der Pflanze daraufhin fehlen. Ohne diese Aminosäuren ist aber auch keine fehlerfreie Proteinbiosynthese mehr möglich, da die Aminosäuren in der Translation fehlen. Die Folge sind fehlerhafte oder fehlende Proteine, was zum Tod der Pflanze führt.

1.2 Erstellen Sie beschriftete Skizzen, welche
a) die durch EPSP-Synthase katalysierte Reaktion veranschaulichen sowie
b) einen möglichen Mechanismus der Hemmung von EPSP-Synthase durch Glyphosat aufzeigen.

Lösungshinweis: In a) ist von Ihnen die schematische Darstellung der typischen Schritte einer Enzymwirkung verlangt, wie Sie sie aus dem Schulbuch kennen. In einer zweiten Skizze (!) sollen Sie eine mögliche Hemmung durch Glyphosat zeigen. Da aus den Vortexten nicht mehr hervorgeht, ist jede Ihnen bekannte Form der Hemmung denkbar und zulässig. Die gezeigte Lösung ist also nur ein Beispiel.

a)

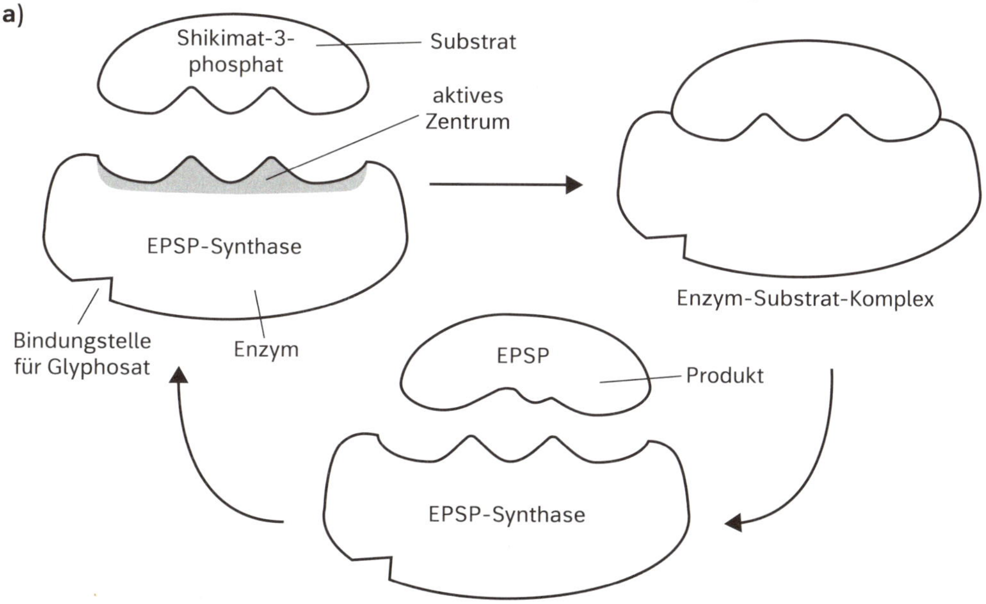

b)

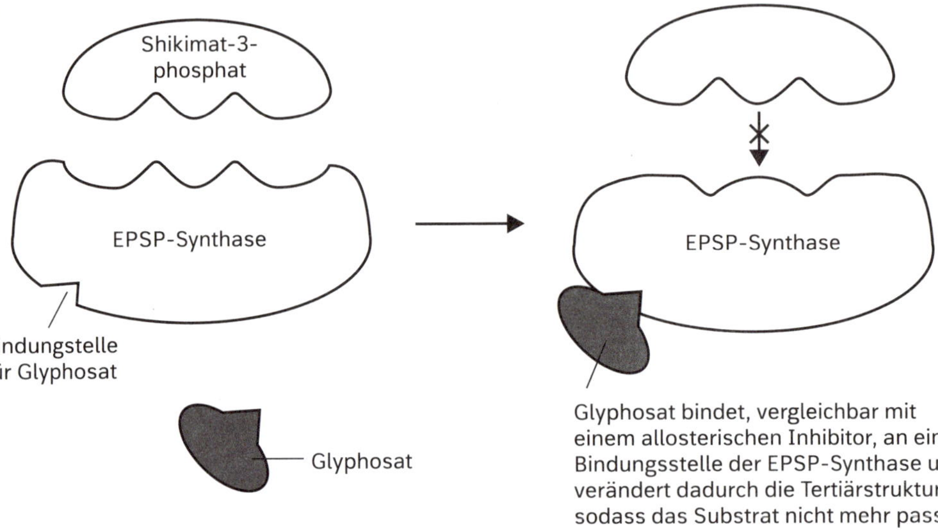

Hinweis: Auch andere Formen der Hemmung, z.B. kompetitiv, sind denkbar. Entsprechend müssen die Skizzen angepasst werden.

1.3 *Ordnen Sie die Pflanzen mit und die Pflanzen ohne Glyphosat-Behandlung den Ergebnissen in Abbildung 2 begründet zu.*

Lösungshinweis: Abgebildet sind Pflanzen mit einem sehr hohen Gehalt an Shikimat-3-phosphat und solche mit einem niedrigen Gehalt. Mithilfe der Abbildung 1 sollte Ihnen klar werden, welche Pflanzen die mit Glyphosat behandelten sind und welche die anderen. Vergessen Sie die Begründung Ihrer Zuordnung nicht!

Pflanzen, die mit Glyphosat behandelt wurden, können die Umwandlung von Shikimat-3-phosphat zu EPSP nicht mehr katalysieren. Da der Start des in Abbildung 1 dargestellten Syntheseweges aber noch funktioniert, müssen diese Pflanzen zwangsläufig Shikimat-3-phosphat anreichern. Folglich handelt es sich bei der Pflanzen A um die mit Glyphosat behandelten, während B die unbehandelten sind, da Shikimat-3-phosphat zu EPSP synthetisiert werden kann und sich nicht anreichert.

2.1 *Erklären Sie, welche Veränderung des EPSP-Synthase-Moleküls nach dieser Hypothese eine Unempfindlichkeit gegen Glyphosat bewirken könnte.*

Lösungshinweis: Hier können Sie die Antwort auf Ihre Lösung zu 1.2 b) anpassen. Je nachdem, welche Art der Hemmung Sie dort verwendet haben, kann in diesem Fall die entsprechende Veränderung des EPSP-Moleküls ausfallen, damit eine Unempfindlichkeit entsteht.

Durch eine Mutation kommt es zu einer Veränderung der Tertiärstruktur im Bereich der (allosterischen) Bindungsstelle für das Glyphosat. Dadurch kann das Glyphosat nicht mehr an die EPSP-Synthase binden, ihre Tertiärstruktur im aktiven Zentrum bleibt unverändert und das Enzym kann ungehemmt arbeiten.

2.2 *Ermitteln Sie mithilfe der Codesonne (siehe Seite 33) die zugehörigen Aminosäuresequenzen und prüfen Sie die Gültigkeit von Hypothese 1.*

Lösungshinweis: Das Übersetzen von DNA-Basensequenzen in Aminosäuresequenzen gehört zu den Standardaufgaben und dürfte Ihnen eigentlich keine Schwierigkeiten bereiten. Die in den Lösungen angegebenen mRNA-Abschnitte sind nicht gefordert, als Zwischenschritt aber immer ratsam.

Glyphosat-empfindliche Pflanzen:

DNA:	3'...	CGC	CGT	CAG	TTA	CCT	...5'
mRNA:	5'...	GCG	GCA	GUC	AAU	GGA	...3'
AS:	...	Ala	Ala	Val	Asn	Gly	...

Glyphosat-unempfindliche Pflanzen:

DNA:	3'...	CGT	CGC	CAA	TTG	CCT	...5'
mRNA:	5'...	GCA	GCG	GUU	AAC	GGA	...3'
AS:	...	Ala	Ala	Val	Asn	Gly	...

Die Veränderungen der DNA-Basensequenzen (Punktmutationen) bleiben (aufgrund der Degeneriertheit des genetisches Codes) allesamt ohne Folgen für die AS-Sequenz. Es handelt sich also um stumme Mutationen. Die Hypothese 1 ist damit widerlegt, da es nicht zu einer Änderung in der Tertiärstruktur kommt.

3.1 *Erklären Sie, weshalb Pflanzen gegen Glyphosat unempfindlich werden können, wenn die Konzentration der „normalen" EPSP-Synthase in ihren Zellen stark erhöht ist.*

Lösungshinweis: Die Fragestellung könnte unter Umständen etwas irreführend sein. Gemeint ist, weshalb Pflanzen mit einer hohen EPSP-Konzentration gegen eine normale Dosis Glyphosat unempfindlich sind.

Steigt die EPSP-Konzentration in einer Pflanze an, wird sie zunehmend unempfindlich gegenüber einer normalen Dosis Glyphosat, da nicht mehr alle EPSP-Synthase-Moleküle von Glyphosat gehemmt werden können und der Syntheseweg der Aminosäuren immer noch ablaufen kann.

3.2 Erläutern Sie zwei Möglichkeiten, wie es infolge einer Mutation zu einer Erhöhung der Konzentration des Enzyms EPSP-Synthase in den Zellen kommen könnte.

Lösungshinweis: Da es keinerlei Hinweise gibt, ist es an Ihnen, mögliche Erklärungen zu finden. Die beiden folgenden Lösungen sind daher nur mögliche Beispiele.

1. Möglichkeit: Eine Mutation in den Transkriptionsfaktoren der Zelle führt dazu, dass das entsprechende Gen viel häufiger abgelesen wird, als in Zellen mit normaler EPSP-Synthase-Konzentration. Die Folge ist eine höhere Syntheserate und damit eine höhere EPSP-Synthase-Konzentration.
2. Möglichkeit: Eine Chromosomenmutation könnte dazu geführt haben, dass das Gen für die EPSP-Synthase doppelt im Genom der entsprechenden Pflanzen vorkommt und folglich auch die Syntheserate für das Enzym höher ist.

4 Erläutern Sie die in Abbildung 4 dargestellten Kurvenverläufe und prüfen Sie, ob die Untersuchungsergebnisse die Hypothese 2 bestätigen.

Lösungshinweis: Zunächst einmal erläutern Sie die beiden Kurvenverläufe. Achtung: erläutern und nicht nur beschreiben! Anschließend überlegen Sie sich, welche der beiden Kurven zu welchem Pflanzentyp passen würde und ob der entsprechende Verlauf die Hypothese 2 verifiziert oder falsifiziert.

Kurve 1: Verhältnismäßig geringe Enzymaktivität, auch ohne die Zugabe von Glyphosat (0,4 rel. Einheiten). Nach der Zugabe von Glyphosat relativ schnelle Abnahme der Enzymaktivität, da die vorhandenen Enzyme zunehmend gehemmt werden. Ab einer Konzentration von etwa 5 rel. Einheiten Glyphosat, ist die Enzymaktivität praktisch auf null abgesunken.
Kurve 2: Zu Beginn eine relativ hohe Enzymaktivität (1,8 rel. Einheiten), die ebenfalls nach der Zugabe von Glyphosat relativ schnell absinkt. Ab einer Glyphosatkonzentration von etwa 12 rel. Einheiten nimmt die Enzymaktivität allerdings nur noch sehr langsam ab. Erst bei etwa 30 rel. Einheiten Glyphosat kommt die Enzymaktivität zum Erliegen. Offensichtlich sind erst ab dieser sechsfachen Glyphosatkonzentration (im Vergleich zu den „normalen" Pflanzen) alle Enzyme gehemmt.
Das wiederum bestätigt aus zwei Gründen die Hypothese 2: Zum einen, da eine höhere Enzymkonzentration grundsätzlich zu einer höheren Enzymaktivität führen muss, was gegeben ist (1,8 rel. Einheiten im Vergleich zu 0,4 rel. Einheiten). Zum anderen, weil es einer deutlich höheren Glyphosatkonzentration bedarf (30 rel. Einheiten im Vergleich zu 5 rel. Einheiten), um alle Enzyme zu hemmen.

Aufgabe 3: Myasthenia gravis

Teil 1

Der deutsche Pharmakologe Otto Loewi forschte in den 1920er Jahren an den bis dahin noch völlig unbekannten Prozessen der Erregungsübertragung von Nervenzellen auf Muskelzellen. Für seine Entdeckung, dass an Synapsen ein chemischer Überträgerstoff wirkt, der später als Acetylcholin identifiziert wurde, erhielt Loewi 1936 den Nobelpreis.

1 Erstellen Sie eine beschriftete Skizze einer chemischen Synapse (Größe ca. ½ Seite), in der die für die Erregungsübertragung erforderlichen Strukturen dargestellt sind. (3 VP)

Teil 2

In einem Experiment arbeitete Otto Loewi mit zwei Froschherzen in Kochsalzlösung. Beide Herzen schlugen, angeregt durch intakte Schrittmacherzellen, noch selbstständig. Schrittmacherzellen im Herzmuskel lösen eine selbstständige und regelmäßige Muskelkontraktion (Herzschlag) aus. Eines der beiden Herzen war noch mit dem Vagusnerv verbunden, der die Schrittmacherzellen des Herzens und damit die Herztätigkeit bei elektrischer Reizung beeinflussen kann. An beiden Froschherzen wurde die Frequenz der Herzschläge gemessen. Abbildung 1 zeigt Durchführung und Ergebnisse des Experiments.

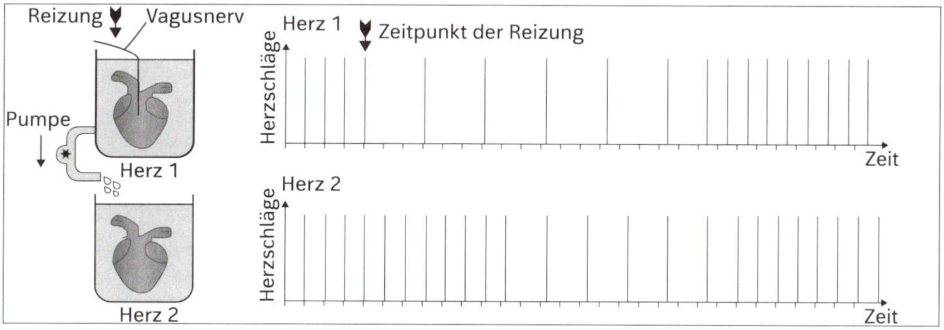

Abbildung 1: Experiment von Otto Loewi (schematisch und stark vereinfacht)

2.1 Beschreiben Sie die Ergebnisse des Experiments und begründen Sie, weshalb Loewi damit auf einen chemischen Überträgerstoff schließen konnte. (2 VP)

2.2 Nennen und erklären Sie zwei Unterschiede in der Aktivität von Herz 2 im Vergleich zu Herz 1. (2 VP)

Teil 3

Durch ständigen Einstrom von Kationen (z. B. Na^+, Ca^{2+}) in die Schrittmacherzellen kommt es in regelmäßigen Abständen zu einer überschwelligen Depolarisation und einem darauffolgenden Herzschlag.

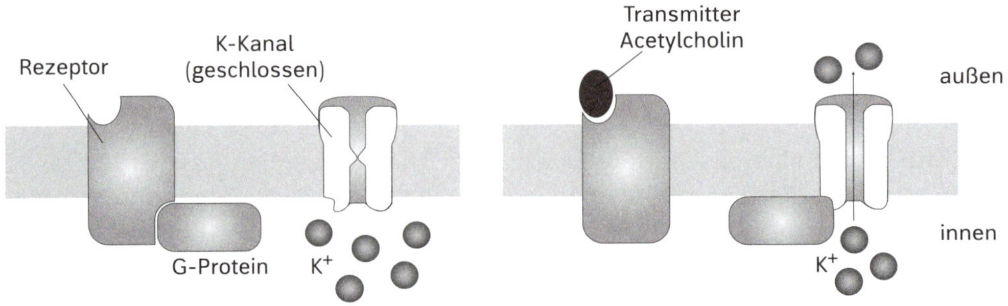

Abbildung 2: Transmitterwirkung auf eine Schrittmacherzelle

3 Erläutern Sie unter Verwendung von Abbildung 2 die Wirkung des Transmitters Acetylcholin auf Schrittmacherzellen des Herzens sowie die Auswirkung auf die Herzschlagfrequenz (Abbildung 1). (3 VP)

Teil 4

Myasthenia gravis ist eine schwere Muskelschwäche. Zu Beginn der Erkrankung sind vor allem die Lidmuskeln betroffen. Den erkrankten Personen fallen buchstäblich die Augen zu. Später zeigen sich die Symptome auch bei anderen Skelettmuskeln, nicht jedoch bei der Herzmuskulatur. Ursache der Erkrankung ist eine Autoimmunreaktion. Bei Betroffenen wurden Antikörper nachgewiesen, die zur Blockierung der Acetylcholin-Rezeptoren an motorischen Endplatten der Skelettmuskulatur führen.

4 Geben Sie eine mögliche Erklärung, weshalb die Antikörper bei Myasthenia gravis-Patienten zu einer Skelettmuskelschwäche, nicht aber zu einer Schwäche der Herzmuskulatur führen. (2 VP)

Teil 5

Myasthenia gravis kann unter anderem durch den Nachweis der Antikörper gegen Acetylcholin-Rezeptoren diagnostiziert werden. Hierfür verwendet man einen ELISA-Test. Als Antigen wird ein Acetylcholin-Rezeptor menschlicher Skelettmuskelzellen eingesetzt. Abbildung 3 zeigt den Ablauf des Tests.

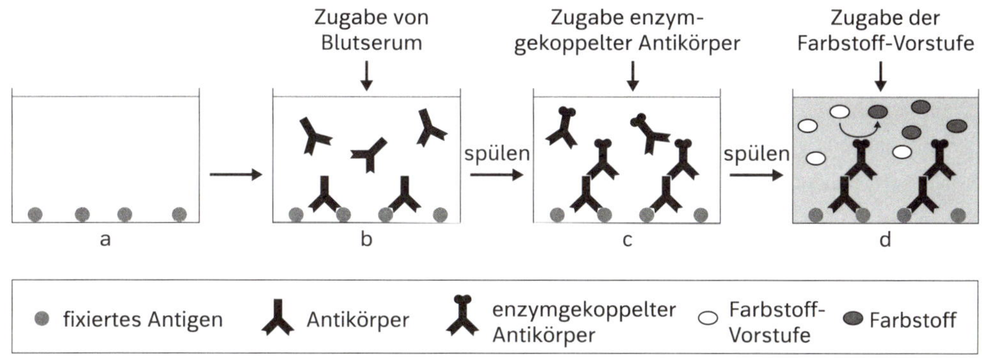

Abbildung 3: ELISA-Test auf Antikörper

5 Beschreiben Sie anhand von Abbildung 3 den ELISA-Test auf Antikörper bei Myasthenia gravis. Begründen Sie die Notwendigkeit der Spülvorgänge. Erklären Sie, warum dieser Test bei Verdacht auf Myasthenia gravis eine Diagnose ermöglicht. (4 VP)

Teil 6

Durch das Medikament Neostigmin kann es zu einer vorübergehenden Besserung der Krankheitssymptome kommen. Abbildung 4 zeigt die Strukturformeln von Neostigmin und Acetylcholin. Grundsätzlich sind drei Wirkungsweisen denkbar:

a) Konkurrenz mit Acetylcholin um Acetylcholin-Rezeptoren der Skelettmuskelzellen.
b) Bindung an Antikörper gegen Acetylcholin-Rezeptoren.
c) Bindung an Acetylcholinesterase.

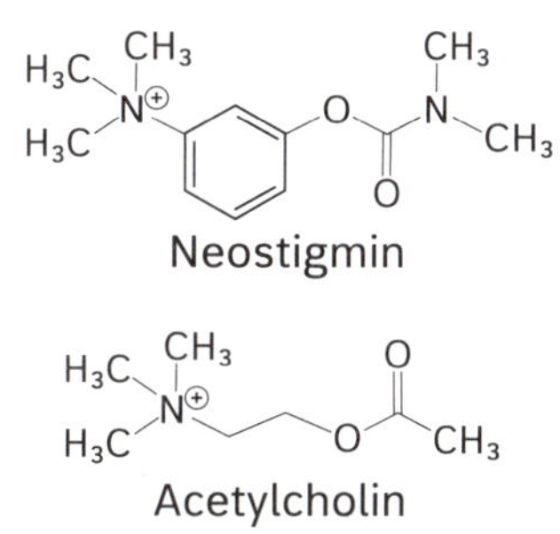

Abbildung 4: Strukturformeln

6 Erläutern Sie (unter Berücksichtigung von Abbildung 4) für die Möglichkeiten a bis c jeweils, ob sie für Neostigmin in Frage kommen, und was die Verabreichung von Neostigmin auf molekularer Ebene jeweils bewirken würde. Begründen Sie, welche der drei Wirkungsweisen die Linderung der Symptome erklärt. (4 VP)

Lösungen

1 *Erstellen Sie eine beschriftete Skizze einer chemischen Synapse (Größe ca. ½ Seite), in der die für die Erregungsübertragung erforderlichen Strukturen dargestellt sind.*

Lösungshinweis: Lassen Sie sich von dem Zusatz mit den „für die Erregungsübertragung erforderlichen Strukturen“ nicht verwirren, letztlich ist eine Skizze einer typischen chemischen Synapse verlangt, wie Sie sie vielfach gesehen haben.

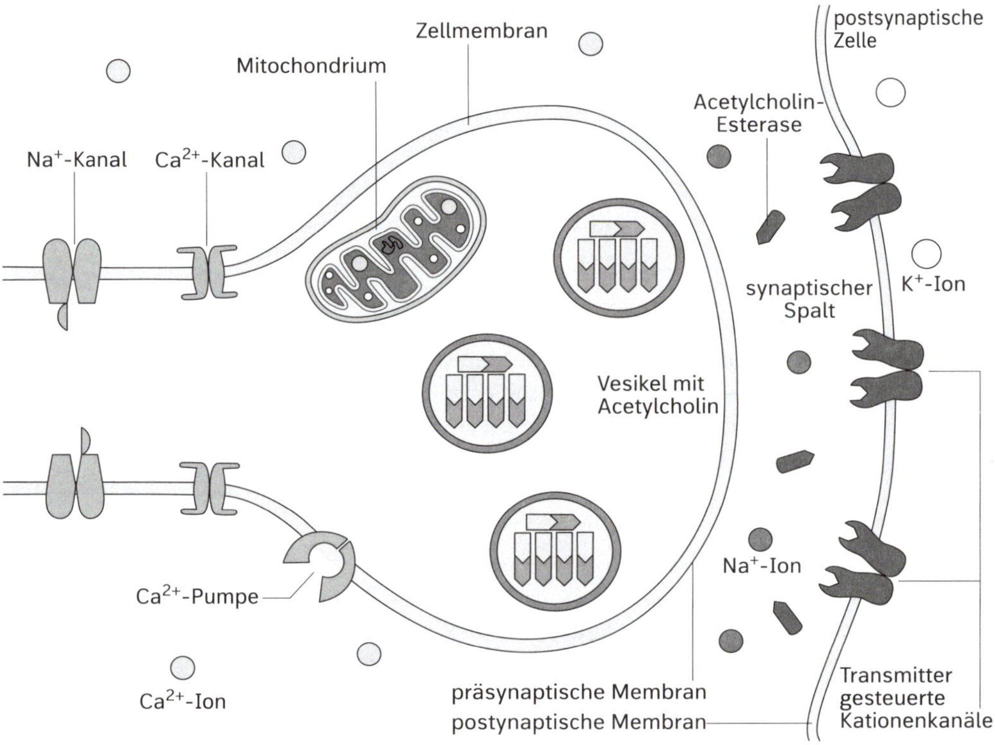

Bau einer Synapse

2.1 *Beschreiben Sie die Ergebnisse des Experiments und begründen Sie, weshalb* Loewi *damit auf einen chemischen Überträgerstoff schließen konnte.*

Lösungshinweis: Machen Sie sich anhand der Abbildung 1 zunächst einmal klar, wie der Versuchsaufbau war und was die Reizung des Vagusnervs bewirkte. Der Vergleich der beiden Diagramme sollte Sie auf die Lösung für den zweiten Teil der Aufgabe bringen.

Beide Herzen schlagen zunächst mit der gleichen konstanten Schlagfrequenz. Nach der Reizung des Vagusnervs verlangsamt sich die Schlagfrequenz von Herz 1 deutlich, um nach einiger Zeit wieder zur ursprünglichen Frequenz zurückzukehren. Etwas zeit-

versetzt zum ersten Herzen verlangsamt sich auch die Frequenz des zweiten Herzens, allerdings nicht ganz so stark und lang.
Da Herz 2 nicht elektrisch gereizt wurde, muss die Information mittels löslichem (chemischem) Botenstoff über die Flüssigkeit von Herz 1 auf Herz 2 übertragen worden sein.

2.2 Nennen und erklären Sie zwei Unterschiede in der Aktivität von Herz 2 im Vergleich zu Herz 1.

Lösungshinweis: Vermutlichen haben Sie die beiden Unterschiede schon in der vorigen Aufgabe erwähnt. Nennen Sie sie hier nochmal explizit und geben Sie eine Erklärung dafür.

Die Schlagfrequenz von Herz 2 verringert sich zeitverzögert im Vergleich zu Herz 1. Das liegt daran, dass der von den Synapsen des Vagusnervs ausgeschüttete Neurotransmitter erst mit der Flüssigkeit zum zweiten Herzen gelangen muss.
Die Frequenz von Herz 2 verlangsamt sich weniger stark und über einen kürzeren Zeitraum, da in der umgebenden Flüssigkeit eine niedrigere Neurotransmitterkonzentration herrscht als an Herz 1 und die geringere Anzahl Neurotransmittermoleküle schneller enzymatisch abgebaut werden können.

3 Erläutern Sie unter Verwendung von Abbildung 2 die Wirkung des Transmitters Acetylcholin auf Schrittmacherzellen des Herzens sowie die Auswirkung auf die Herzschlagfrequenz (Abbildung 1).

Lösungshinweis: Mithilfe des kurzen Vortextes und der Abbildung 2 können Sie sich verdeutlichen, wie die Schrittmacherzellen mit und ohne die Einwirkung von Acetylcholin arbeiten. Daraus sollte sich die Auswirkung auf die Herzschlagfrequenz ergeben.

Wird kein Acetylcholin ausgeschüttet, kommt es in den Schrittmacherzellen in regelmäßigen Abständen zu einer überschwelligen Depolarisation. Wird Acetylcholin ausgeschüttet, setzt es sich an spezifische G-Protein-gekoppelte Rezeptorproteine auf den Schrittmacherzellen. Hat sich das Acetylcholin nach dem Schlüssel-Schloss-Prinzip mit dem Rezeptor verbunden, kommt es zu einer Konformationsänderung und Ablösung des G-Proteins. Aufgrund der Konformationsänderung passt das G-Protein nun an eine spezifische Bindungsstelle der Liganden gesteuerten K^+-Kanäle und öffnet diese. Dadurch kommt es zu einem K^+-Ausstrom entlang des Konzentrationsgradienten. Dieser Ausstrom verringert die Wirkung der ständig in die Schrittmacherzellen einströmenden Kationen, da die überschwellige Depolarisation langsamer erreicht wird. Dadurch verlangsamt sich die Schlagfrequenz des Herzens.

4 *Geben Sie eine mögliche Erklärung, weshalb die Antikörper bei Myasthenia gravis-Patienten zu einer Skelettmuskelschwäche, nicht aber zu einer Schwäche der Herzmuskulatur führen.*

Lösungshinweis: Wenn Sie den Aufgabentext ganz genau lesen, dann können Sie feststellen, dass Sie nicht nur erklären müssen, warum die Antikörper keine Schwäche der Herzmuskulatur zur Folge haben, sondern auch, warum sie zu einer Skelettmuskelschwäche führen. Diesen ersten Teil der Aufgabe kann man leicht überlesen!

Blockieren die Antikörper die Acetylcholin-Rezeptoren der motorischen Endplatten der Skelettmuskulatur, ist die Reizweiterleitung unterdrückt, da sich die Liganden gesteuerten Ionenkanäle nicht mehr öffnen können. Es kommt zu einer Lähmung.
Aufgrund der etwas anderen Wirkungsweise der Acetylcholin-Rezeptoren in den Schrittmacherzellen (vgl. Abbildung 2) kann man davon ausgehen, dass sie auch eine andere Oberflächenstruktur haben, als die der motorischen Endplatten. Die spezifischen Antikörper passen nicht darauf und können sie nicht blockieren.
Hinweis: *Hier wäre es auch denkbar, damit zu argumentieren, dass das Acetylcholin im Gegensatz zu den motorischen Endplatten an den Schrittmacherzellen eine hemmende Wirkung hat. Folglich kann eine Blockierung der Acetylcholin-Rezeptoren nicht zu einer Schwächung des Herzmuskels führen. Allenfalls ist die Verringerung der Schlagfrequenz eingeschränkt.*

5 *Beschreiben Sie anhand von Abbildung 3 den ELISA-Test auf Antikörper bei Myasthenia gravis. Begründen Sie die Notwendigkeit der Spülvorgänge. Erklären Sie, warum dieser Test bei Verdacht auf Myasthenia gravis eine Diagnose ermöglicht.*

Lösungshinweis: Der erste Teil der Aufgabe gehört seit einigen Jahren zu den immer wiederkehrenden Grundaufgaben der schriftlichen Abiturprüfung und dürfte Ihnen geläufig sein. Andernfalls finden Sie auf der Seite 66 eine entsprechende Erklärung. Der zweite Teil der Frage ist eigentlich selbsterklärend, da ein positiver Test eine Diagnose ermöglicht. Erklären Sie es trotzdem nochmal, um sich den entsprechenden Punkt zu sichern.

Das Testgefäß enthält fixierte Acetylcholin-Rezeptoren als Antigene (a). Nun wird das Serum der Testperson zugegeben. Enthält dieses Serum Myasthenia gravis Antikörper, binden diese an die fixierten Rezeptoren (b). Nun muss gespült werden, um alle noch freien Antikörper und die anderen Bestandteile des Serums zu entfernen, damit es im weiteren Verlauf keine fehlerhaften Befunde gibt. Nach dem ersten Spülvorgang werden dem Test Enzym-gekoppelte monoklonale Antikörper zugegeben, die spezifisch auf den konstanten Bereich der Myasthenia gravis Antikörper passen und sich, sofern diese im Serum waren, daran binden (c). Nun muss abermals gespült werden, da alle freien Enzym-gekoppelten Antikörper entfernt werden müssen, um ein falsches positives Ergebnis zu vermeiden. Im letzten Schritt wird dem Test eine

farblose Farbstoff-Vorstufe zugegeben, die von den gekoppelten Enzymen zu einer sichtbaren Farbe katalysiert wird.
Kommt es zu einem Farbumschlag, bedeutet das, dass im Serum der Testperson Myasthenia gravis Antikörper enthalten waren. Eine Diagnose der Erkrankung ist damit möglich. Kommt es zu keinem Farbumschlag, waren keine entsprechenden Antikörper enthalten und die Person leidet nicht an Myasthenia gravis.

6 *Erläutern Sie (unter Berücksichtigung von Abbildung 4) für die Möglichkeiten a bis c jeweils, ob sie für Neostigmin in Frage kommen, und was die Verabreichung von Neostigmin auf molekularer Ebene jeweils bewirken würde. Begründen Sie, welche der drei Wirkungsweisen die Linderung der Symptome erklärt.*

Lösungshinweis: Diese Aufgabe hat es in sich, da sich für Sie die Lösungen nicht unbedingt sofort ergeben. Vor allem dann nicht, wenn Sie zu komplex denken, weil sich dann eventuell mehrere, unter Umständen widersprüchliche Aussagen für eine mögliche Wirkungsweise treffen lassen. Versuchen Sie folgendermaßen vorzugehen: Erläutern Sie zuerst die jeweilige Wirkungsweise von Neostigmin auf molekularer Ebene und überlegen Sie sich dann, ob diese Wirkung die Symptome der Krankheit sinnvoll lindern würde. Daraus sollte sich ergeben, welche der Wirkungsweisen sinnvoll ist. Es ist außerdem davon auszugehen, dass nur eine Antwort richtig ist, da die vorgestellten Wirkunsgweisen teilweise konträr zueinander sind.

<u>Möglichkeit a</u>: Würde Neostigmin mit Acetylcholin um die entsprechenden Rezeptoren konkurrieren, was aufgrund der ähnlichen Struktur nicht ausgeschlossen ist, würde es die Acetylcholin-Rezeptoren besetzen. Dabei sind folgende Szenarien denkbar: Das Neostigmin bindet so an den Rezeptor, dass es den Kanal öffnet. Wenn es von der Esterase nicht abgebaut werden kann, könnte es trotz der vorhandenen Antikörper trotzdem zu einer Reizweiterleitung kommen. Vermutlich wäre diese, aufgrund des fehlenden enzymatischen Abbaus des Neostigmins, dann aber zu stark. Krämpfe durch Dauererregung wären die Folgen. Es könnte auch sein, dass das Neoatigmin zwar bindet, den Kanal aber nicht öffnet. Eine zusätzliche Blockierung und damit eine Verschlimmerung der krankheitsbedingten Lähmung wäre die Folge.
<u>Fazit zu a</u>: Auch wenn eine positive Wirkung im ersten erläuterten Fall (Neostigmin öffnet die Kanäle) unter bestimmten Umständen nicht gänzlich auszuschließen ist, ist diese Wirkungsweise eher unwahrscheinlich.

<u>Möglichkeit b</u>: In den beiden anderen Möglichkeiten ist die Grundidee immer, dass das Neostigmin, aufgrund seiner Strukturähnlichkeit zum Acetylcholin, um dieselben Rezeptorbindungsstellen konkurriert. Entweder an der postsynaptischen Membran (Möglichkeit a) oder der Acetylcholinesterese (Möglichkeit c). Damit ist die Strukturähnlichkeit aber nicht für die Bindungsstelle des auf das Acetylcholin spezifischen Antikörpers gegeben. Es ist davon auszugehen, dass das Neostigmin also nicht auf den Antikörper passt und ihn folglich auch nicht blockieren kann.

Fazit zu b: Auch wenn nicht klar ist, was die Bindungsstelle des Antikörpers ist und damit nicht hundertprozentig ausgeschlossen werden kann, dass das Neostigmin theoretisch auch an den Antikörper passen könnte, müssen wir davon ausgehen, dass diese Wirkungsweise keinen Sinn ergibt.

Möglichkeit c: Neostigmin bindet aufgrund der ähnlichen Struktur an das aktive Zentrum der Acetylcholinesterase und hemmt dadurch kompetitiv den Abbau des Neurotransmitters. Dadurch verlangsamt sich der Neurotransmitterabbau im synaptischen Spalt, die Reizweiterleitung wird verstärkt.
Fazit zu c: Diese Möglichkeit scheint die sinnvollste zu sein, da die mit der Hemmung der Esterase verbundene stärkere und längere Wirkung des Neurotransmitters den Symptomen der Krankheit vorübergehend (vgl. Vortext) entgegenwirkt.

Aufgabe 4: Die Koevolution von Rauhautmolch und Strumpfbandnatter

Teil 1

Einige Populationen des Westamerikanischen Rauhautmolchs (*Taricha granulosa*, Abb. 1) produzieren in Hautdrüsen das Nervengift Tetrodotoxin (TTX). TTX wird über die Drüsen in den feuchten Hautschleim abgegeben. Dort fungiert es als wirksamer Abwehrstoff gegen Fressfeinde, bei denen es zur tödlichen Lähmung durch Muskelerschlaffung führt. TTX wirkt auf spannungsgesteuerte Natriumionenkanäle (Na^+-Kanäle) in der Axonmembran. Solche Na^+-Kanäle spielen eine wichtige Rolle für den Verlauf von Aktionspotenzialen.

Abbildung 1: Westamerikanischer Rauhautmolch

1.1 Zeichnen Sie ein beschriftetes Diagramm, das den Verlauf eines Aktionspotenzials zeigt (Größe ca. ½ Seite), und erläutern Sie die auf molekularer Ebene ablaufenden Vorgänge, die zu diesem Spannungsverlauf führen. (4 VP)

1.2 Erläutern Sie eine mögliche molekulare Wirkungsweise von TTX, die zu der beobachteten tödlichen Lähmung bei den Fressfeinden führt. (2 VP)

Teil 2

Die Strumpfbandnatter (*Thamnophis sirtalis*, Abb. 2) ist ein wichtiger Fressfeind von Rauhautmolchen. Verschiedene Varianten spannungsgesteuerter Na^+-Kanäle bei Strumpfbandnattern führen zu einer unterschiedlich stark ausgeprägten Empfindlichkeit gegenüber TTX. Manche Nattern sind nach dem Fressen eines Rauhautmolches nicht vollständig gelähmt, sondern bewegen sich nach dem Fressen eines Rauhautmolches lediglich langsamer fort und erholen sich allmählich. Man geht davon aus, dass sich TTX-unempfindlichere Strumpfbandnattern aus TTX-empfindlichen Vorfahren entwickelt haben. Tabelle 1 zeigt Ausschnitte der Aminosäuresequenzen von zwei Varianten des spannungsgesteuerten Na^+-Kanals, die sich in ihrer TTX-Empfindlichkeit unterscheiden.

Abbildung 2: Strumpfbandnatter

Variante des Na^+-Kanals	Ausschnitt aus der Aminosäuresequenz des Na^+-Kanals											Empfindlichkeit gegenüber TTX
	1560	1561	1562	1563	1564	1565	1566	1567	1568	1569	1570	
Variante 1	Glu	Ile	Thr	Thr	Ser	Ala	Gly	Trp	Asp	Gly	Leu	hoch
Variante 2	Glu	Val	Thr	Thr	Ser	Ala	Gly	Trp	Asn	Val	Leu	gering

Tabelle 1: Aminosäuresequenz und TTX-Empfindlichkeit zweier Varianten des spannungsgesteuerten Na^+-Kanals

2 Ermitteln Sie unter Zuhilfenahme der Codesonne (siehe Seite 33) mögliche Mutationen, die zu den drei Unterschieden der Aminosäuresequenzen der beiden Varianten in Tabelle 1 führen.
Erläutern Sie, weshalb diese Unterschiede in der Aminosäuresequenz die Empfindlichkeit gegenüber TTX so stark beeinflussen können. (3 VP)

Teil 3

Bei verschiedenen Populationen der Strumpfbandnatter wurde die Wirkung von TTX auf die Kriechgeschwindigkeit ermittelt. Dabei wurde die Kriechgeschwindigkeit in Abhängigkeit von der injizierten TTX-Dosis gemessen (Abbildung 3).

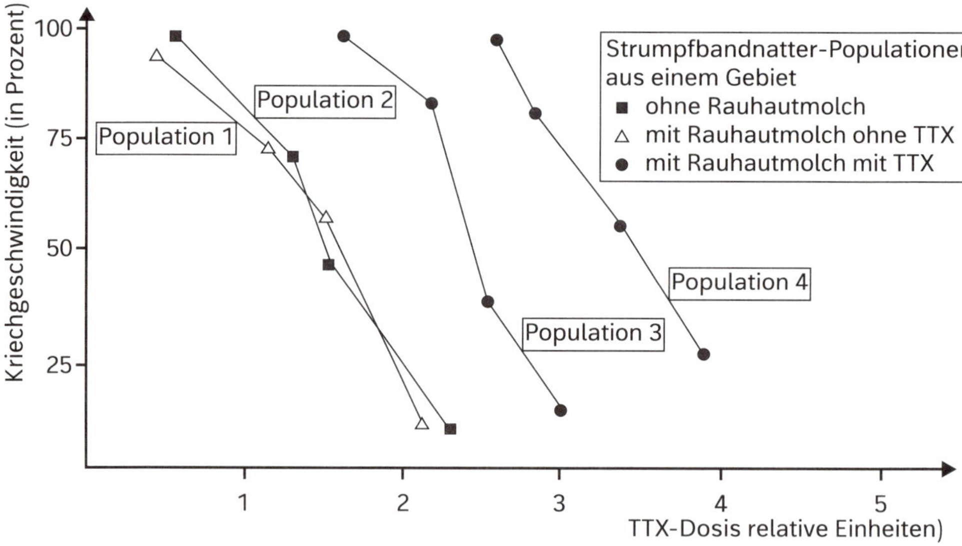

Abbildung 3: Wirkung von TTX auf Strumpfbandnattern verschiedener Populationen

3.1 Beschreiben Sie für Population 1 den in Abbildung 3 dargestellten Zusammenhang zwischen TTX-Dosis und Kriechgeschwindigkeit und erklären Sie diesen auf molekularer Ebene. (2 VP)

3.2 Vergleichen Sie die Untersuchungsergebnisse mit denen der übrigen Populationen aus Abbildung 3. Geben Sie für die Unterschiede eine mögliche Erklärung auf molekularer Ebene. (3 VP)

Teil 4

Man geht davon aus, dass die Evolution von Strumpfbandnatter und Rauhautmolch sich wechselseitig beeinflusst (Koevolution).

4.1 Erklären Sie im Sinne der Synthetischen Evolutionstheorie die Entstehung einer Strumpfbandnatter-Population, die gegen TTX unempfindlich ist. (4 VP)

4.2 Beschreiben Sie zwei mögliche Ursachen, die zu den in Abbildung 3 dargestellten Unterschieden in den Populationen 3 und 4 geführt haben könnten. (2 VP)

Lösungen

1 *Zeichnen Sie ein beschriftetes Diagramm, das den Verlauf eines Aktionspotenzials zeigt (Größe ca. ½ Seite), und erläutern Sie die auf molekularer Ebene ablaufenden Vorgänge, die zu diesem Spannungsverlauf führen.*

Lösungshinweis: Sollte Ihnen diese Aufgabe Schwierigkeiten bereiten, schauen Sie sich auf den Seite 57 f. die entsprechenden Erklärungen an.

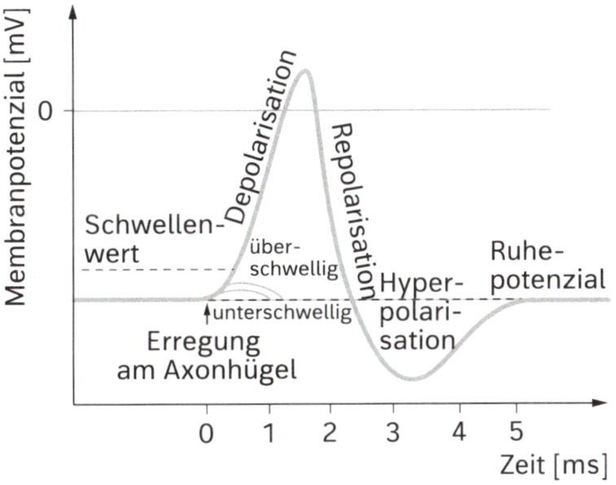

Phasen des Aktionspotenzials

Durch anströmende Na^+-Ionen, die entweder von einem vorangegangenen Aktionspotenzial etwas weiter vorne am Axon oder aus den Dendriten kommen, wird die Membran, die sich im Ruhepotenzial befindet (Membranspannung von – 70 mV), depolarisiert. Wird dabei der Schwellenwert von – 50 mV erreicht, öffnen sich spannungsgesteuerte Na^+-Kanäle und Na^+-Ionen strömen entlang des elektrochemischen Gradienten ins Zellinnere, wodurch es zu einer Ladungsumkehr auf etwa + 30 mV kommt (Depolarisation). Nach etwa 1 bis 2 ms schließen sich die Inaktivierungstore der Na^+-Kanäle und es öffnen sich zeitverzögert die spannungsgesteuerten K^+-Kanäle, was zu einem schlagartigen K^+-Ausstrom entlang des Konzentrationsgradienten führt. Es kommt zu einer Repolarisation. Da sich die K^+-Kanale etwas „zu spät" wieder schließen, wird die Membran hyperpolarisiert (auf ca. – 90 mV). Die Phase der Re- und Hyperpolarisation dauert ebenfalls 1 bis 2 ms. Da in dieser Zeit die Inaktivierungstore der Na^+-Kanäle geschlossen bleiben, befinden sich diese in der sog. Refraktärzeit, können als auch durch eine erneute Depolarisation über den Schwellenwert nicht wieder geöffnet werden. Die Natrium-Kalium-Pumpe sorgt durch ihre Arbeit (drei Na^+-Moleküle raus, zwei K^+-Moleküle rein) dafür, dass sich die Membranspannung wieder auf das Ruhepotenzial einpendelt.

1.2 *Erläutern Sie eine mögliche molekulare Wirkungsweise von TTX, die zu der beobachteten tödlichen Lähmung bei den Fressfeinden führt.*

Lösungshinweis: Dem Vortext können Sie entnehmen, dass das TTX an den Na^+-Kanälen der Axonmembran wirkt. Damit sollte es Ihnen nicht schwer fallen, eine mögliche molekulare Wirkungsweise zu finden.

TTX blockiert die spannungsgesteuerten Na^+-Kanäle und verhindert damit die Depolarisation. Der Reiz kann nicht weitergeleitet werden. Die Folge sind Lähmungserscheinungen. Der Tod tritt vermutlich durch Erschlaffung der Atemmuskulatur ein.

2 *Ermitteln Sie unter Zuhilfenahme der Codesonne (siehe Seite 33) mögliche Mutationen, die zu den drei Unterschieden der Aminosäuresequenzen der beiden Varianten in Tabelle 1 führen.*
Erläutern Sie, weshalb diese Unterschiede in der Aminosäuresequenz die Empfindlichkeit gegenüber TTX so stark beeinflussen können.

Lösungshinweis: Machen Sie sich zunächst klar, an welchen Positionen Unterschiede in der AS-Sequenz vorliegen. Daraus können Sie dann mithilfe der Codesonnen mögliche mRNA-Basensequenzen und anschließend die Mutationen in der DNA bestimmen. Dem Vortext können Sie außerdem entnehmen, dass die Variante 2 (geringe Empfindlichkeit) eine Mutation der Variante 1 (hohe Empfindlichkeit) sein muss.

Position 1561: Ile → Val, mögliche Mutation: 3'-TAA-5' → 3'-CAA-5';
Tausch T durch C
Position 1568: Asp → Asn, mögliche Mutation: 3'-CTG-5' → 3'-TTG-5';
Tausch C durch T
Position 1569: Gly → Val, mögliche Mutation: 3'-CCC-5' → 3'-CAC-5';
Tausch C durch A

Die Unterschiede in der Aminosäuresequenz führt zu einer unterschiedlichen Tertiärstruktur des Na^+-Kanals. Dadurch passt das TTX nicht mehr (so gut) auf den Kanal (Schlüssel-Schloss-Prinzip), wodurch die Giftwirkung stark verringert wird.

3.1 *Beschreiben Sie für Population 1 den in Abbildung 3 dargestellten Zusammenhang zwischen TTX-Dosis und Kriechgeschwindigkeit und erklären Sie diesen auf molekularer Ebene.*

Lösungshinweis: Es lohnt sich, diese Abbildung einmal in Ruhe komplett zu verstehen, ehe man mit der Beantwortung der folgenden Fragen weitermacht.

Mit zunehmender TTX-Dosis verringert sich die Kriechgeschwindigkeit der Strumpfbandnattern der Population 1. Ab einer Dosis von etwas mehr als 2 relativen Einhei-

ten TTX, beträgt die Kriechgeschwindigkeit nur noch etwa 10 % der ursprünglichen Geschwindigkeit.
Erklärung: Je höher die TTX-Dosis ist, desto mehr Na^+-Kanäle im Axon sind blockiert, was zu einer zunehmenden Lähmung führt.

3.2 *Vergleichen Sie die Untersuchungsergebnisse mit denen der übrigen Populationen aus Abbildung 3. Geben Sie für die Unterschiede eine mögliche Erklärung auf molekularer Ebene.*

Lösungshinweis: In dieser Aufgabe müssen Sie darauf achten, nicht nur die Unterschiede sondern auch die Gemeinsamkeiten zwischen den einzelnen Populationen zu beschreiben. Erklären müssen Sie aber nur die Unterschiede. Achten Sie darauf, die Unterschiede nicht evolutionsbedingt, sondern auf molekularer Ebene zu begründen.

Für alle Populationen gilt: Je höher die TTX-Dosis ist, desto geringer wird die Kriechgeschwindigkeit. Zwischen den Populationen 1 und 2 gibt es keine signifikanten Unterschiede. Bei Population 3 tritt die Verringerung der Kriechgeschwindigkeit erst bei einer etwa doppelt so hohen Dosis TTX im Vergleich zu den Populationen 1 und 2 auf. Bei der Population 4 muss die Dosis sogar etwa das Dreifache der ersten beiden betragen, damit sich Lähmungserscheinungen einstellen.
Die Na^+-Kanäle der Populationen 1 und 2 sind gleichermaßen empfindlich gegen das TTX, während die der Populationen 3 und 4 weniger empfindlich sind. Die unterschiedliche Empfindlichkeit ist auf entsprechende Mutationen und daraus resultierende Veränderungen in der Tertiärstruktur der Kanäle zurückzuführen (vgl. auch Aufgabe 2).

4.1 *Erklären Sie im Sinne der Synthetischen Evolutionstheorie die Entstehung einer Strumpfbandnatter-Population, die gegen TTX unempfindlich ist.*

Lösungshinweis: Hierbei handelt es sich um die „klassische" Evolutionsbiologie-Frage. Achten Sie darauf, in Ihrer Lösung so viel Fachwissen wie möglich (und sinnvoll!) und auf die gegebene Situation angepasst, unterzubringen. Wenn Sie Hilfe benötigen, schauen Sie sich die „Anleitung" auf Seite 77 an.

In einer Population hochempfindlicher Strumpfbandnattern kam es durch Rekombination und/oder Mutation zu einer Veränderung in den Genen für die Na^+-Kanäle in der Axonmembran (vgl. Tabelle 1). Dadurch kam es zu einer phänotypischen Variabilität in der Population, es traten Nattern auf, die weniger empfindlich gegenüber dem Gift der Rauhautmolche waren. Diese Nattern hatten gegenüber den anderen einen Selektionsvorteil, da sie sich besser von den, vermutlich zahlreich vorkommenden, Rauhautmolchen ernähren konnten. Durch diesen Vorteil stieg auch ihre reproduktive Fitness, die Zahl unempfindlicher Nachkommen stieg. Es kam zu einer Verschiebung der Allelfrequenz im Genpool der Strumpfbandnattern, die Häufigkeit für die Allele der unempfindlichen Na^+-Kanäle nahm allmählich zu (transformierende Selektion).

4.2 *Beschreiben Sie zwei mögliche Ursachen, die zu den in Abbildung 3 dargestellten Unterschieden in den Populationen 3 und 4 geführt haben könnten.*

Lösungshinweis: Aus dem kleinen Vortext zu diesen beiden Aufgaben, der Abbildung 3 sowie ihrer mittlerweile gut geschulten Kreativität in derlei Aufgaben, sollte es Ihnen gelingen, zwei mögliche Ursachen für die erkennbaren Unterschiede zu finden. Achten Sie darauf, zwei wirklich unterschiedliche Möglichkeiten anzugeben. Die Beispiele sind nur mögliche Lösungen, andere sinnvolle Lösungen sind natürlich auch möglich.

1. Möglichkeit: In der Population 4 haben mehr oder wirksamere Mutationen dazu geführt, dass die Na^{+}-Kanäle noch unempfindlicher sind, als die der Population 3.

2. Möglichkeit: Die Population 4 lebt in einem Gebiet mit giftigeren Rauhautmolchen, der dadurch erhöhte Selektionsdruck führte zu entsprechend unempfindlicheren Varianten.

3. Möglichkeit: Population 4 lebt schon länger als alle anderen in einem Gebiet mit Rauhautmolchen, die selektionsbedingten Anpassungen sind daher schon weiter fortgeschritten als bei den anderen Populationen.

Usw.

8 Hinweise zum mündlichen Abitur

Einführung

Wenn Sie Biologie als Basisfach belegt und es als Prüfungsfach gewählt haben oder wenn Sie ihre bisherige Leistung im schriftlichen Prüfungsfach verbessern wollen, erwartet sie eine mündliche Prüfung. Sollten Sie in der schriftlichen Abiturprüfung 0 Notenpunkte geschrieben haben, dann müssen Sie die zusätzliche mündliche Prüfung absolvieren. In allen Fällen ist die Prüfung von der Art her gleich.

Inhalte der mündlichen Prüfung

Im Basisfach: Die Inhalte der mündlichen Prüfung dürfen keine Wiederholung einer Klausur oder vom Prüfling gehaltenen GFS sein. Die Prüfung erstreckt sich auf mindestens zwei der folgenden Sachgebiete der Qualifikationsphase:

1. Zelle und Stoffwechsel
2. Moleküle des Lebens und Grundlage der Vererbung
3. Aufnahme, Weitergabe und Verarbeitung von Informationen
4. Evolution
5. Angewandte Biologie

Im Leistungsfach: Die Inhalte der mündlichen Prüfung dürfen keine Wiederholung von Aufgaben der schriftlichen Prüfung des Prüflings sein. Die Prüfung erstreckt sich auf mindestens zwei der folgenden Sachgebiete der Qualifikationsphase:

1. Zelle und Stoffwechsel
2Moleküle des Lebens und Grundlage der Vererbung
3. Aufnahme, Weitergabe und Verarbeitung von Informationen
4. Evolution und Ökosysteme
5. Angewandte Biologie

Sowohl für die mündliche Prüfung im Basis- als auch im Leistungsfach gilt: Es dürfen Schüler- und/oder Lehrerexperimente durchgeführt werden. Und es könnten laut EPA (vgl. S. 7) auch andere Materialien zum Einsatz kommen, als Sie sie aus der schriftlichen Prüfung kennen. So zum Beispiel lebenden Organismen, Präparate, Film- und Tonaufnahmen oder Modelle. Entsprechend ist auch die Vielfalt der möglicherweise zum Einsatz kommenden Medien und Geräte (Beamer, Visualizer, Computer, Mikroskop etc.). Ob und in welcher Form das auch in Ihrer Schule/Prüfung umgesetzt wird, müssen Sie mit Ihrer Lehrkraft besprechen.

Ablauf der mündlichen Prüfung

Die Prüfung wird als Einzelprüfung durchgeführt und dauert etwa 20 Minuten. Sie besteht aus zwei Teilen, dem etwa 10-minütigen Vortrag, den Sie auf der Grundlage der Ihnen vorgelegten Aufgaben halten und dem anschließenden Prüfungsgespräch.

Teil A: Die Aufgaben für den ersten Teil werden vom Leiter des Fachausschusses aus den Vorschlägen des Fachlehrers ausgewählt. Sie erhalten 20 Minuten Vorbereitungszeit, in denen Sie die gestellten Fragen bearbeiten und Ihren Kurzvortrag vorbereiten. In der Prüfung stellen Sie zunächst in einem Kurzvortrag die Lösungen der Aufgaben vor und beantworten gegebenenfalls dazu gestellte Rückfragen.

Teil B: Das anschließende Prüfungsgespräch bezieht sich auf ein **anderes Sachgebiet** als der erste Teil der Prüfung. Teil B kann auch Diagramme, Modelle oder die Beschreibung eines Experimentes beinhalten, die Ihnen zu Beginn des zweiten Prüfungsteiles ausgehändigt werden.

Übersicht zum Prüfungsablauf:

Teil A:
- vollständig ausformulierte Prüfungsaufgaben (Operatoren beachten!) zu einem der o. g. Sachgebiete
- werden Ihnen zu Beginn der 20-minütigen Vorbereitungszeit vorgelegt
- sollen in einem etwa 10-minütigen Vortrag (inklusive Nachfragen) beantwortet werden

Teil B:
- Aspekte zu einem weiteren Sachgebiet
- zu Beginn des etwa 10-minütigen Prüfungsgespräches können Ihnen Diagramme, Modelle, Versuchsbeschreibungen vorgelegt werden

Womit Sie in einer mündlichen Prüfung punkten

Nicht nur von der Prüfungslänge her, auch von den Anforderungen an Sie als Prüfling unterscheidet sich die mündliche Prüfung wesentlich von der schriftlichen. Außer mit fachlichem Wissen können Sie in einer mündlichen Prüfung auch mit überfachlichen Kompetenzen punkten. Wesentlich dabei sind Ihre Fähigkeiten im **Präsentieren** und **Kommunizieren**. Achten Sie in Ihrem Kurzvortrag darauf, Ihre Lösungen strukturiert, prägnant und anschaulich darzustellen. Setzen Sie gezielt Beispiele ein, die Ihre Ausführungen untermauern. Auch die Art und Weise, wie Sie mit dem Prüfungsausschuss kommunizieren trägt zum Gesamteindruck der Prüfung bei. Versuchen Sie – trotz möglicher Aufregung – ruhig, verständlich und in einer angemessenen Lautstärke zu antworten. Stellen Sie Blickkontakt zu den Prüfern her und hören Sie deren Ausführungen und Fragen aufmerksam zu. Zeigen Sie Interesse an den Inhalten der Biologie im Allgemeinen und Ihren Prüfungsthemen im Speziellen. Versuchen Sie zu viele

Füllwörter („Ähs“, „Hmmms“ etc.) zu vermeiden. Bleiben Sie stets höflich, auch wenn Sie das Gefühl haben, eine „fiese“ Frage gestellt bekommen zu haben.

Tipps zur mündlichen Prüfung

- Nutzen Sie die Vorbereitungszeit auch, um Ihren Kurzvortrag zu gliedern.
- Bitten Sie Ihren Fachlehrer, Ihnen Overheadfolien und Stifte im Vorbereitungsraum oder einen Visualizer im Prüfungsraum zur Verfügung zu stellen. Damit lassen sich Sachverhalte übersichtlich darstellen.
- Lassen Sie sich von Fragen nicht aus der Ruhe bringen, antworten Sie keinesfalls überhastet. Verdeutlichen Sie Antworten mit geeigneten Beispielen.
- Verwenden Sie Fachbegriffe, allerdings nur dann, wenn Sie auch deren Bedeutung kennen.
- Durch geschicktes Strukturieren Ihrer Antworten können Sie es unter Umständen erreichen, dass die nächste Frage auf einen anderen, Ihnen vertrauteren Aspekt des zu behandelnden Themengebiets abzielt.
- Zeigen Sie, dass Sie vernetzt denken und argumentieren können.

Beispiele für mündliche Prüfungen

Da die Aufgaben für die mündliche Zusatzprüfung von Ihrer Lehrkraft erstellt werden, können sie sich merklich von den nachfolgenden Beispielen unterscheiden. Es ist daher entscheidend, Ihre mündliche Prüfung im Vorfeld mit Ihrer Lehrkraft genau zu besprechen.
Nehmen Sie sich für die folgenden Beispiele 20 Minuten Vorbereitungszeit pro Aufgabe (jeweils Teil A) und suchen Sie sich gegebenenfalls einen Lernpartner, der in die Rolle des Prüfers schlüpft, um die Prüfungssituation zu simulieren.

Beispiel 1 (Leistungsfach)

Teil A: Reiz, Signaltransduktion, Enzyme; Hilfsmittel: keine

1. Erklären Sie anhand selbstgewählter Beispiele die Begriffe „adäquater Reiz“, „Rezeptor“ und „Sinnesorgan“.

   Äußere Reize müssen von speziellen Sinneszellen übersetzt werden, ehe sie eine Änderung des Membranpotenzials bewirken können. Diesen Schritt nennt man Signaltransduktion. Die nachfolgende Abbildung zeigt schematisch die Signaltransduktion in einer Riechsinneszelle.

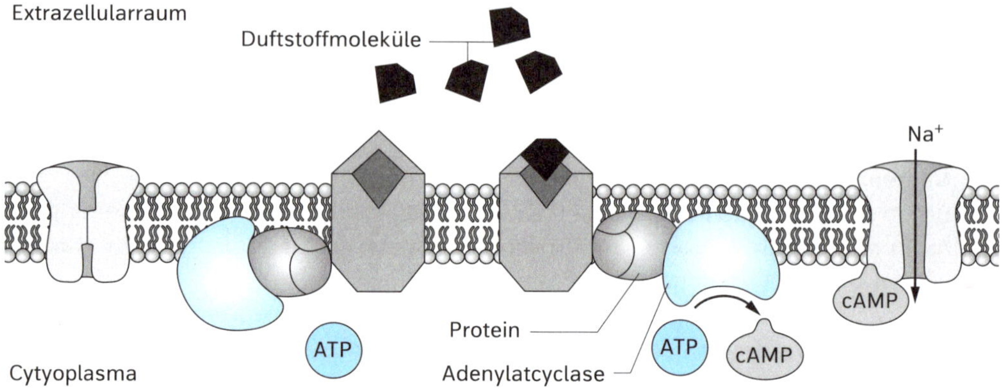

2. Beschreiben Sie die dargestellten Vorgänge und erklären Sie, wie es zur Erregung der Riechsinneszelle kommen könnte.

3. An einer Signaltransduktion sind oft mehrere Enzyme beteiligt, wie beispielsweise die Adenylatcyclase (s. Abb.). Erklären Sie den Zusammenhang von Struktur und Funktion bei einem Enzym.

4. Erläutern Sie ein Experiment, mit dem ermittelt werden kann, welche Faktoren die Reaktionsgeschwindigkeit eines Enzyms beeinflussen.

Teil B: Genetik; Hilfsmittel: Codesonne, wird dem Prüfling vorgelegt

Ein mögliches Prüfungsthema könnte sein:
Moleküle des Lebens: Bau von Proteinen; Proteinbiosynthese; Auswirkungen von Mutationen auf Struktur und Funktion von Proteinen

Lösungen

Die hier angegebenen Lösungen zu den Beispielen sind lediglich stichpunktartige Vorschläge, und erheben keinen Anspruch auf Vollständigkeit oder Alleingültigkeit. Zu den B-Teilen gibt es keine Lösungsvorschläge, aber versuchen Sie sich mal in die Rolle eines Prüfers hineinzuversetzen. Welche Fragen würden Sie, ausgehend von den angegebenen Aspekten, stellen?

1. *Erklären Sie anhand selbstgewählter Beispiele die Begriffe „adäquater Reiz“, „Rezeptor“ und „Sinnesorgan“.*

Adäquater Reiz: ein Impuls, für den ein Rezeptor die größte Empfindlichkeit besitzt, der zum Rezeptor „passende“ Reiz. Beispiel Licht für Stäbchen und Zapfen oder chemisches Duftmolekül für Riechsinneszelle.
Rezeptor: Hier kann ein einzelnes Molekül in der Zellmembran einer Zelle gemeint sein, das einen bestimmten Liganden nach dem Schlüssel-Schloss-Prinzip aufnimmt

und eine bestimmte Reaktion verursacht. Beispiel: Acetylcholinrezeptor in der postsynaptischen Membran. Aber auch Sinneszellen werden als Rezeptor bezeichnet. Beispiel Sehzellen bezeichnet man auch als Fotorezeptoren.
Sinnesorgan: Ein Organ, das in besonderer Lage und Anordnung Sinneszellen enthält und so optimal auf einen adäquaten Reiz angepasst ist. Beispiel: Auge

2. *Beschreiben Sie die dargestellten Vorgänge und erklären Sie, wie es zur Erregung der Riechsinneszelle kommen könnte.*

Duftmolekül bindet an spezifischen Rezeptor (Schlüssel-Schloss-Prinzip); Rezeptor gekoppeltes Protein und Adenylatcyclase ändern daraufhin ihre Konformation; Adenylatcyclase katalysiert die Umwandlung von ATP zu cAMP; cAMP dockt als Ligand an Na^+-Kanal und öffnet ihn. Na^+ strömt ein und verursacht eine Depolarisation der Membran; Riechsinneszelle wird erregt.

3. *An einer Signaltransduktion sind oft mehrere Enzyme beteiligt, wie beispielsweise die Adenylatcyclase (s. Abb.). Erklären Sie den Zusammenhang von Struktur und Funktion bei einem Enzym.*

Enzyme besitzen ein spezifisches Bindungszentrum, das genau auf ein Substrat passt (Substratspezifität). Das Bindungszentrum entsteht durch die besondere räumliche Struktur (Tertiärstruktur) des Proteins. Durch diese Substratspezifität setzt das Enzym immer dasselbe Substrat um. Es entsteht auch immer das gleiche Produkt (Wirkungsspezifität). Ist die räumliche Struktur verändert, beispielsweise infolge einer Mutation, die eine veränderte Aminosäuresequenz zur Folge hat, ist die Wirksamkeit des Enzyms eingeschränkt.

Beispiel 2 (Basis- und Leistungsfach)

Teil A: Gentechnik

1. Erklären Sie anhand geeigneter Beispiele, was man unter grüner, bzw. roter Gentechnik versteht.

2. Eine wesentliche Herausforderung in der Gentechnik ist ein erfolgreicher Gentransfer. Beschreiben Sie mögliche Transfermethoden.

3. Zu den weiteren grundlegenden Methoden der Gentechnik gehört die PCR. Erläutern Sie deren Funktionsweise anhand einer Skizze und geben Sie Einsatzmöglichkeiten an.

4. Um zu überprüfen, ob der Gentransfer in ein Bakterium erfolgreich verlaufen ist, bedarf es eines Nachweisverfahrens. Die Abbildung zeigt das Ergebnis eines solches

Test, der sog. Blau-weiß-Methode. Beschreiben Sie das Testverfahren und erläutern Sie das Ergebnis.

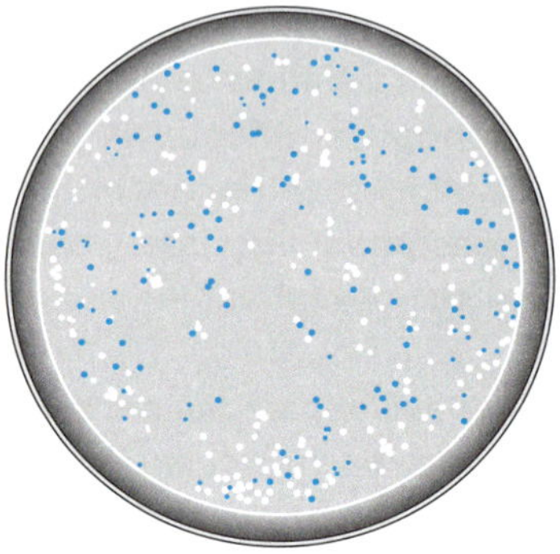

5. Diskutieren Sie die Frage, ob die Gentechnik als Evolutionsfaktor bezeichnet werden kann.

Teil B: Evolution; Hilfsmittel: Modelle von Hominidenschädeln, Hominidenstammbaum, werden dem Prüfling vorgelegt

Ein mögliches Prüfungsthema könnte sein:
Evolution: Anatomischer Vergleich der Schädel- und Gebissformen; Einordnen in Hominidenstammbaum; Out-of-Africa-Theorie vs. Hypothese vom multiregionalen Ursprung; Belege für Evolution; Evolutionsfaktoren

Lösungen

1. *Was versteht man unter grüner, bzw. roter Gentechnik?*

Grüne Gentechnik: Anwendung gentechnischer Verfahren in der Pflanzenzüchtung. Beispiele: Bt-Mais, Round-up-ready-Pflanzen
Rote Gentechnik: Entwicklung diagnostischer und therapeutischer Verfahren sowie von Medikamenten auf der Grundlage gentechnischer Methoden. Beispiel: Herstellung von Humaninsulin mithilfe gentechnisch veränderter Bakterien

2. *Eine wesentliche Herausforderung in der Gentechnik ist ein erfolgreicher Gentransfer. Beschreiben Sie mögliche Transfermethoden.*

Häufig werden gentechnisch veränderte Plasmide verwendet. Ablauf: Ein Plasmid und das einzubauende Fremdgen werden mit denselben Restriktionsenzymen geschnitten und gemischt; das so veränderte Plasmid wird in ein Bakterium übertragen; erfolgreich transformierte Bakterien werden selektioniert (beispielsweise mit Blau-weiß-Methode) und in Fermentern vermehrt.

Für Leistungsfach: Weitere Möglichkeiten: Einige der nachfolgenden Methoden sollten ebenfalls bekannt sein und erklärt werden können. Lipofektion; Particle Gun; Mikroinjektion; Agrobacterium; Viren; Elektroporation

3. *Erläutern Sie deren Funktionsweise anhand einer Skizze und geben Sie Einsatzmöglichkeiten an.*

① **Denaturierung:** Erhitzen auf etwa 94 °C. Dadurch trennt sich der Doppelstrang auf.

② **Hybridisierung:** Abkühlen auf etwa 60 °C, damit sich die künstlich hergestellten und dem Gemisch beigefügten Primer (für jede Syntheserichtung einen) anlagern können.

③ **Polymerisation:** Erhitzen auf 72 °C, dem Temperaturoptimum der Taq-Polymerase. Der jeweilige Tochterstrang wird synthetisiert.

Diese drei Schritte werden in speziellen Geräten, Thermocyclern, bis zu 30 Mal wiederholt.

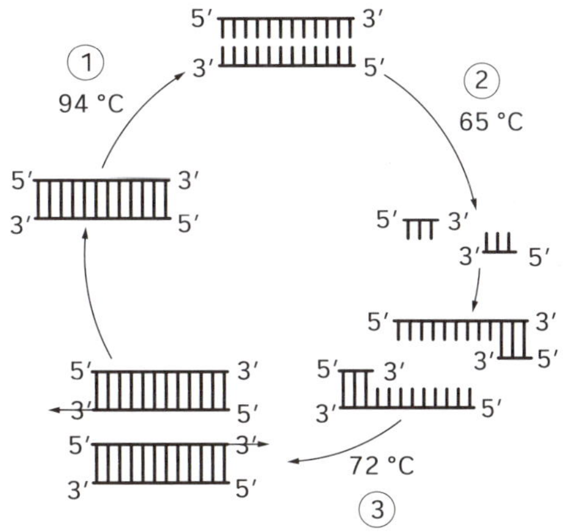

Polymerasekettenreaktion

Einsatzmöglichkeiten: überall, wo zahlreiche Kopien eines Gens/DNA-Segmentes benötigt wird, beispielsweise genetischer Fingerabdruck, Vaterschaftstest, gentechnische Verfahren etc.

4. *Beschreiben Sie das Testverfahren und erläutern Sie das Ergebnis.*

Bei der dargestellten „Blau-Weiß-Methode“ baut man das Fremdgen in das Lac-Operon, genauer das LacZ-Gen ein. Dieses Gen codiert für das Enzym ß-Galactosidase. Außerdem enthält des Plasmid ein Gen für eine Antibiotikaresistenz. Die Bakterien werden auf einem Nährboden ausgebracht, der eben dieses Antibiotikum enthält. Es können nur Bakterien wachsen, die einen Plasmidring aufgenommen haben. War der Gentransfer in das Plasmid erfolgreich, ist das LacZ-Gen zerstört. Nun gibt man dem Kulturmedium den gelben Farbstoff XGal zu. ß-Galactosidase synthetisiert die Spaltung von XGal in einen blauen Farbstoff und Galactose. Zeigen Bakterienstämme eine blaue Färbung, verfügen sie also über das Enzym ß-Galactosidase. Der Gentransfer war nicht erfolgreich. Stämme, die weiß bleiben, können das XGal nicht umsetzen, da ihnen das Enzym fehlt. Bei ihnen dürfte der Gentransfer erfolgreich gewesen sein.

5. *Diskutieren Sie die Frage, ob die Gentechnik als Evolutionsfaktor bezeichnet werden kann.*

Individuelle Lösung. Suchen Sie stichhaltige Argumente für Ihre Position. Hier geht es weniger um eine „richtige“ Antwort, als vielmehr um eine logische Argumentation.

Stichwortverzeichnis

adaptive Radiation 71 f.
Adenylatcyclase 109 ff.
Aktionspotenzial 58, 179 ff.
aktiver Transport 38
Allergie 67, 115 ff.
allopatrische Artbildung 70
Aminosäuren 40 ff., 91 ff.,
Amniozentese 90 f.
Anforderungsbereiche 14
Antibiotika-Resistenz 51
Antikörper 63, 115 ff., 138, 165 ff.
Antikörperklassen 64
Artbildung 69 ff.
Atavismen 73
ATP 39
Autoimmunerkrankung 68
Axon 56 f., 102 ff.,
Basensequenz 97 f.
Biomembran 37 f., 115 ff.
BtMais 54
cAMP 109 ff.
cDNA 51
Chloroplast 36
Chromosomenmutation 46
Codesonne 33, 90 f., 134
Cytochrom 76
Darwin 76
Denaturierung 41
Depolarisation 57
Dictyosomen 37
DNA 35, 40 f.
DNA-Hybridisierung 122 ff.
DNA-Vergleich 75 f.
ELISA-Test 66, 115 ff., 140 ff.
Embryologie 73
Endknöpfchen 56
Endoplasmatisches Reticulum 37
Endocytose 133
Endproduktrepression 48
energetische Kopplung 39 f.
Enzyme 41 ff., 90 f., 165 ff.
Epigenetik 80 ff.
Erbkrankheit 90 f.
erregendes postsynaptisches Potenzial 60,
Erregungsentstehung 57 f.
Erregungsleitung 57 f., 102 ff.
Eucyte 35 f.
Evolution 68 ff.
Evolutionshinweise 71 f., 122 ff.
Evolutionstheorie 76, 122 ff.
Flüssig-Mosaik-Modell 133
Gel-Elektrophorese 50, 97 f.
Genaktivität 80 f.
Gendrift 69
genetischer Fingerabdruck 53, 97 f.
Genmutation 46
Genommutation 46
Gensonde 90 f.
Gentechnik 51 ff.
Gentherapie 54
Genwirkketten 47
Glykoprotein 38, 67,
grüne Gentechnik 53 f.
hemmendes postsynaptisches Potenzial 60
HI-Virus 67
Hominoide 77
Homologie 71, 73
humurale Immunantwort 64 f., 115 ff., 136
Hybridstränge 75
Hyperpolarisation 57
IgG 63,
Immunabwehr 63
Immunbiologie 62 ff., 115 ff.
immunologisches Gedächtnis 65
Immunsystem 62 f.
Insulin 51
Ionenkanal 57
Isolation 69

Kettenabbruchmethode nach
Sanger 50
Klonen 54
Kompetenzbereiche 7
Lamarck 76
Migration 69
Mitochondrium 36, 146 ff.
Mutagene 46
Mutationen 46 f., 69,
Natrium-Kalium-Pumpe 39, 57
Netzhaut 61
Neurobiologie 55 ff.
Neuron 56, 102 ff., 151 ff., 165 ff.
Neurotransmitter 60,
Nozizeptoren 102 ff.
Nukleotide 40
Ökosysteme 68
Operatoren 12
Operon-Modell 47, 80 f.
Osmose 38
Paläontologie 73
passiver Transport 38
PCR 49 f., 97 f.
Phospholipide 37
phylogenetischer Stammbaum 72 f.
Plasmid 51 ff.,
postsynaptische Membran 60
Präimplantationsdiagnostik 55
präsynaptische Membran 60
Präzipitintest 75, 127
Primaten 74
Procyte 35
Prostaglandine 102 ff.
Proteine 40 ff., 144, 151 ff.
Proteinbiosynthese 42 ff. , 80 f., 90 f.
Proteinvergleich 74 f.
Ranvierscher Schnürring 56
Reaktionsgeschwindigkeit-Temperatur-
Regel 42
Refraktärzeit 58
Regulation der Genaktivität 47 f.
Reiz 55 ff., 102 ff.
Replikation 42 ff.
Repolarisation 58
Reproduktionsmedizin 54
Restiktionsenzyme 49 ff.
Retinal 62
Rhodopsin 62
Ribosomen 37
RNA 42 ff., 146 ff.
rote Gentechnik 54
Rudimente 73
Ruhepotenzial 57
Schmerzen 102 ff.
saltatorische Erregungsleitung 58
Schwellenpotenzial 60
Sehvorgang 61 ff.
Selbstdiagnosebogen 9
Selektion 69
Sequenzierung 50
Signaltransduktion 109 ff.
Sinneszelle 102 ff., 109 ff.
spezifische Immunabwehr 63 f.
Spleißen 45
Stäbchen 62
Stammbaumanalyse 122 ff.
Stammzellen 54
Stofftransport 37 ff.
Substratinduktion 48
Summation 61 f.
sympatrische Artbildung 70
Synapse 57 ff., 104 ff., 151 ff., 165 ff.
Systematik 68
Transkription 43 f., 151 ff.
Translation 44 f.
transspezifische Evolution 77
Vektoren 49
Virus 135
Zelle 35 ff., 80 f., 140
Zellkern 36
Zellorganellen 36 f.
zelluläre Immunantwort 65 f.